华为智能计算技术丛书

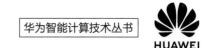

openGauss

The Core Technologies of the Database

openGauss
数据库核心技术

李国良　周敏奇◎编著
Li Guoliang　Zhou Minqi

清華大学出版社

北京

内 容 简 介

本书系统论述了 openGauss 数据库理论、技术及应用。本书共 11 章,首先介绍数据库发展历史,包括传统的网状数据库、层次数据库、关系数据库、分布式数据库、云数据库、NoSQL 数据库、NewSQL 数据库、多模数据库、AI 原生数据库等。其次介绍结构化查询语言(SQL),包括 SQL 语法、存储过程、触发器、游标、数据库设计规范和 E-R 模型等数据库基础知识。再次介绍数据库未来发展趋势,包括新硬件、不同部署形态、新应用对数据库的影响。最后重点介绍 openGauss 的核心技术,包括 openGauss 的核心架构、面向鲲鹏和昇腾等新硬件的优化技术、SQL 引擎、执行器技术、数据库存储技术、数据库事务机制、数据库安全、数据库自治技术等。为方便读者掌握数据库教学内容,本书每章都提供了小结和习题(含答案)。

通过阅读本书,读者可以深入了解数据库的发展历史与未来趋势、数据库系统架构、鲲鹏和昇腾优化技术、数据库事务处理技术、数据库执行器技术、数据库安全技术,从而既可以在将来开发数据库的核心代码,也可以更好地利用数据库开发应用。

本书既可作为高校本科生和研究生学习数据库的参考书,也可作为高等院校、科研机构等相关单位从事数据库理论教学或科学研究的教师、系统实现的研究人员的参考书,还可供企业工程师进行数据库二次开发和应用开发时作为参考。

图书在版编目(CIP)数据

openGauss 数据库核心技术/李国良,周敏奇编著.—北京:清华大学出版社,2020.5(2025.1 重印)
(华为智能计算技术丛书)
ISBN 978-7-302-55453-0

Ⅰ.①o… Ⅱ.①李… ②周… Ⅲ.①关系数据库系统 Ⅳ.①TP311.138

中国版本图书馆 CIP 数据核字(2020)第 083954 号

责任编辑:盛东亮 钟志芳
封面设计:李召霞
责任校对:李建庄
责任印制:沈 露

出版发行:清华大学出版社
  网 址:https://www.tup.com.cn,https://www.wqxuetang.com
  地 址:北京清华大学学研大厦 A 座   邮 编:100084
  社 总 机:010-83470000   邮 购:010-62786544
  投稿与读者服务:010-62776969, c-service@tup.tsinghua.edu.cn
  质量反馈:010-62772015, zhiliang@tup.tsinghua.edu.cn
  课件下载:https://www.tup.com.cn,010-83470236

印 装 者:三河市龙大印装有限公司
经 销:全国新华书店
开 本:186mm×240mm 印 张:20.75   字 数:369 千字
版 次:2020 年 7 月第 1 版   印 次:2025 年 1 月第 11 次印刷
印 数:14701~15700
定 价:79.00 元

产品编号:087050-01

FOREWORD
推荐序一

数据库管理系统是一个大型复杂的基础软件,是现代信息系统的核心和基础。随着大数据、云计算技术的迅猛发展,越来越显示出以数据管理、数据存储、数据处理及数据分析等技术为核心的数据库技术的重要性。

60 余年来,数据库技术被证明是一个从应用需求出发开展理论研究和技术创新,再扎扎实实进行产品开发和广泛应用,从而形成良性循环的典范。数据库技术不仅已发展成一门学科,而且数据库软件产业已经蓬勃发展。

中国的数据库软件及相关基础软件产业还很弱小,而需求又十分迫切,因此具有巨大的发展空间。值得高兴的是,越来越多的企业已经重视并研发了一系列数据库管理软件,如华为 openGauss 数据库。越来越多的青年才俊不仅在数据库技术的研究上取得具有国际水平的优秀成果,而且积极参与和投身到数据库产品的研发中,如本书作者李国良教授和周敏奇博士。

与其他介绍数据库产品的图书不同,本书首先简要而系统地介绍了数据库的发展脉络、SQL、数据库设计、应用系统开发等基础知识,为读者进一步理解和掌握 openGauss 内核的实现技术做了很好的铺垫。然后,深入地介绍了 openGauss 数据库架构,openGauss SQL 引擎各个模块的功能和原理,openGauss 执行器技术、存储技术和事务机制等。

本书是一本基于 openGauss 数据库进行应用开发、研制数据库管理系统软件的好书,推荐阅读。

中国人民大学教授

王珊

FOREWORD
推荐序二

数据库是软件领域的核心关键技术。 和其他核心关键技术一样，要做好数据库，需要有深厚的理论基础、优秀的专业团队、良好的工程组织和长期实践应用的积累打磨。 或许正因为如此，数据库市场长期被国外几个巨头主导。

进入新时代，数据已成为生产要素，数据记录、存储、计算场景日益丰富，规模迅猛增长，要求也越来越高。 无论是 OLTP（联机事务处理）还是 OLAP（联机分析处理）领域，都要求数据库更好地适应开放化、大规模分布式模式的转变，更好地支持低成本、大容量、高并发、易扩展，更好地处理 CAP 定理①约束。

得益于中国数字经济的快速发展和教育界与产业界的不懈努力，在巨大市场需求的拉动下，国产数据库技术近几年有了明显的进步和发展。 一些知名企业找准切入点，纷纷推出自己的数据库产品，不断丰富拓展应用场景，形成了许多有普遍意义的解决方案，取得了较好的效果，华为公司高斯数据库系列无疑是其中的优秀代表。

银行是技术密集型行业，也是数据库应用的大户。 为更好地适应新技术发展和经营业态变化，中国工商银行较早就开始了 IT 架构转型实践，并适时启动了以开放、智慧、生态为特征的战略转型。

首当其冲就是大数据领域，基于传统一体机平台的数据仓库和各类集市应用在处理效率、扩展性以及性价比方面都面临着很大挑战。 在前期与华为公司良好合作的基础上，通过分析研判，2014 年下半年，我们启动了与华为公司面向 OLAP 数据库领域的联合创新合作，目标是使用低成本、易扩展的通用设备集群，实现高时效处理复杂结构化大数据的需要，同时能够兼容关系型数据库的各项特点，并能与 Hadoop 体系形成合力。 2015 年，双方团队密切合作，不断打磨修改，快速迭代，实现 100 多项能力优化，基本通过了各类场景的测试，形成了相对稳定的产品。 2016 年，我们先后完成了传统一体机平台的数据仓库向高斯数据库迁移的应用试

---

① CAP 定理是指在一个分布式系统中，Consistency（一致性）、Availability（可用性）、Partition tolerance（分区容错性）三者不可兼得。

点，完成了高斯数据库与 Hadoop 技术融合的试点。 2019 年初，完成传统数据仓库上所有应用的代码和数据迁移工作，建立起了远超以往规模的国产分析型数据库集群，2019 年第二季度，传统数据仓库升级演进完成，标志 OLAP 架构转型完成。 在这期间共进行了超过 2000 万亿字节数据和 3000 万行代码的迁移。 与原有体系比较，平台整体运行稳定，服务效能得到实践检验，性价比优势明显。 在 OLTP 领域，我们同样与华为公司有密切合作。 通过联合创新及技术验证，提出了 40 多项产品改进意见，促进高斯数据库产品的完善和提升。 通过试点应用比较，高斯数据库能支持分布式事务强一致性处理，在高性能、复杂计算能力等方面表现出一定优势，应用前景较为广阔。 通过与高斯数据库团队合作接触，我们真切感受到做数据库产品的艰辛，同时也感受到国内厂商在核心关键技术领域的进步，极大增强了对国产数据库产品的信心。

掌握原理和机制能帮助用户更好地应用产品。 国产数据库应用方兴未艾，本书的出版恰逢其时。 在介绍数据库演进历史及基本概念的基础上，本书从理论到系统再到实践，全方位阐述了高斯数据库的关键技术，读者可以从中一窥数据库设计和实现的核心思想和方法。 相信无论是数据库的学习者还是应用开发者，通过阅读本书，对高斯数据库原理和机制的认识都会更加深入，都能够从中得到收获和启发。本书的出版无疑为推动国产数据库的普及，并为国内数据库人才的培养发挥积极作用。

专注成就优秀产品，专注也成就优秀作品。 数据库领域是软件行业皇冠上的明珠，期待产业、学术、科研各界在这一领域有更多像华为高斯数据库这样的专注投入，创造更多优秀产品和优秀作品。

中国工商银行软件开发中心总经理

杨龙如

FOREWORD
推荐序三

　　金融业作为关系国计民生的关键行业，重要性不言而喻，金融业的特点又使得其信息化工作走在各个行业的前列，在金融科技如此发达和重要的当今，数据库作为银行信息化基础设施中最关键设施的重要性从来没有被动摇。我本人从事数据库相关工作20余年，虽然后期在管理岗位工作，但一直关注着数据库一线技术的发展及其在金融业的应用，并且一直坚持参与或领导一线的技术研究工作。在这么多年的工作中，我时常为金融业没能使用技术过硬的国产数据库产品而遗憾，时常为整个金融业数据库产品被国外垄断所焦虑，更时常为相关厂商对用户的傲慢而愤怒。这些困扰我多年的问题终于在最近两年出现转机。

　　近年，随着国内金融科技的发展进入关键阶段，以大数据、云计算、分布式等为代表的一批自主的核心技术产品逐步成熟，推动了整个金融科技行业跨越式发展。在此次浪潮中，同时涌现出了一批立志于发展金融级数据库产品的本土优秀企业，其中华为公司更是其中的佼佼者，而华为公司励精图治推出的高斯数据库产品作为面向金融科技的核心级产品，有望彻底解决金融业使用国产数据库产品的历史难题。

　　金融业是一个信息密集型的服务产业，在金融科技版图中，数据库技术一直是核心中的核心。伴随着银行业的数字化转型，金融服务范围无限扩大，用户、信息、数据呈现爆发式增长，传统金融业务＋IT系统中间件＋数据库的"烟囱式"架构在面向海量数据、高并发、高响应速度的业务应用时存在诸多问题。面对"双十一每秒数百万次支付""秒级线上批贷审批"等业务场景，传统数据库技术已无法支撑；随着"人脸支付""智能柜员机"等新型服务带来的多模态数据联合处理需求，传统数据库亦难以承载；大环境下，为应对新型互联网金融产品对传统金融业务构成的全方位冲击，以及应用开发从传统大集中架构向分布式架构转型，需构建更加开放、灵活的分布式架构体系。金融业对数据库产品的要求具有其行业特点，如业务数据的强一致性要求，支持多地多中心的高可靠，应对海量数据所需的高可用线性扩展,以及智能化的超大数据库集群运维等。 此外,由于金融数据高度敏感性和重要性,基于信息产业的发展构建金融核心系统也成为最重要、最紧迫的推进战略。在这一系列背景和问题下,催生了金融行业迫切需要以金融级分布式数据库作为基础,构建分布式应用架构体系,以应对金融科技当下的变革和发展。

数据库的研发需要长期不断地投入和迭代,作为一家有担当、有实力的公司,为打造出中国出品的世界级数据库,华为公司十年磨一剑,在当今时代背景下,高斯数据库应运而生。 高斯数据库技术特点鲜明,在高性能、高可用、高可靠、兼容性等方面具有一定竞争力。 它支持 x86、鲲鹏等多种硬件架构,能够面向多种场景提供分布式、高可用等多样化的部署形态; 能够提供高并发事务实时处理能力、金融业两地三中心的高可用能力和分布式高扩展能力; 对当前主流数据库有较好兼容性;具有相应的集成开发环境和监控运维平台,可维护性和易用性较好。 高斯数据库的诞生是一种趋势和方向,我们应顺势而为,拥抱变革带来的机遇。

本书能够让读者深入了解高斯数据库的技术特性,适合对高斯数据库内部核心技术运作原理感兴趣的数据库初学者、数据库应用者以及数据库资深从业人员阅读。 对于探索高斯数据库如何应用和落地的技术人员和管理者而言,本书也是一本很好的参考书。

最后,请允许我作为一名金融业的老兵和 DBA,向奋斗在国产数据库研发一线的技术人员和立志于创造优秀数据库产品的中国企业致敬,也希望这些企业能发扬艰苦奋斗、不屈不挠、精益求精的精神,为金融业提供更先进、更可靠、更优秀的产品。

中国邮政储蓄银行 CIO

牛新庄

PREFACE
前　言

　　数据库是组织、存储、管理、分析数据的系统，是 IT 行业最重要的基础软件，目前各行各业几乎所有的信息系统都需要使用数据库系统来管理业务数据。数据库在硬件和应用之间起到了承上启下的重要作用，是 IT 行业不可或缺的软件，被誉为"软件行业皇冠上的明珠"。

　　20 世纪 50 年代，随着计算机的诞生和成熟，计算机开始用于数据管理，然而传统的文件系统难以应对数据增长的挑战，也无法满足多用户共享数据和快速检索数据的需求。因此 20 世纪 60 年代，数据库应运而生。经过近 60 年的发展，数据库发生了翻天覆地的变化，从网状数据库的提出到关系数据库的蓬勃发展，从单机数据库、集群数据库到分布式数据库，从本地部署形态到云数据库部署形态，从交易型行存储引擎到分析型列存储引擎，从 SQL 到 NoSQL 再到 NewSQL 的不同应用形态，从手工运维到 AI 自运维，数据库技术出现了百家争鸣、百花齐放的大繁荣、大发展。而近年来我国数据库领域不论从学术界到工业界都得到了快速发展。

　　本书主要介绍数据库的基础知识和核心技术，以及数据库系统的核心架构，帮助读者更深入地了解数据库的历史、数据库基础知识、数据库技术发展背景和动机、数据库技术的优劣对比、数据库架构的设计和选择、数据库核心技术。

　　本书首先讲述数据库的发展历史，包括网状数据库、关系数据库、并行数据库、图数据库、云数据库、NoSQL 数据库、NewSQL 数据库、多模数据库，也介绍分析型数据库和交易型数据库，还介绍了数据库未来发展趋势，包括 AI 原生数据库、端云协同数据库、异构计算数据库等新型数据库。

　　然后介绍数据库的基础知识，包括 SQL 语法和规范、SQL 的使用、数据库设计模型和规范、数据库设计范式、E-R 模型等。

　　华为公司从开始自研数据库至今已有近 20 年历史，其中经历了早期内部定制研发、GaussDB 数据库的诞生和发展、数据库产业化三个阶段，华为公司推出 GaussDB 数据库系列产品的开源版本：openGauss（GaussDB 以云服务形式提供商业版本）。

最后以 openGauss 为例介绍数据库的基本架构和核心技术，包括分析型和交易型数据库的架构设计、存储引擎的基础知识、数据库事务机制、并发机制、多版本技术、分布式事务机制、执行引擎技术、优化器和 SQL 引擎技术、数据库安全技术。

本书从理论到系统再到实践，全方位地介绍数据库的核心技术，可使读者从中了解数据库设计与实现的核心思想和方法。

通过本书，读者可以深入了解数据库的发展历史、未来趋势、系统架构、核心技术，从而在将来既可以开发数据库内核的核心代码，也可以更好地利用数据库开发应用。读者可搜索微信公众号 openGauss 或访问 openGauss 开源社区网站，以获取更多关于 openGauss 的产品及技术信息。

本书主要由李国良、周敏奇编著。此外，参与本书编写的还包括华为公司多位数据库专家。感谢清华大学出版社盛东亮老师和钟志芳老师在本书审校工作中所做出的贡献。

编　者

2020 年 5 月

CONTENTS

目　　录

第 1 章

数据库发展史

数据库技术是信息技术领域的核心技术之一，几乎所有的信息系统都需要使用数据库系统来组织、存储、操纵和管理业务数据。数据库领域也是现代计算机学科的重要分支和研究方向。目前，在数据库领域已经产生了四位图灵奖得主，他们在数据库理论和实践领域均有突出贡献（见附录 B 中表 B-1）。

在数据库诞生之前，数据存储和数据管理已经存在了相当长的时间。当时数据管理主要是通过表格、卡片等方式进行，效率低下，需要大量人员参与，极易出错。20 世纪 50 年代，随着计算机的诞生和成熟，计算机开始运用于数据管理，与此同时，数据管理技术也迅速发展。传统的文件系统难以应对数据增长的挑战，也无法满足多用户共享数据和快速检索数据的需求。在这样的背景下，20 世纪 60 年代，数据库应运而生。

在数据库技术领域，数据库所使用的典型数据模型主要有层次数据模型（Hierarchical Data Model）、网状数据模型（Network Data Model）和关系数据模型（Relational Data Model）。这三种模型是按照它们的数据结构来命名的，它们之间的根本区别就在于数据之间联系的表达方式不同。图 1-1 是分别使用三种数据模型来表

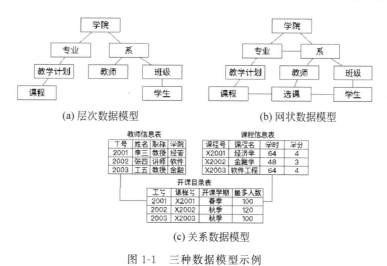

(a) 层次数据模型　　　　　　　　(b) 网状数据模型

(c) 关系数据模型

图 1-1　三种数据模型示例

示学校教育系统的样例。其中,层次数据模型是以"树结构"表示数据记录之间的联系;网状数据模型是以"图结构"表示数据记录之间的联系;关系数据模型则是以"二维表"(或称为关系)的方式表示数据记录之间的联系。因为数据模型贯穿了整个数据库技术的发展历史,接下来将以数据模型为依据,介绍数据库的发展过程。附录 B 中表 B-2 是数据库发展的简要年表,读者可参考。

1.1 网状数据库和层次数据库

网状数据库是数据库历史上的第一代产品,它成功地将数据从应用程序中独立出来并进行集中管理。网状数据库基于网状数据模型建立数据之间的联系,能反映现实世界中信息的关联,是许多空间对象的自然表达形式。

1964 年,世界上第一个数据库系统——IDS(Integrated Data Storage,集成数据存储)诞生于通用电气公司。IDS 是网状数据库,奠定了数据库发展的基础,在当时得到了广泛的应用。5 年后,美国数据库系统语言协会(Conference on Data Systems Languages,CODASYL)下属的数据库任务组(Database Task Group,DBTG)发布了一份报告,阐述了网状数据库系统的许多概念、方法和技术,成了网状数据库的代表。在 20 世纪 70 年代与 80 年代初,网状数据库系统十分流行,在数据库系统产品中占据主导地位。例如,配备在富士通公司 M 系列机上的 AIM(Advanced Information Manager)系统和配备在 UNIVAC(UNIVersal Automatic Computer)上的 DMS1100 系统都是网状数据库系统。

紧随网状数据库后出现的是层次数据库,其数据模型是层次数据模型,即使用树结构来描述实体及其之间关系的数据模型。在这种结构中,每一个记录类型都用节点表示,记录类型之间的联系则用节点之间的有向线段来表示。每一个子节点只能有一个父节点,但是每一个父节点可以有多个子节点。这种结构决定了采用层次数据模型作为数据组织方式的层次数据库系统只能处理一对多的实体联系。1968 年,世界上第一个层次数据库系统——IMS(Information Management System,信息管理系统)诞生于 IBM 公司,这也是世界上第一个大型商用的数据库系统。

如上所述,网状数据库系统和层次数据库系统在数据库发展的早期比较流行。网状数据库模型对于层次和非层次结构的事物都能比较自然地模拟,相比层次数据库应用更广泛,在当时占据着主要地位。1973 年,Charles W. Bachman 获得图灵奖,以表彰他在数据库领域,尤其是在网状数据库管理系统方面的杰出贡献。但是,网状数据库也存在一些问题:首先,用户在复杂的网状结构中进行查询和定位操作比较困难;其次,网状数据的操作命令具有过程式的性质;最后,网状数据库对于层次结构的表达并不直接。

1.2　关系数据库

虽然对于数据的集中存储、管理和共享的问题,网状数据库和层次数据库已经给出较好的解答,但是在数据独立性和抽象级别上仍有较大的欠缺。为了解决这些问题,关系数据库应运而生。

1970 年,IBM 的研究员 Edgar F. Codd 发表了 *A Relational Model of Data for Large Shared Data Banks* 论文,提出了关系数据模型的概念,奠定了关系数据模型的理论基础,这是数据库发展史上具有划时代意义的里程碑。随后,Edgar F. Codd 又陆续发表了多篇文章,论述了范式理论,用数学理论奠定了关系数据库的基础,为关系数据库建立了一个数据模型——关系数据模型。关系数据模型的概念非常简单,结构特别灵活,能满足所有布尔逻辑运算和集合运算规则形成的查询要求;可以搜索、比较和组合不同类型的数据;使用关系数据模型进行数据增加和删除操作非常方便,关系数据模型具有较高的数据独立性和更好的安全保密性。然而,当数据库比较大的时候,查找满足特定关系的数据比较耗时,同时也难以描述空间数据关系。

在关系数据模型的基础上,IBM 公司从 1970 年就开始了关系数据库项目 System R 的研究和开发。然而,由于 IBM 已有层次数据库产品 IMS,System R 产品化进程十分缓慢,直到 1980 年才完成产品化,作为一个产品正式推向市场。后来,IBM 公司在 System R 的基础上发布了 DB2 数据库系统。

IBM 公司研发进程缓慢,没能在产品上抢占先机。1973 年,加州大学伯克利分校的 Michael Stonebraker 和 Eugene Wong 利用 IBM 公司已发布的信息,以及关系模型的理论,开始开发自己的关系数据库系统 Ingres。1976 年,霍尼韦尔公司(Honeywell)

开发了世界上第一个商用关系数据库系统——Multics Relational Data Store。

1974 年 IBM 的 Ray Boyce 和 Don Chamberlin 将 Edgar F. Codd 论述的关系数据库的 12 条准则的数学定义以简单的关键字语法表现出来,里程碑式地提出了 SQL (Structured Query Language,结构化查询语言)。SQL 是一种操作关系数据库的标准语言,它包括了对数据进行定义、操纵、查询和控制功能的类型分句。用户只需要在高层数据结构上进行数据处理,无须用户指定数据的存取方法,也不需要用户了解具体的数据存储方式,就可以使用 SQL 对不同关系数据库进行数据操作。SQL 有着一体化、使用方式灵活、非过程化和简单易用的特点,几乎所有的关系 DBMS(Database Management System,数据库管理系统)产品都支持 SQL,例如 Oracle、DB2、Sybase、SQL Server、MS Access、MySQL、PostgreSQL 等。

1978 年,Larry Ellison 在为美国中央情报局做一个数据项目的时候,敏锐地发现关系数据库的商机。几个月后,Oracle 1.0 诞生了,它除了完成简单关系查询之外,不能做任何事情。但是经过短短十几年,Oracle 公司的数据库产品不断发展成熟,成为了数据库行业的巨头。至此,关系数据模型的理论才通过 SQL 在商业数据库 Oracle 中使用。

虽然加州大学伯克利分校的 Ingres 项目结束于 20 世纪 80 年代早期,但在 Ingres 的基础上产生了很多商业数据库软件,包括 Sybase、Microsoft SQL Server 以及 Informix 等其他众多的数据库系统。在 20 世纪 80 年代中期,加州大学伯克利分校又启动了 Ingres 的后继项目 Postgres,该项目产出了很有影响力的 PostgreSQL 数据库系统。Ingres 作为比较早的数据库系统,对关系数据库的发展产生了重要影响,是数据库发展史上最有影响力的项目之一。

关系数据库系统以关系代数为坚实的理论基础,经过几十年的发展和实际应用,技术越来越成熟和完善,直到今天,关系数据库仍然在数据库领域占据着最重要的地位,应用范围非常广泛。由于 Edgar F. Codd 在关系数据库理论和实现方面的杰出贡献,他于 1981 年被授予图灵奖。为了表彰 Michael Stonebraker 在数据库系统原型和初步商业化方面的巨大贡献,2014 年 Michael Stonebraker 被授予图灵奖。

虽然关系数据库系统的技术很成熟,但随着市场和信息技术的发展,其局限性也逐渐暴露出来,即它能很好地处理所谓的"表格型数据",却无法处理当前出现的越来越多的复杂类型数据(如文本、图像、视频等)。

1.3　分布式数据库

在数据库发展早期阶段,使用单机数据库就能满足数据存储和管理的规模,但是随着互联网的不断普及,特别是移动互联网的兴起,数据规模爆炸式增长,单机数据库越来越难以满足用户需求。解决这种问题的一个直观方法就是增加机器的数量,把数据库同时部署在多台机器上,分布式数据库就这样应运而生了。

20 世纪 70 年代中期分布式数据库的研究就已经开始了,这个时期也出现了一些分布式数据库系统。例如,1979 年,美国计算机公司(Computer Corporation of America,CCA)在 DEC(Digital Equipment Corporation)计算机上实现了世界上第一个分布式数据库系统 SDD-1。随后,在不到十年的时间内,分布式数据库的发展十分迅猛。例如,IBM 公司在 System R 的基础上研制了分布式数据库 R*,加州大学伯克利分校开发了分布式 Ingres 等。1987 年,C. J. Date 提出了完全的、真正的分布式数据库系统应遵循的原则,该原则被作为分布式数据库系统的理想目标。20 世纪 90 年代以来,分布式数据库系统进入商业化应用阶段,传统的关系数据库产品均发展成以计算机网络及多任务操作系统为核心的分布式数据库产品。

2005 年左右,研究人员对分布式数据库的探索,推动了 NoSQL 数据库的发展,这些数据库解决的首要问题是单机上无法保存全部数据,其中以 HBase、Cassandra、MongoDB 为代表。2012—2013 年,业界在谷歌(Google)发表的 Spanner 和 F1 系统的论文中看到了关系模型和 NoSQL 的扩展性在一个大规模生产系统上融合的可能性,这些探索极大地推动了 NewSQL 数据库的发展。

进入大数据和移动互联时代后,因为数据的特性和应用场景的变化,注定着不论是传统的关系数据库,还是新型的 NoSQL 和 NewSQL 数据库都会向着分布式的方向发展,分布式数据库也成了数据库领域的主流方向之一。但是分布式数据库也存在一些问题。例如,众多节点之间通信会花费大量时间;数据的安全性和保密性在众多节点之间会受到威胁;在分布式系统复杂的存取结构中,原本在集中式系统中有效存取数据的技术可能不再适用;分布式的数据划分、负载均衡、分布式事务处理和分布式执行技术缺乏新的突破。

1.4 云数据库

云计算(Cloud Computing)的迅猛发展使得数据库部署和虚拟化在"云端"成为可能。云数据库即是数据库部署和虚拟化在云计算环境下,通过计算机网络提供数据管理服务的数据库。因为云数据库可以共享基础架构,极大地增强了数据库的存储能力,消除了人员、硬件、软件的重复配置。

云数据库将传统的数据库系统配置在"云上",有专门的云服务提供商进行这些"云上"数据库系统的管理和部署工作,用户只需要通过付费的方式就能获取数据库服务。不同于传统数据库,云数据库通过计算存储分离、存储在线扩容、计算弹性伸缩来提升数据库的可用性和可靠性。代表性的云数据库是亚马逊的 Aurora,它首先提出了日志即是数据库的理念,减少了网络消耗,提升了系统的可用性。

云数据库也能分成关系数据库和非关系数据库。典型的基于关系数据模型的云数据库就有亚马逊的 Aurora、微软的 SQL Azure 云数据库。常见的基于非关系数据模型的有亚马逊的 DynamoDB,该数据库采用键值存储。

2019 年 6 月,Gartner 发布 *The Future of the Database Management System*(DBMS) *Market Is Cloud* 报告,明确提出传统的部署数据库的方式已经过时,云是未来,所有组织,无论大小,都将越来越多地使用云数据库。但是,云数据库中存在的问题也不可忽略,云计算中最值得关注的是安全问题,云计算对数据安全带来了极大威胁,数据极易泄露,存在意外丢失的风险。

1.5 NoSQL 数据库

尽管关系数据库系统技术已经相对成熟,能很好地处理表格类型的数据,但对业界出现的越来越多复杂类型的数据(如文本、图像、视频等)无能为力。尤其是步入互联网 Web 2.0 和移动互联网时代,许多互联网应用有着高并发读写、海量数据处理、数据结构不统一等特点,传统的关系数据库并不能很好地支持这些场景。另一方面,非关系数据库有着高并发读写、数据高可用性、海量数据存储和实时分析等特点,能较好地支持这些应用的需求。因此,一些非关系数据库也开始兴起。

为了解决大规模数据集合和多种数据种类带来的挑战,NoSQL 数据库应运而生。NoSQL 一词最早出现于 1998 年,是 Carlo Strozzi 开发的一个轻量、开源、不提供 SQL 功能的数据库。NoSQL 最常见的解释是"非关系型(Non-Relational)",但是"不仅仅是 SQL(Not Only SQL)"的解释也被很多人接受。NoSQL 仅仅是一个概念,泛指非关系型的数据库,区别于关系数据库。它们不保证关系数据的四个特性:原子性、一致性、隔离性、持久性(Atomicity、Consistency、Isolation、Durability,可简称 ACID)。

NoSQL 是全新的数据库革命性运动的体现,其拥护者提倡运用非关系型的数据存储,相对于铺天盖地的关系数据库运用,这一概念无疑是一种全新的思维注入。因为 NoSQL 数据库去掉了关系数据模型的特性,因此数据之间没有关系,容易进行扩展。例如,脸书(Facebook)或者推特(Twitter)每天都为用户收集万亿比特的数据,这些数据的存取不需要固定的模式,使用 NoSQL 无须多余的操作就能实现横向扩展,无形之中也在数据库架构的层面上带来了可扩展的能力。此外,得益于 NoSQL 数据库数据模型的无关系性,数据库的结构变得比较简单,因此容易支持海量数据的存储和高并发读写,性能比较优秀。

Johan Oskarsson 在 2009 年发起了一场关于分布式开源数据库的讨论,Eric Evans 再次提出了 NoSQL 的概念,这时的 NoSQL 主要指非关系型、分布式和不提供 ACID 特性的数据库设计模式。2009 年在亚特兰大举行的"no:sql(east)"讨论会是一个里程碑,其口号是"select fun, profit from real_world where relational=false;"。因此,对 NoSQL 最普遍的解释是"非关系型的",强调键值存储和文档数据库的优点,而不是单纯的反对关系数据库。

虽然 NoSQL 数据库具有灵活的数据模型、高扩展性和高可用性等特点,但是,NoSQL 不支持 SQL 查询,不支持数据的强一致事务处理(如附录 B 表 B-3 所示),只能保证数据的弱一致性。NoSQL 数据库主要包括 4 种类型:文档数据库(Document-Oriented Database)、列簇式数据库(Column-family Database)、键值数据库(Key-Value Database)和图数据库(Graph Database)。接下来将分别介绍这四种数据库。

1. 文档数据库

从 1989 年起,美国 Lotus 公司(已被 IBM 兼并)通过其群组工作软件产品 Notes 提出了数据库技术的全新概念——文档数据库(Document-Oriented Database),与传统数据库相比,文档数据库是用来管理文档的。在传统数据库中,信息被分割成离散的数据段,而在文档数据库中,文档是处理信息的基本单位。通俗地说,文档数据库假设存储的数据均按某种标准或编码来封装数据,这些封装好的数据可以是 XML、YAML、JSON 或者 BSON 等,也可以是 PDF 和微软 Office 文档等二进制文档格式。例如,XML 数据库是针对 XML 文档做了优化的面向文档的数据库的子类。一些搜索引擎(也称为信息检索)系统如 Elasticsearch 提供了足够的对文档的核心操作,从而满足面向文档数据库的定义。

常见的文档数据库有 MongoDB、Apache CouchDB、亚马逊 AWS 的 Document DB 等。以 MongoDB 数据库为例,它是一个由 C++语言编写的基于分布式文件存储的文档数据库。MongoDB 的每个数据库(Database)下包含多个集合(Collection),每个集合下又可以有多个文档(Document),每个文档中的每条记录(Record)就是一条数据。这与关系数据库的记录(Record)和数据表(Table)的概念相似,但是同一个集合下的文档可以存储格式不同的数据,存储操作更加灵活。其他的文档数据库产品与之类似,在此不一一赘述。

2. 列簇式数据库

传统数据库有列数的限制,而宽表(BigTable、Hbase)通过列簇的概念来降低这一限制。但是宽表带来了存储的开销,而列簇数据库通过融合行键值和列来形成统一关键字,并且可以把值分成多个列簇,让每个列簇代表一张数据映射表。典型的列簇式数据库包括 Hbase、BigTable、Cloudera 和 Cassandra 等。以 Hbase 为例,它是一个开源的非关系型分布式数据库(NoSQL),参考了谷歌的 BigTable 建模,实现的编程语言为 Java。Hbase 是 Apache 软件基金会的 Hadoop 项目的一部分,运行于 HDFS 文件系统之上,为 Hadoop 提供类似于 BigTable 规模的服务。

但列簇数据库不同于列数据库。数据库存储方式分为两种:行存储和列存储。行存储即按照行进行组织存储,适合于交易型业务,例如整行数据的增加和删除;而列存储是按照列进行存储,适合于分析型业务,例如单列数据的聚集分析。图 1-2 是两种存储方法的图形对比。

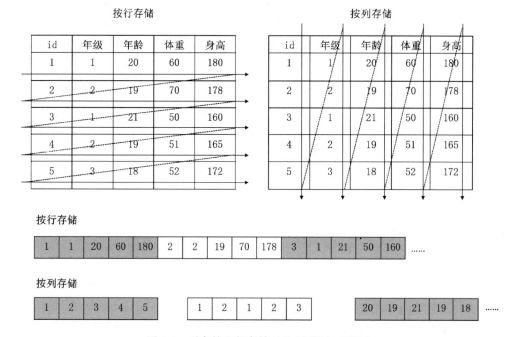

图 1-2 列存储和行存储对比（图源自互联网）

3. 键值数据库

键值数据库使用简单的键值方法来存储数据,是一种最简单的 NoSQL 数据库,具有较高的容错性和可扩展性。该类数据库将数据存储为键值对集合,其中键作为唯一标识符,键和值都可以是从简单对象到复杂对象的任何内容。在不涉及过多数据关系业务的需求中,使用键值存储可以非常有效地减少读写磁盘的次数,比关系型存储拥有更好的读写性能,能够解决关系数据库无法存储的数据结构问题。但是该类数据库的事务不能完全地支持 ACID 特性(如附录 B 中表 B-3 所示)。

常见的键值数据库包括面向内存的键值数据库 Redis 和 Memcached,面向磁盘的键值数据库 RocksDB 和 LevelDB 等。

- Redis 是一个使用 ANSI C 语言编写的开源、基于内存、支持网络、可选持久性的键值对存储数据库。Redis 是目前最流行的键值对存储数据库之一,经常被用于存取缓存数据。
- Memcached 是一个开放源代码、高性能、分布式的内存对象缓存系统,用于加速动态 Web 应用程序,减轻关系数据库的负载。它可以应对任意多个连接,使用非阻塞的网络 IO。它的工作机制是在内存中开辟一块空间,然后建立一个 Hash 表,Memcached 自管理这些 Hash 表。Memcached 设计简单而强大,简单的设计促进其迅速部署,易于发现所面临的问题,解决了很多大型数据缓存的问题。

- LevelDB 是一个由谷歌研发的键值对嵌入式数据库管理系统编程库,以开源的 BSD 许可证发布。

4. 图数据库

图数据库的历史可以追溯到 20 世纪 60 年代的 Navigational Databases,这时 IBM 也开发了类似树结构的数据存储模型。经过 30 多年的漫长发展,期间出现过可标记的图形数据库 Logic Data Model。直至 21 世纪初,具有 ACID 特性的里程碑式图数据库产品,如 Neo4j、Oracle Spatial and Graph,才被开发出来并进行商业化。到 2010 年后,可支持水平扩展的分布式图数据库开始兴起,例如 OrientDB、ArangoDB、MarkLogic。至今,各式各样的图数据库越来越受到重视,在谷歌、领英、脸书等一些大公司中,已经有了广泛应用。图数据库的成功可以归结为很多因素,但归根结底是因为它们通过大量复杂的信息来支撑各类新型应用,例如知识图谱、社交网络分析。

1.6 NewSQL 数据库

NoSQL 数据库系统不具备高度结构化查询等特性,也不能提供 ACID 的操作。此外,由于不同的 NoSQL 数据库都有各自的查询语言,这使它很难规范应用程序接口。为了解决 NoSQL 存在的这些问题,NewSQL 数据库逐渐被提出来,这个概念是对各种新的可扩展/高性能数据库的简称,这类数据库不仅具有 NoSQL 对海量数据的存储管理能力,还保持了传统关系数据库的 ACID 和 SQL 等特性。

2011 年,451 研究所的 Matthew Aslett 在其论文中首次提出了 NewSQL 概念。从 2011 年后,一些商业公司和研究项目人员开始使用 NewSQL 来描述他们的系统。2012 年谷歌在 OSDI(USENIX Symposium on Operating Systems Design and Implementation)上发表了 Spanner 系统的论文,2013 年在 SIGMOD(Special Interest Group on Management of

Data)发表了 F1 系统的论文,这两篇论文让业界第一次看到了关系模型和 NoSQL 的扩展性在超庞大集群规模上融合的可能性。Spanner/F1 论文引起了广泛关注,Cockroach Labs 开发了 CockroachDB 分布式数据库,部署简单,具有很好的易用性;PingCAP 开发了 TiDB,结合了关系数据库和 NoSQL 数据库的特性,具备强一致性和高可用性。

NewSQL 数据库正在持续发展,在 NewSQL 概念下提出的多种数据库设计为开发人员提供了针对不同用例的多种选项,极大地推动了创新和专业数据库设计的发展。但是,没有任何 NewSQL 系统像传统的 SQL 系统那样具有通用性,目前大多数 NewSQL 数据库都是专有软件或仅适用于特定场景,这极大地限制了新技术的普及和采用,而且 NewSQL 对传统 SQL 系统的丰富工具仅仅提供部分访问,因此亟待开发具有通用能力的 NewSQL 系统。

1.7　多模数据库

在大数据时代,一方面数据量不断爆炸式增长;另一方面随着数据生成与采集技术的飞速发展,数据的结构也越来越灵活多样。企业面临的数据呈现出一个多结构化的趋势,例如一个电商企业往往会面临表格类型的关系数据、半结构化的用户画像数据以及非结构化的图片和视频数据。以往企业通常需要配备多个数据库以应对这些需求,这无疑增加了整体的维护难度和提高了一致性管理的成本。面对多类型的结构化数据、半结构化数据和非结构化数据,现代应用程序对不同的数据提出了不同的存储要求,数据的多样性成了数据库平台面临的一大挑战,数据库因此需要适应这种多类型数据管理的需求。

多模数据库(Multi-Model Database)是能够支持多种数据库模型(例如关系数据库、文档数据库、键值数据库、图数据库)的数据库,将各种类型的数据进行集中存储、查询和处理,可以同时满足应用程序对于结构化、半结构化和非结构化数据的统一管理需求。

2017 年,微软发布了全球分布式多模数据库 Azure Cosmos DB,支持多种数据库模型(键值数据库、列簇数据库、文档数据库、图数据库),保留多种 API 兼容各种应用。2018 年,SequoiaDB V3.0 产品开发完成并发布。SequoiaDB 支持灵活的数据存储类型,支持非结构化、半结构化和结构化数据全覆盖,实现了多模数据统一管理,是近年来较为成功的一款多模数据库。ArangoDB 是一个原生多模型数据库,兼有键值对、图和文档数据模型,提供了涵盖三种数据模型的统一的数据库查询语言,并允许在单个查询中混合使用三种模型,在速度和性能方面都具有极大优势。

多模数据库是数据库领域近年兴起的主要技术方向之一,其代表了在云化架构下,多类型数据管理的一种新理念,也是简化运维、节省开发成本的一个新选择。但是,多模数据库结构较为复杂,为数据库的使用带来了挑战。

1.8　AI 原生数据库

近年来,随着 AI(人工智能)技术的成熟和发展,AI 与数据库的结合越来越紧密。为了提高数据库系统的智能化程度,使数据库系统能够更加智能地运行、维护、管理,不断有研究者采用人工智能方法来解决数据库管理、优化等问题。

2019 年初,谷歌联合麻省理工学院、布朗大学的研究人员共同推出了新型数据库系统 SageDB,并撰写了一篇论文详述 SageDB 的设计原理和性能表现。论文中提出学习模型可以渗透到数据库系统的各个方面,提供了一种构建数据库系统的全新方法。清华大学利用 AI 技术来支持数据库的自调优、基于 AI 的代价估计器、基于 AI 的优化器、基于 AI 的物化视图技术以及库内 AI 推理技术。

2019 年 5 月,华为公司发布了全球首款 AI 原生(AI-Native)数据库——GaussDB,该数据库实现了两大革命性突破:

(1) 该数据库首次将人工智能技术融入分布式数据库的全生命周期,实现自运维、自管理、自调优、故障自诊断和自愈。

(2) 该数据库通过异构计算创新框架充分发挥 x86、ARM、GPU、NPU 多种算力优势。

GaussDB 的出现,标志着数据库产业将全面进入人工智能时代。虽然 AI 原生数据库具有很多优势,但是 AI 原生数据库处于起步阶段,面临很多挑战,需要研究者投入更多的精力进行开发和研究。

1.9　其他类型数据库

除了上面介绍的比较有影响力的数据库外,在数据库领域还存在着许多其他类型的数据库。

1. 实时数据库

在大多数系统中,实时处理数据一直都是十分迫切的需求。实时数据处理最早的尝试在 20 世纪 80 年代末,有人提出了活动数据模型,该类模型能够实时捕获数据变化并更新数据,在很多关系数据库中得到了使用,但由于其语法过于复杂,往往会导致计算代价过高。在 20 世纪 90 年代到 21 世纪初期间,出现了多种用于管理数据流的系统(Data Stream Management System,DSMS)。典型的实时数据库有 Apache Storm、PipelineDB、Heron 和谷歌的 Dataflow 等。

2. 终端数据库

前面介绍的数据库都是运用在服务器、集群、云计算平台等计算资源上的,“体积”庞大,以“客户端/服务端”的形式提供数据存储和管理服务。为了克服“客户端/服务端”模型因为通信带来的开销,降低延迟时间,提出了终端数据库的概念。

SQLite 是一款轻型的由 C 语言编写的,遵守 ACID 特性的关系数据库管理系统。它的设计是嵌入式的,因此资源占用非常低,目前已经在很多嵌入式产品中使用。LevelDB 是谷歌公司实现的一个非常高效的键值数据库,目前的版本能够支持 10 亿级别的数据量。尽管 LevelDB 是单进程的服务,但是它的性能非常高,这主要归功于它的良好的设计。

终端数据库主要是为了应对性能的数据访问需求出现的,结构简单,性能高,往往只适合在单机上使用。

3. 数据仓库

为了解决企业数据集成问题,1988 年,IBM 公司的研究员 Barry Devlin 和 Paul Murphy 创造性地提出了一个新的概念——数据仓库(Data Warehouse)。数据仓库是决策支持系统和联机分析应用系统的结构化数据环境。之后,众多厂商开始构建实验性的数据仓库。1991 年,数据仓库之父比尔·恩门(Bill Inmon)在出版的 *Building the Data Warehouse* 一书中提出的关于数据仓库的定义被广泛接受,使得数据仓库真正开始应用,其功能是将联机事务处理(OLTP)长期累积的大量数据,经过抽取、转换、集成和清洗等操作后得到的一组具有主题的、面向分析的数据。比较著名的数据仓库产品有 IBM 公司的 InfoSphere Warehouse,微软公司的 Microsoft SQL Server Fast Track 以及天睿公司的 Teradata 等。数据仓库容量大,能够进行分析决策和数据挖掘,但是,数据仓库中的数据难以更新,缺乏规范,往往都是面向某一应用,具有一定的局限性。

4. 数据湖

企业在生产过程中会产生、接收和存储大量的数据,而这些数据通常难以被其他应用程序直接利用,面临着这些数据应该以何种方式进行存储和分析数据的挑战,数据难以被共享和利用也容易导致数据孤岛的产生。为了解决这些问题,Pentaho 公司的创始人兼首席技术官詹姆斯·狄克逊于 2011 年提出了数据湖的概念。简单来说,数据湖就是一个以比较自然的方式存储企业的原始数据的数据仓库或者系统,它能以各种模式和结构形式方便地配置数据,通常是对象块或文件。数据湖不但能存储传统类型数据,也能存储其他类型的数据,并且能基于这些数据做处理与分析工作,产生最终输出供各类程序消费。目前,成熟的数据湖并不多,亚马逊公司 AWS Lake Formation 服务,可以在几天内轻松建立安全的数据湖,松下、Accenture 等公司都借助亚马逊公司的这一服务搭建自己的数据湖。近年来,虽然数据湖逐渐得到重视,但是数据湖缺乏数据治理和元数据管理,对原始数据的可用性也有一些过分夸大。

5. 并行数据库

为了提高数据库的性能和可用性,研究者提出利用并行处理的方法,通过多个处理节点并行执行数据库任务,提高整个数据库系统的性能和可用性。目前并行数据库主要分成两类:一类是传统的大规模并行处理(Massively Parallel Processing,MPP)关系数据库,比如 Greenplum、Vertica 等;另一类是借鉴了 MPP 并行数据库的设计思想的 SQL on Hadoop 类的方案,比如 Impala、HAWQ、SparkSQL 等。

然而,并行数据库系统也有一些难以克服的缺点。例如,该类数据库的数据迁移代价通常比较昂贵、没有较好的弹性,灵活性较低,这影响到了并行数据库的弹性以及实用性。此外,该类数据库的另一个问题就是容错性较差。如果在查询过程中节点发生故障,那么整个查询通常都要重新执行。

6. 大数据分析工具

大数据的处理往往需要依赖专门设计的硬件和软件,目前,已经有很多企业开发出了多种大数据分析工具。

MapReduce 是由谷歌公司研发的一种面向大规模数据处理的并行计算框架。简单来说,MapReduce 基于并行计算的思想,将一个大计算量的任务和数据分解给若干个 Mapper 同时进行处理和计算,最后由 Reducer 负责汇总 Mapper 的处理结果。随着 MapReduce 在众多大数据任务中取得成功,它已经为大数据并行处理带来了巨大的革命性影响,同时也是大数据时代的流行计算框架之一。Hadoop 是 Apache 公司设计开发的一个能够对海量数据进行快速分布式分析处理的软件框架。它能基于简单的编程模型将海量数据分发到计算集群中,以便进行分布式计算。Storm 也是 Apache 公司研发的一款实时计算系统,该系统可以强化数据流的处理效果和性能,也可以用于在线机器学习、分布式 PRC(Remote Procedure Call)和持续处理等大数据分析相关的场景。Apache 公司的 Spark 是专为大规模数据处理而设计的快速通用的计算引擎,可用它来完成各种各样的运算,包括 SQL 查询、文本处理、机器学习等。

RapidMiner 能够提供一个集成开发环境进行数据挖掘、机器学习和文本挖掘等工作。

迄今为止,已经有很多优秀的大数据分析工具投入使用,并形成了良好的生态,极大地推动了数据科学的进步。

1.10　小结

到目前为止,随着计算机应用领域的不断发展,数据库技术与计算机网络技术、人工智能技术和并行计算技术等相互渗透、互相结合,成为当前数据库技术发展的主要特征之一,呈现了下一代数据库的潜在发展方向。例如,传统的 OLAP(联机分析处理)技术主要面向关系数据,然而其他类型的数据(例如,图数据和时空数据等)也有越来越多的应用场景。因此,如何分析这些多模态的数据也是 OLAP 面临的挑战之一。

特别是企业从 BI(商业智能)到 AI 的转型,继续设计下一代 OLAP 系统来实现智能化分析。

首先,如何将人工智能技术与数据库技术相结合是未来的一个发展趋势之一。传统的数据库优化主要依赖于有经验的数据库管理员进行查询优化,然而在当今的大数据时代,数据和业务变得越来越复杂,仅仅靠数据库管理员的经验进行数据库优化显然是不能适应复杂的数据和业务的变化。因而如何利用人工智能技术(例如强化学习技术)来进行数据库的自动优化是重要的发展趋势,同时也是一项挑战。

其次,诸如一些非易失性存储器(Non-Volatile Memory,NVM)等新型介质的出现也为数据库的设计和优化提供了一些新的思路。

最后,数据安全和隐私是未来需要解决的重要问题,需要研究全密态数据库来提升数据库的安全性。此外区块链因为其分布式、去中心化和信息不可篡改等特性也越来越受到关注,从某种角度来说,区块链是一个去中心化的数据库,但是其对数据的查找和数据格式化处理方面有天生的不足。因此,在以区块链作为数据存储层的基础上,研究如何将数据库技术与区块链结合起来,为区块链提供一个数据库层,从而加速数据的查询效率、提高区块链作为数据库的可用性,这也是发展趋势之一。

习题

(1) 什么是数据库? 什么是数据仓库? 它们的区别和联系是什么?

(2) 与数据库管理系统相比,使用文件处理系统来管理数据的主要弊端有哪些?

(3) 在数据管理技术发展阶段中,下面可以实现数据共享的阶段是(　　)。

    A. 人工管理阶段　　　　　　　　　B. 文件管理阶段

    C. 数据库管理阶段　　　　　　　　D. 以上阶段都可以

(4) Microsoft SQL Server 数据库管理系统创建的数据库是属于下面(　　)数据模型。

    A. 层次　　　　　B. 网状　　　　　C. 关系　　　　　D. 对象

(5) 在数据库应用中,下面数据库应用结构适合全国铁路客票销售系统的是(　　)。

    A. 集中式结构　　　　　　　　　　B. 客户端/服务端结构

　　C. 分布式结构　　　　　　　　　　D. 以上结构都可以

（6）按传统的数据模型分类，数据库系统可以分为（　　　）三种类型。

　　A. 大型、中型和小型　　　　　　　B. 西文、中文和兼容

　　C. 层次、网状和关系　　　　　　　D. 数据、图形和多媒体

（7）保护数据库，防止未经授权或不合法的使用造成的数据泄露、非法更改或破坏。这是指数据的（　　　）。

　　A. 安全性　　　　B. 完整性　　　　C. 并发控制　　　　D. 恢复

第 2 章

结构化查询语言

1970 年，Edgar F. Codd 发表了关系模型的论文，奠定了关系数据库的理论基础，随后在 1974 年，Boyce 和 Chamber 在关系模型的基础上推出了 Sequel 语言，后来演进成为 SQL(Structured Query Language，结构化查询语言)。1986 年，ANSI(American National Standards Institute，美国国家标准协会)推出了 SQL 标准(SQL-86)，1987 年 ISO(International Organization for Standardization，国际标准化组织)采纳 SQL-86 标准作为国际化标准，随着关系数据库的应用越来越广泛，ANSI/ISO 对 SQL 标准的修订也在不断地扩展和完善，SQL 标准的内涵也越来越丰富，除了基本的关系模型之外，还增加了聚集、分组等非关系代数的特性。

当前主流的关系数据库系统都是采用 SQL 作为查询语言，但都只实现了 SQL 标准的一个子集，并且对 SQL 标准有所扩展。本章重点介绍 SQL 的使用方法，内容包括 SQL 的基本定义、函数、存储过程以及一些 SQL 的高级特性。

2.1 SQL 语法

SQL 是一种基于关系代数和关系演算的非过程化语言，它指定用户对数据进行哪些操作，而不指定如何去操作数据，具有非过程化、简单易学、易迁移、高度统一等特点。

(1) 非过程化：在使用 SQL 的过程中，用户并不需要了解 SQL 的具体操作方法，只需要通过 SQL 描述想要获得的结果集合的条件，至于数据库系统如何取得结果，则由数据库查询优化系统负责生成具体的执行计划去完成。

(2) 简单易学：SQL 的设计非常精简，只需要有限的命令就可以完成复杂的查询操作，而且其语法接近自然语言，易于理解。

(3) 易迁移：主流的关系数据库系统都支持以 SQL 为标准的查询操作，虽然不同的数据库管理系统都对 SQL 的标准有所扩展,但是从一个数据库管理系统迁移到另一个数据库管理系统的难度不高。

(4) 高度统一:SQL 具有高度的统一性,依照标准有统一的语法结构、统一的风格,使得对数据库的操作也具有完备性。

从 SQL 功能的角度出发,它可以划分为如下 4 种语言子集:

(1) DDL(Data Definition Language,数据定义语言):定义、修改、删除数据模式,通常包括 CREATE TABLE、ALTER TABLE、DROP TABLE 等操作。

(2) DQL(Data Query Language,数据查询语言):查询数据。DQL 指的是以 SELECT 命令开始的 SQL 语句,对数据表中的数据进行投影、选择、连接等操作。

(3) DML(Data Manipulation Language,数据操作语言):插入、删除、更新数据,主要包括 INSERT、DELETE、UPDATE 等操作。

(4) DCL(Data Control Language,数据控制语言):控制用户对数据的访问权限,主要包括 GRANT、REVOKE 等操作。

2.1.1 数据类型

和所有的计算机语言一样,SQL 也有自己的数据类型,主要用在创建基本表(关系)的时候指定基本表的每个列(属性)的类型。这些数据类型主要分为字符串类型、数值类型、时间/日期类型等。

字符串类型可以分为定长字符串类型和变长字符串类型,如表 2-1 所示。

表 2-1 字符串类型说明

名　　称	概　　述
CHAR(n)	n 指定了定长字符串的长度。如果输入的字符串长度小于 n,则在字符串的尾部用空格补齐到 n 个字符;如果输入的字符串长度大于 n,则会从右边自动截断,到仅剩 n 个字符为止
VARCHAR(n)	n 指定了字符串的最大长度,输入的字符串不会有补齐操作,以变长的形式输出

数值类型又可以分成精确数值类型和近似数值类型,精确数据类型包括一系列的整数类型(整型),而近似数值类型则包括浮点类型等(需要注意的是,不同的数据库对于数据类型的支持会有细微的差别),如表 2-2 所示。

表 2-2　数值类型说明

名　　称	概　　述
SMALLINT	整型,长度是 2 字节,取值范围是$[-32\,768,32\,767]$
INTERGER	整型,长度是 4 字节,取值范围是$[-2\,147\,483\,648,2\,147\,483\,647]$
BIGINT	整型,长度是 8 字节,取值范围在$-2^{63} \sim 2^{63}-1$,即$[-9\,223\,372\,036\,854\,775\,808,9\,223\,372\,036\,854\,775\,807]$
FLOAT(p)	浮点类型,其中 p 代表的是浮点类型中小数点前后的总位数之和
REAL	单精度浮点类型,长度是 4 字节,取值范围是$[-3.40E+38,3.40E+38]$
NUMERIC(p,s)	p 为小数点前后的总位数之和;s 为小数点后的位数;p 和 s 的取值范围取决于不同的数据库的实现
DECIMAL(p,s)	和 NUMERIC 类似,但数值精度不受 p 和 s 的限制,p 和 s 决定了 DECIMAL 精度的下限
DOUBLE PRECISION	双精度类型,长度为 8 字节,取值范围是$[-1.79E+308,1.79E+308]$

日期类型和时间类型如表 2-3 所示。

表 2-3　日期类型和时间类型说明

名　　称	概　　述
DATE	日期类型,由年、月、日组成,形如 yyyy-mm-dd
TIMESTAMP(p)	时间类型,由年、月、日、时、分、秒组成,形如 yyyy-mm-dd hh:mm:ss,如果指定了精度 p,则会保存秒的小数部分

另外还包括一些常用类型,如表 2-4 所示。

表 2-4　常用类型说明

名　　称	概　　述
BLOB/CLOB	大对象类型,BLOB 中保存的是二进制文件,CLOB 中保存的是文本类型
BOOLEAN	布尔类型,可以取值为 TRUE、FALSE、UNKNOWN,通常 UNKNOWN 和 NULL 值等价

当创建基本表的时候,会给基本表的每个列指定一个数据类型,一个基本表是一个数据实体。

2.1.2　表模式定义

在关系模型中,每个关系是一个数据实体,在 SQL 中可以通过 CREATE TABLE 命令创建一个基本表来代表一个"关系",具体语句如下:

```
CREATE TABLE 表名 (
    列名 列数据类型,
    列名 列数据类型,
    ......
);
```

例 2-1：创建一个包含仓库信息的基本表。具体语句如下：

```
CREATE TABLE warehouse
(
    w_id SMALLINT,
    w_name VARCHAR(10),
    w_street_1 VARCHAR(20),
    w_street_2 VARCHAR(20),
    w_city VARCHAR(20),
    w_state CHAR(2),
    w_zip CHAR(9),
    w_tax DECIMAL(4,2),
    w_ytd DECIMAL(12,2)
);
```

其中 CREATE TABLE 语句指定了 SQL 的语义是要创建一个保存仓库信息的基本表，warehouse 是要创建的基本表的名称，warehouse 基本表中有 9 个列（属性），每个列都有自己固有的数据类型，可以根据列的要求指定其对应的长度、精度等信息，例如 w_id 是仓库的编号信息，通过 SAMALLINT 类型表示编号，而 w_name 是仓库的名称，为 VARCHAR 类型，其最大长度是 10。

warehouse 基本表建立之后，在数据库内会建立一个模式，DML 语句、DQL 语句会根据这个模式来访问 warehouse 表中的数据，基本表的数据组织形式如表 2-5 所示。

表 2-5　基本表的数据组织形式

w_id	w_name	w_street_1	⋯
1	Name1	Street 1	⋯
2	Name2	Street 2	⋯
3	Name3	Street 3	⋯
⋮	⋮	⋮	⋮

在基本表创建之后，还可以通过 ALTER TABLE 语句来修改基本表的模式，可以增加新的列、删除已有的列、修改列的类型等。

例 2-2：在 warehouse 基本表中增加一个 mgr_id(管理员编号)的列。具体语句如下：

```
ALTER TABLE warehouse ADD COLUMN mgr_id INTEGER;
```

如果基本表中已经存在数据，那么在增加了新的列之后，默认会将这个列中的值指定为 NULL。

如果要删除基本表中的某个列，则可以使用 ALTER TABLE…DROP COLUMN…语句实现。

例 2-3：在 warehouse 基本表中删除管理员编号的列。具体语句如下：

```
ALTER TABLE warehouse DROP COLUMN mgr_id;
```

如果要修改基本表中某个列的类型，则可以通过 ALTER TABLE… ALTER COLUMN…语句实现。

例 2-4：修改 warehouse 基本表中 w_id 列的类型。具体语句如下：

```
ALTER TABLE warehouse ALTER COLUMN w_id TYPE INTEGER;
```

修改列的数据类型时会导致基本表中的数据类型同时被强制转换类型，因此需要数据库本身支持转换前的数据类型和转换后的数据类型满足"类型兼容"，如果将 warehouse 基本表中的 w_city 列转换为 INTEGER 类型，由于 w_city 列本身是字符串类型(且字符串内容为非数值型字符)，这种转换有可能是无法正常进行的。

如果一个基本表已经没有用了，则可以通过 DROP TABLE 语句将其删除。

例 2-5：删除 warehouse 基本表。具体语句如下：

```
DROP TABLE warehouse;
```

基本表的删除分为两种模式：RESTRICTED 模式和 CASCADE 模式。如果没有指定具体的模式，则使用默认的 RESTRICTED 模式，该模式只尝试删除基本表本身，如果基本表上有依赖项，例如视图、触发器、外键等，那么删除不成功。而 CASCADE 模式下，会同时删除基本表相关的所有依赖项。

例 2-6：以 CASCADE 模式删除 warehouse 基本表，删除基本表的同时视图也会被删除。具体语句如下：

```
CREATE VIEW warehouse_view AS SELECT * FROM warehouse;
DROP TABLE warehouse CASCADE;
```

2.1.3　数据完整性检查

关系模型的数据完整性主要是为了保证数据不会被破坏,具体可以分为域完整性、实体完整性、参照完整性和用户定义完整性,其中用户定义完整性是指用户在具体的应用环境下对数据库提出的约束要求。本小节主要关注 SQL 中关于域完整性、实体完整性和参照完整性的实现方法,如表 2-6 所示。

表 2-6　基本表的数据组织形式

名　　称	方　　法	描　　述
域完整性	NULL 约束	可以指定一列中的值是否可以为 NULL
	CHECK 约束	用来检查输入的值是否满足某一约束条件
	DEFAULT 约束	如果输入数据中没有指定该列具体的值,可以直接使用 DEFAULT 约束指定的默认值
实体完整性	主键	指定的键值组合在集合内只能有唯一的值(不可以包含 NULL 值)
	UNIQUE 约束	指定的键值组合在集合内只能有唯一的值(可以包含 NULL 值)
参照完整性	外键	指定的键值组合和外部的键值相对应

在创建基本表的同时,还可以指定表中数据完整性约束,例如在创建 warehouse 基本表时,通过分析可以得到如下结论:

(1) 不同的仓库必须有不同的 w_id,且 w_id 不能为 NULL。

(2) 仓库必须有具体的名称,不能为 NULL。

(3) 仓库所在的街区地址的长度不能为 0。

(4) 仓库所在的国家默认为 'CN'。

因此可以在创建 warehouse 基本表时指定这些约束。

例 2-7:创建带有完整性约束的基本表。具体语句如下:

```
CREATE TABLE warehouse
(
    w_id SMALLINT PRIMARY KEY,
    w_name VARCHAR(10) NOT NULL,
    w_street_1 VARCHAR(20) CHECK(LENGTH(w_street_1) <> 0),
    w_street_2 VARCHAR(20) CHECK(LENGTH(w_street_1) <> 0),
    w_city VARCHAR(20),
    w_state CHAR(2) DEFAULT 'CN',
    w_zip CHAR(9),
```

```
    w_tax DECIMAL(4,2),
    w_ytd DECIMAL (12,2)
);
```

如果向 warehouse 基本表中写入不符合完整性约束的值,那么数据不能被写入,数据库会提示错误。

例 2-8:向 w_name 列中写入 NULL 值,不符合完整性约束,写入数据时会报错,数据写入不成功。具体语句如下:

```
INSERT INTO warehouse VALUES(1, NULL, '', '', NULL, 'CN', NULL, 1.0, 1.0);
ERROR: null value in column "w_name" violates not - null constraint
DETAIL: Failing row contains (1, null, null, null, null, CN, null, null, null).
```

除了在列定义之后指定完整性约束之外,还可以使用表级的完整性约束来指定。

例 2-9:在表定义上指定完整性约束,注意 NULL 约束只能在列定义上指定。具体语句如下:

```
CREATE TABLE warehouse
(
    w_id SMALLINT,
    w_name VARCHAR(10) NOT NULL,                              -- 设置 NULL 约束
    w_street_1 VARCHAR(20),
    w_street_2 VARCHAR(20),
    w_city VARCHAR(20),
    w_state CHAR(2) DEFAULT 'CN',                             -- 设置默认值
    w_zip CHAR(9),
    w_tax DECIMAL(4,2),
    w_ytd DECIMAL(12,2),
    CONSTRAINT w_id_pkey PRIMARY KEY(w_id),                   -- 增加主键约束
    CONSTRAINT w_street_1_chk CHECK(LENGTH(w_street_1) < 100),  -- 增加 CHECK 约束
    CONSTRAINT w_street_2_chk CHECK(LENGTH(w_street_2) < 100),  -- 增加 CHECK 约束
);
```

当一个表中的某一列或多列恰好引用的是另一个表的主键(或具有唯一性)时,可以考虑将其定义为外键,外键表示两个表之间相互的关联关系,包含主键的表通常可以称为主表,而包含外键的表则可以称为从表。外键的定义可以直接在属性上定义,也可以在基本表的创建语句中定义,两种方法本质上没有区别。

例 2-10:在新建订单表(new_orders)中引用了仓库表(warehouse)的列作为外键。具体语句如下:

```
CREATE TABLE new_orders
(
      no_o_id INTEGER NOT NULL,
      no_d_id SMALLINT NOT NULL,
      no_w_id SMALLINT NOT NULL REFERENCE warehouse(w_id)
);
```

除了在创建基本表的同时指定完整性约束之外，还可以通过 ALTER TABLE 语句对完整性约束进行修改。

例 2-11：在基本表 warehouse 上增加主键列。具体语句如下：

```
ALTER TABLE warehouse ADD PRIMARY KEY(w_id);
```

例 2-12：在基本表 warehouse 上增加 CHECK 约束。具体语句如下：

```
ALTER TABLE warehouse ADD CHECK(LENGTH(w_street_1) < 100);
```

例 2-13：在基本表 warehouse 上增加外键引用。具体语句如下：

```
ALTER TABLE warehouse ADD FOREIGN KEY(no_w_id) REFERENCES warehouse(w_id);
```

例 2-14：在基本表 new_orders 上增加唯一列。具体语句如下：

```
ALTER TABLE new_orders ADD UNIQUE(no_o_id, no_d_id, no_w_id);
```

2.1.4　插入、删除、更新数据

基本表创建之后是一个空的集合，这时就可以对基本表做 DML 操作，如插入、删除以及更新基本表中的数据。

例 2-15：向 new_orders 基本表中插入数据。具体语句如下：

```
INSERT INTO new_orders VALUES(1, 1, 1);
INSERT INTO new_orders VALUES(2, 2, 2);
```

例 2-16：删除 new_orders 基本表中 no_o_id＝3 的元组。具体语句如下：

```
INSERT INTO new_orders VALUES(3, 3, 3);
DELETE FROM new_orders WHERE no_o_id = 3;
```

例 2-17：更新 new_orders 基本表中的 no_w_id 列的值为 3。具体语句如下：

```
UPDATE new_orders SET no_w_id = 3 WHERE no_o_id = 2;
```

2.1.5　简单查询

最基本的 SQL 查询结构通常由 SELECT、FROM、WHERE 构成，其中包含了关系代数中的投影（Projection）、选择（Selection）和连接（Join）。具体语句如下：

```
SELECT projection FROM join WHERE selection;
```

其中连接（Join）可以由一个基本表构成，也可以是多个基本表的连接结果，选择（Selection）操作是一组针对连接操作产生的结果的表达式，这些表达式为 BOOL 类型，它们对连接产生的结果做过滤，过滤之后的元组会组成新的中间关系，最后由投影（Projection）操作输出。

如例 2-18 所示，首先对 warehouse 基本表中的数据进行扫描，然后使用 WHERE 条件做过滤操作，过滤出符合 w_id＝1 的所有元组，然后对元组中的 w_name 属性做投影操作。

例 2-18：获得 warehouse 基本表中的数据，具体语句如下：

```
SELECT w_name FROM warehouse WHERE w_id = 1;
```

对应的关系代数表达式如图 2-1 所示。

图 2-1　单表查询关系表达式

2.1.6　连接操作

如果 FROM 关键字后有超过 2 个及以上（含 2 个）的表参与连接操作，则该查询可以称为连接查询，也可以叫作多表查询。

连接查询是 SQL 中最基本的操作,它的本质是多个表之间做笛卡儿积,借由这个思想又衍生出自然连接、θ 连接等。

为了方便描述连接操作的结果,下面给出 t1、t2、t3 几个基本表(如图 2.2 所示)作为示例。

t1:

C1	C2
1	2
1	NULL
2	2

t2:

C1	C2
1	2
1	1
NULL	2

t3:

C1	C2
1	1
1	2

图 2-2　t1、t2、t3 基本表

通常的多表连接可以通过如下形式来实现,具体语句如下:

```
SELECT projection FROM t1, t2, t3 … WHERE selection;
```

例 2-19:对 t1、t2、t3 这 3 个表做连接操作,通过“,”间隔,位于 FROM 关键字的后面,表示需要将这 3 个表做连接操作。具体语句如下:

```
SELECT * FROM t1, t2, t3 WHERE t1.c1 = 1;
```

如果 2 个基本表确定做笛卡儿积操作,则可以在 SQL 中显式地指定做笛卡儿积的关键字。

例 2-20:对表 t1、表 t2 做笛卡儿积,如图 2-3 所示。

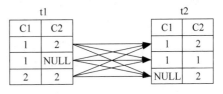

图 2-3　笛卡儿积示意图

具体语句如下:

```
SELECT * FROM t1 CROSS JOIN t2;
c1 | c2 | c1 | c2
----+----+----+----
 1 | 2 | 1 | 2
 1 | 2 | 1 | 1
 1 | 2 |   | 2
 1 |   | 1 | 2
 1 |   | 1 | 1
 1 |   |   | 2
 2 | 2 | 1 | 2
 2 | 2 | 1 | 1
```

```
    2 | 2 |   | 2
(9 rows)
```

连接操作还能指定连接条件,如果连接条件中是等值条件,那么这种连接可以称为等值连接。

例 2-21：对表 t1、t2 做等值内连接,如图 2-4 所示。

具体语句如下：

```
SELECT * FROM t1 INNER JOIN t2 ON t1.c1 = t2.c1;
c1 | c2 | c1 | c2
----+----+----+----
  1 | 2 | 1 | 2
  1 | 2 | 1 | 1
  1 |   | 1 | 2
  1 |   | 1 | 1
(4 rows)
```

在等值连接的基础上,还衍生出来一种新的连接方式：自然连接。如果进行连接的两个基本表中有相同的属性,那么自然连接会在这些相同的属性上自动做等值连接,而且会自动去掉重复的属性,而等值连接会保留两个表中重复的属性。

例 2-22：对表 t1、t2 做自然连接,如图 2-5 所示。

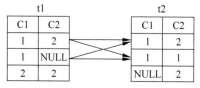

图 2-4　等值内连接示意图

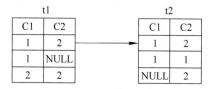

图 2-5　自然连接示意图

具体语句如下：

```
SELECT * FROM t1 NATURE JOIN t2;
c1 | c2
----+----
  1 | 2
(1 row)
```

另外从连接结果的角度来划分,连接又可以分为内连接(Inner Join)、外连接(Outer Join)、半连接(Semi Join),如表 2-7 所示。

表 2-7　基本表的数据组织形式

名　　　称	描　　　述
内连接	只有符合连接条件的结果才会作为最终的连接结果
外连接	又可以分为左外连接(Left Outer Join)、右外连接(Right Outer Join)和全连接(Full Outer Join)。其中左外连接不但显式符合连接条件的结果,而且对于外表(左表)中不符合连接条件的元组也会生成连接结果,由于这些元组在内表(右表)中没有符合连接条件的元组,因此在投影时,对内表的投影为 NULL 值。同理,右外连接显式的是内表(右表)中不符合连接条件的元组,全连接则同时显示内表(左表)和内表(右表)中的元组
半连接	SQL 语法中不能直接使用半连接,通常数据库的优化器会将连接条件中的子查询提升成连接操作,这时候连接的方式就是半连接;基于连接条件谓词中是否含有否定谓词,半连接还可以分为 Semi Join 和 Anti-Semi Join

例 2-23：对表 t2、表 t3 做等值内连接,如图 2-6 所示。

具体语句如下：

```
SELECT * FROM t2 INNER JOIN t3 ON t2.c1 = t3.c1;
c1 | c2 | c1 | c2
----+----+----+----
  1 |  2 |  1 |  1
  1 |  2 |  1 |  2
  1 |  1 |  1 |  1
  1 |  1 |  1 |  2
(4 rows)
```

例 2-24：对表 t1、表 t2 做等值左外连接,如图 2-7 所示。

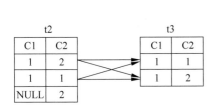

图 2-6　等值内连接示意图

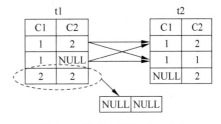

图 2-7　等值左外连接示意图

具体语句如下：

```
SELECT * FROM t1 LEFT JOIN t2 ON t1.c1 = t2.c1;
c1 | c2 | c1 | c2
```

```
----+----+----+----
 1 | 2 | 1 | 2
 1 | 2 | 1 | 1
 1 |   | 1 | 2
 1 |   | 1 | 1
 2 | 2 |   |
(5 rows)
```

例 2-25：对表 t1、表 t2 做等值右外连接，如图 2-8 所示。

具体语句如下：

```
SELECT * FROM t1 RIGHT JOIN t2 ON t1.c1 = t2.c1;
c1 | c2 | c1 | c2
----+----+----+----
 1 | 2 | 1 | 2
 1 |   | 1 | 2
 1 | 2 | 1 | 1
 1 |   | 1 | 1
   |   |   | 2
(5 rows)
```

例 2-26：对表 t1、表 t2 做等值全连接，如图 2-9 所示。

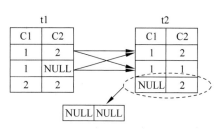

图 2-8　等值右外连接示意图

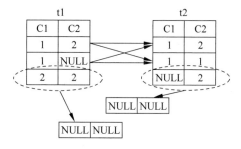

图 2-9　等值全连接示意图

具体语句如下：

```
SELECT * FROM t1 FULL JOIN t2 ON t1.c1 = t2.c1;
c1 | c2 | c1 | c2
----+----+----+----
 1 | 2 | 1 | 2
 1 | 2 | 1 | 1
 1 |   | 1 | 2
 1 |   | 1 | 1
```

```
    |   |   | 2
  2 | 2 |   |
(6 rows)
```

例 2-27：对表 t1、表 t2 做 Semi Join 操作，对于 t1 表中的 t1.c1，都在 t2 表中探测有没有和其相等的 t2.c1，如果能找到就代表符合条件，和普通的连接不同的是，只要找到第一个和其相等的 t2.c1 就代表满足连接条件，如图 2-10 所示。

具体语句如下：

```
SELECT * FROM t1 WHERE t1.c1 IN (SELECT t2.c1 FROM T2);
                              QUERY PLAN
-------------------------------------------------------------------

  Hash Semi Join
    Hash Cond: (t1.c1 = t2.c1)
    -> Seq Scan on t1
    -> Hash
          -> Seq Scan on t2

c1 | c2
----+----
  1 | 2
  1 |
(2 rows)
```

例 2-28：对表 t1、表 t2 做 Anti-Semi Join 操作，和 Semi Join 操作相对应，对于 t1 表中的 t1.c1，只要在 t2 表中找到一个相等的 t2.c1，就不满足连接条件，如图 2-11 所示。

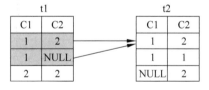

图 2-10　Semi Join 示意图

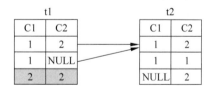

图 2-11　Anti-Semi Join 示意图

具体语句如下：

```
SELECT * FROM t1 WHERE t1.c1 NOT IN (SELECT t2.c1 FROM T2 WHERE t2.c1 IS NOT NULL);
                              QUERY PLAN
-------------------------------------------------------------------

  Nested Loop Anti Join
    Join Filter: ((t1.c1 = t2.c1) OR (t1.c1 IS NULL) OR (t2.c1 IS NULL))
    -> Seq Scan on t1
```

```
            -> Materialize
               -> Seq Scan on t2
                        Filter: (c1 IS NOT NULL)


c1 | c2
----+----
  2 | 2
(1 row)
```

2.1.7　集合操作

集合操作说明如表 2-8 所示。

表 2-8　集合操作说明

名　　称	描　　述
UNION	并操作,将 UNION 关键字两端的结果集做并集操作
EXCEPT	差操作,从左侧的结果集中排除掉右侧的结果集
INTERSECT	交集,对两个结果集取做交集操作

例 2-29：对表 t1、表 t2 做 UNION 操作,如图 2-12 所示。

具体语句如下：

```
SELECT * FROM t1 UNION SELECT * FROM t2;
c1 | c2
----+----
   | 2
 1 | 2
 2 | 2
 1 | 1
 1 |
(5 rows)
```

例 2-30：对表 t1、表 t2 做 EXCEPT 操作,如图 2-13 所示。

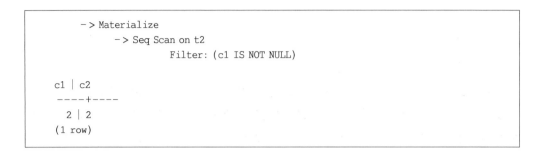

图 2-12　UNION 示意图　　　　　　　　　图 2-13　EXCEPT 示意图

具体语句如下：

```
SELECT * FROM t1 EXCEPT SELECT * FROM t2;
c1 | c2
----+----
  2 | 2
  1 |
(2 rows)
```

例 2-31：对表 t1、表 t2 做 INTERSECT 操作，如图 2-14 所示。

具体语句如下：

```
SELECT * FROM t1 INTERSECT SELECT * FROM t2;
c1 | c2
----+----
  1 | 2
(1 row)
```

从示例的结果可以看出，结果集中还做了去重的操作。也就是说，UNION、EXCEPT、INTERSECT 中还隐式地隐含 DISTINCT 操作，如果显式地指定上 DISTINCT 关键字，它们将得到相同的结果。

例 2-32：对表 t1、表 t2 做 UNION DISTINCT 操作，如图 2-15 所示。

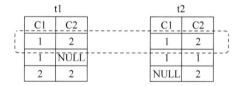

图 2-14 INTERSECT 示意图

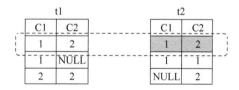

图 2-15 UNION DISTINCT 示意图

具体语句如下：

```
SELECT * FROM t1 UNION DISTINCT SELECT * FROM t2;
c1 | c2
----+----
   | 2
  1 | 2
  2 | 2
  1 | 1
  1 |
(5 rows)
```

如果不需要进行去重,可以通过指定 ALL 关键字实现。

例 2-33:对表 t1、表 t2 做 UNION ALL 操作,如图 2-16 所示。

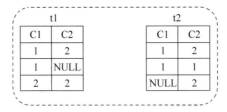

图 2-16   UNION ALL 示意图

具体语句如下:

```
SELECT * FROM t1 UNION ALL SELECT * FROM t2;
c1 | c2
----+----
  1 | 2
  1 |
  2 | 2
  1 | 2
  1 | 1
    | 2
(6 rows)
```

2.1.8   聚集与分组操作

聚集与分组操作,如表 2-9 所示。

表 2-9   聚集与分组操作说明

方　法	描　述
COUNT([ALL|DISTINCT]expression|＊)	对结果集中的元组数量进行计数,如果是 COUNT(＊),那么会统计所有元组(包括 NULL 值)的数量,如果是 COUNT(colname),那么会忽略 NULL 值,只统计非 NULL 值的数量
SUM([ALL | DISTINCT]expression)	对参数中属性的所有值求和
AVG([ALL | DISTINCT]expression)	对参数中属性的所有值取平均值,要求列的类型必须是数值类型,其中 NULL 值将会被忽略
MAX([ALL | DISTINCT]expression)	对参数中属性求最大值,NULL 值会被忽略
MIN([ALL | DISTINCT]expression)	对参数中属性求最小值,NULL 值会被忽略

对于 COUNT 函数,可以将参数指定为"＊",这样就会统计所有的元组数量,即使元组中包含 NULL 值,仍然会进行统计。

例 2-34：对 t1 表的所有元组数量进行统计。例如:

```
SELECT COUNT( * ) FROM t1;
count
-------
    3
(1 row)
```

如果给 COUNT 函数的参数指定为表达式(或列值),则只统计表达式结果为非 NULL 值的个数。

例 2-35：对 t1 表的 c2 列中的非 NULL 值的个数进行统计。例如:

```
SELECT COUNT(c2) FROM t1;
count
-------
    2
(1 row)
```

如果在参数中指定了 DISTINCT 关键字,则先对结果中的值去掉重复值,然后再统计数量,如果不指定 DISTINCT,则默认为 ALL。

例 2-36：对 t1 表的 c1 列中的非 NULL 值的个数进行统计,去掉重复值。例如:

```
SELECT COUNT(DISTINCT t1.c1) FROM t1;
count
-------
    2
(1 row)
```

AVG 函数、SUM 函数、MIN/MAX 函数同理。

例 2-37：对表 t1 的 c1 列做求和操作。例如:

```
SELECT SUM(c1) FROM t1;
sum
-----
    4
(1 row)
```

例 2-38：对表 t1 的 c1 列求平均值。例如：

```
SELECT AVG(c1) FROM t1;
        avg
--------------------
  1.3333333333333333
(1 row)
```

在实际场景中,可能会统计每个组织所包含的人数,假设有一个组织成员信息表,如表 2-10 所示。

表 2-10　组织成员信息表

成　　员	所　在　组　织
成员 A	组织 1
成员 B	组织 2
成员 C	组织 1
成员 D	组织 2
成员 E	组织 3

那么要获得每个组织的人数就需要执行多次查询才能实现,具体语句如下：

```
SELECT COUNT( * ) FROM 成员 WHERE 成员组织 = 1;
SELECT COUNT( * ) FROM 成员 WHERE 成员组织 = 2;
……
```

使用分组方法可以方便地解决这个问题,分组方法使用 GROUP BY 关键字来指定,通常形式如下：

```
GROUP BY column1, column2, …
```

如果要简化上面的多条语句,则可以通过 GROUP BY 方法来实现,下面的方法可以统计每个组织中成员的数量,具体语句如下：

```
SELECT 组织,COUNT( * ) FROM 成员 GROUP BY 成员组织;
```

通过这样的语句,就可以获得如表 2-11 的结果。

表 2-11　成员数量查询结果

组　织	人员数量
组织 1	2
组织 2	2
组织 3	1

另外还可以考虑使用 HAVING 操作帮助筛选出符合条件的成员(找出成员人数大于 1 的成员组织),具体语句如下:

```
SELECT 组织,COUNT( * ) FROM 成员 GROUP BY 成员组织 HAVING COUNT( * ) > 1;
```

可以获得如表 2-12 的结果(其中组织 3 中只有 1 个成员,被 HAVING 操作过滤掉了)。

表 2-12　成员人数大于 1 的组织

组　织	人员数量
组织 1	2
组织 2	2

例 2-39:根据表 t1 的 c2 列做分组,求每个分组内 c1 的个数。具体语句如下:

```
SELECT c2, COUNT(c1) FROM t1 GROUP BY c2;
c2 | count
----+-------
   |    1
 2 |    2
(2 rows)
```

例 2-40:根据表 t1 的 c2 列做分组,求每个分组内 c1 的个数,将个数大于 1 的分组投影出来。具体语句如下:

```
SELECT c2, COUNT(c1) FROM t1 GROUP BY c2 HAVING count(c1) > 1;
c2 | count
----+-------
 2 |    2
(1 row)
```

2.1.9　创建索引

为了提升数据的查询性能,可以为基本表创建索引。索引实际上是对基本表中的一列或多列数据进行预处理,例如创建 B 树索引是对数据进行排序之后,按照顺序创建基于磁盘的 B 树,从而提高访问效率。常见的索引有 B 树索引、哈希(Hash)索引、位图索引等。

创建索引使用的是 CREATE INDEX 语句,它需要制定索引的名称以及要创建索引的基本表和基本表上的候选列。具体语句如下:

```
CREATE INDEX <索引名> ON <基本表名> ( <列名 1>, <列名 2>, … );
```

例 2-41:为 warehouse 基本表创建一个基于 w_id 列的索引,默认是 B 树索引。具体语句如下:

```
CREATE INDEX warehouse_index ON warehouse ( w_id );
```

可以通过 UNIQUE 关键字来指定创建的索引是否具有唯一性。

例 2-42:为 new_orders 基本表创建一个基于全部列的索引。具体语句如下:

```
CREATE TABLE new_orders
(
    no_o_id INTEGER NOT NULL,
    no_d_id SMALLINT NOT NULL,
    no_w_id SMALLINT NOT NULL
);

CREATE UNIQUE INDEX new_orders_index ON new_orders(no_o_id, no_d_id, no_w_id);
```

UNIQUE 关键字指定的唯一性和主键的唯一性有一些不同。主键中的所有列不能有 NULL 值,而 UNIQUE 关键字创建的唯一索引可以允许有 NULL 值,由于 NULL 值在 SQL 中代表的是不确定的值,无法做等值比较,所以 UNIQUE 索引的唯一性表现在可以具有 NULL 值,而且可以有多组 NULL 值。

例 2-43:即使 new_orders 基本表上有 UNIQUE 索引,也可以插入多组 NULL 值。具体语句如下:

```
CREATE UNIQUE INDEX new_orders_index ON new_orders(no_o_id, no_d_id, no_w_id);
INSERT INTO new_orders VALUES(NULL, NULL, NULL);
INSERT INTO new_orders VALUES(NULL, NULL, NULL);
```

2.1.10　视图与物化视图

一个数据库通常分成外模式、模式和内模式三种模式：

（1）外模式：也叫用户模式，是用户所能访问的一组数据视图，和某一应用的逻辑结构有关，是从模式中导出的一个子集，针对某一具体应用控制访问的可见性。

（2）模式：数据库内所包含的逻辑结构，包括基本表的定义等。

（3）内模式：数据库内部数据的存储方式，包括数据是否加密、压缩等。

数据库中的视图属于数据库的外模式，可以在不暴露整个数据库逻辑模型的基础上，让用户访问所需的数据。

例 2-44：创建一个与 warehouse 表相关的视图，只能显示仓库的名称。具体语句如下：

```
CREATE VIEW warehouse_name AS SELECT w_name FROM warehouse;
```

例 2-45：创建一个与 warehouse 表相关的视图，只显示编号小于 10 的仓库的名称和地址。具体语句如下：

```
CREATE VIEW warehouse_idlt10 AS SELECT w_name, w_street_1 FROM warehouse WHERE w_id < 10;
```

访问视图的方法和访问基本表完全一样，因此可以直接使用 SELECT 语句来访问视图。由于视图本身是一个"虚表"，是由模式映射出来的一种外模式，本身不保存数据，因此当基本表的数据发生变化时，视图中的数据也会同时发生变化。

视图本身不保存数据，这种特质也决定了无法对所有的视图进行 INSERT、UPDATE、DELETE 操作，通常数据库只支持针对比较简单的视图做增、删、改的操作，但不同的数据库，其实现方法不同，详情可以参考具体数据库的文档。

例 2-46：通过视图修改 warehouse 表中仓库的名称。具体语句如下：

```
CREATE VIEW warehouse_view AS SELECT * FROM warehouse;
UPDATE warehouse_view SET w_name = 'bj' whern w_name = 'lf';
```

除了普通的视图之外，还有一种物化视图。物化视图本身是保存数据的，它和普通视图的区别是在 DML 操作中，对普通视图的操作会映射到基本表，而对物化视图的操作则直接作用到物化视图本身。

当基本表的数据发生变化时,物化视图中的数据也会同步地发生相同的变化。由于物化视图通常是基本表的子集,因此如果要查询的数据在物化视图中时,直接访问物化视图会提高访问效率,但是同时也会带来维护的开销。如果一个基本表频繁地被INSERT、DELETE、UPDATE 语句操作数据,那么物化视图同步更新带来的开销可能就会大于访问性能提升所带来的好处,因此需要根据应用的具体情况决定是否使用物化视图。

例 2-47:创建一个 warehouse name 相关的物化视图。具体语句如下:

```
CREATE MATERIAL VIEW warehouse_name AS SELECT w_name FROM warehouse;
```

2.1.11　访问控制

SQL 可以针对不同的数据库对象赋予不同的权限,这样就可以限制用户对数据的不必要访问,提高数据访问的安全性。常见的 SQL 权限如下:

(1) SELECT/UPDATE/DELETE/INSERT:访问、修改基本表或视图的权限;

(2) REFERENCES:在基本表上创建外键约束的权限;

(3) TRIGGER:在基本表上创建触发器的权限;

(4) EXECUTE:存储过程的执行权限;

(5) GRANT:用户可以通过 GRANT 语句来授予权限。

例 2-48:将 warehouse 表的 SELECT 权限授予用户 U1。具体语句如下:

```
GRANT SELECT ON TABLE warehouse TO U1;
```

例 2-49:将 warehouse 表的(w_id,w_name)列的 SELECT 权限授予用户 U1。具体语句如下:

```
GRANT SELECT (w_id, w_name) ON TABLE warehouse TO U1;
```

(6) REVOKE:用户可以通过 REVOKE 语句来收回权限。

例 2-50:将 warehouse 表的 SELECT 权限从用户 U1 收回。具体语句如下:

```
REVOKE SELECT ON TABLE warehouse FROM U1;
```

例 2-51:将 warehouse 表的(w_id,w_name)列的 SELECT 权限从用户 U1 收回。

具体语句如下：

```
REVOKE SELECT (w_id, w_name) ON TABLE warehouse FROM U1;
```

2.1.12　事务处理语句

事务是由一组 SQL 语句序列构成的原子操作集合，它具有原子性、一致性、隔离性和持久性的特点。用户在开始执行一个 SQL 语句时，实际上就已经开始了一个隐式的事务，而 SQL 语句执行结束，隐式的事务也会根据 SQL 语句的执行成功与否分别进行提交（Commit）或者回滚（Rollback）操作。

但是对于多条 SQL 语句组成的事务，则需要显式地指定事务块（Transaction Block）的边界，通常通过如下 SQL 命令来指定事务块。

（1）BEGIN：开始一个事务。

（2）COMMIT：在事务块中的所有 SQL 语句成功执行后，将事务提交，事务一旦提交，事务块中的所有修改就会被记录下来，不会产生数据丢失，保证事务的持久性。

（3）ROLLBACK：在事务执行失败时，需要将已经在事务块中执行过的 SQL 语句所产生的修改进行回滚，或者应用程序需要临时中断事务时，也可以显式地通过 ROLLBACK 命令回滚事务，在数据库重启时也会对未完成的事务做 ROLLBACK 处理。

例 2-52：对 warehouse 表中的 w-name（仓库名称）进行修改，然后事务提交，名称修改成功。具体语句如下：

```
BEGIN;
UPDATE warehouse SET w_name = 'W_LF' where w_id = 1;
COMMIT;
```

例 2-53：对 warehouse 表中的 w-name（仓库名称）进行修改，然后事务提交，名称没有被真正地修改。具体语句如下：

```
BEGIN;
UPDATE warehouse SET w_name = 'W_LF' where w_id = 1;
ROLLBACK;
```

2.2 存储过程和函数

————

存储过程是一组 SQL 语句和逻辑控制的集合。数据库系统需要支持创建、删除和修改存储过程的语法。存储过程相比普通的 SQL 命令,具有如下优点:

(1)创建的存储过程保存在数据库系统中,在使用时被调出并且在数据库系统本地进行编译执行,一次编译,多次执行,具有很好的执行效率。

(2)数据库系统和应用程序之间通常需要有大量的数据交互,而存储过程可以将应用的逻辑"下推"给数据库系统,降低数据的传输量。

(3)存储过程还具有过程化的控制语句,可以实现固定的业务逻辑,并且通过存储过程的封装,应用程序只需要访问存储过程即可,从而可以使部分基本表对用户透明,提高了数据库系统的安全性。

简而言之,存储过程具有简单、安全、高性能等优点。

2.2.1 存储过程的声明

创建一个存储过程可以通过 CREATE PROCEDURE 命令来实现,其主要形式如下:

```
CREATE [ OR REPLACE ] PROCEDURE 存储过程名(
    [IN|OUT] 参数 1 数据类型,
    [IN|OUT] 参数 1 数据类型,
    ...
)
LANGUAGE lang_name
AS
DECLARE
    变量 1 数据类型,
    变量 2 数据类型,
...
BEGIN
    存储过程的程序体
END;
```

下面定义一个存储过程。

例 2-54：统计 warehouse 表中元组的数量。具体语句如下：

```
CREATE PROCEDURE warehouse_count()
LANGUAGE SQL
AS
SELECT COUNT( * )
FROM warehouse;
```

存储过程可以带有参数，参数的类型就是 SQL 标准中的多种类型，在向存储过程传递参数时需要保证参数类型的一致，否则存储过程就无法正常执行。

存储过程的参数有 3 种不同的输入/输出模式：IN、OUT、INOUT。

（1）IN 参数是存储过程的输入参数，它将存储过程外部的值传递给存储过程使用。

（2）OUT 参数是存储过程的输出参数，存储过程在执行时，会将执行的中间结果赋值给 OUT 参数，存储过程执行完毕后，外部用户可以通过 OUT 参数获得存储过程的执行结果。

（3）INOUT 参数则同时具有 IN 参数和 OUT 参数的性质，它既是存储过程的输入参数，同时在存储过程执行中也会通过 INOUT 参数将中间结果输出给外部用户。

例 2-55：向 new_orders 基本表中插入数据。具体语句如下：

```
CREATE PROCEDURE new_orders_insert
(
    IN o_id INTEGER,
    IN d_id INTEGER,
    IN w_id INTEGER,
)
LANGUAGE SQL
AS
INSERT INTO new_orders VALUES(o_id, d_id, w_id);
```

调用存储过程，具体语句如下：

```
CALL new_orders_insert(1, 1, 1);
```

检查存储过程的效果，具体语句如下：

```
SELECT * FROM new_orders;
  no_o_id | no_d_id | no_w_id
---------+---------+---------
        1 |       1 |       1
(1 row)
```

2.2.2　存储过程的修改

SQL 中没有提供显式的存储过程修改命令，通常需要通过 REPLACE 关键字来指定使用当前的存储过程替代之前的同名存储过程。

例 2-56：将例 2-54 定义的存储过程替换为按照地区分组的数量统计。具体语句如下：

```
CREATE OR REPLACE PROCEDURE warehouse_count()
LANGUAGE SQL
AS
SELECT w_state, w_city, COUNT( * )
FROM warehouse
GROUP BY w_state, w_city;
```

2.2.3　函数的声明和修改

函数的使用方法和存储过程类似。具体语句如下：

```
CREATE [ OR REPLACE ] FUNCTION 函数名(
[IN|OUT] 参数 1 数据类型,
[IN|OUT] 参数 1 数据类型,
……
)
RETURNS 数据类型
LANGUAGE lang_name
AS
DECLARE
变量 1 数据类型,
变量 2 数据类型,
……
BEGIN
函数的程序体
END;
```

但是函数可以应用在 SQL 语句中,而存储过程则必须独立调用,另外函数必须指定返回值。

例 2-57:向 new-orders 表中插入数据,并将 new-orders 中的元组数作为返回值,具体语句如下:

```
CREATE FUNCTION new_orders_insert_func
(
IN o_id INTEGER,
IN d_id INTEGER,
IN w_id INTEGER
)
RETURNS INTEGER
AS
$ $
DECLARE
count INTEGER;
BEGIN
INSERT INTO new_orders VALUES(o_id, d_id, w_id);
SELECT COUNT( * ) INTO count FROM new_orders;
RETURN count;
END;
$ $ LANGUAGE plpgsql;
```

执行获得返回值:

```
SELECT new_orders_insert_func(1,1,1);
  new_orders_insert_func
------------------------
                      2
(1 row)
```

2.3 触发器

触发器是对应用动作的响应机制,当应用对一个对象发起 DML 操作时,就会产生一个触发事件(Event)。如果该对象上拥有该事件对应的触发器,那么就会检查触发器的触发条件(Condition)是否满足,如果满足触发条件,那么就会执行触发动作(Action),如表 2-13 所示。

表 2-13　触发器说明

名　称	描　述
事件	触发器的触发事件,当对一个对象执行 UPDATE/DELETE/INSERT 等操作的时候,会激活触发器检查触发条件
条件	触发条件可以是一个表达式或者是一个 SQL 查询语句,当触发条件的执行结果是 FALSE、NULL 或者空集的时候,代表触发条件不满足,触发器不会被触发
动作	触发动作和存储过程相似,它的执行结合了触发器本身的特点,比如可以直接使用触发条件中的执行结果,或者是执行事件修改的元组中的值

通过 CREATE TRIGGER 命令可以创建一个触发器,在 CREATE TRIGGER 命令中可以指定触发器的事件、条件和动作。

例 2-58:创建触发器。具体语句如下:

```
CREATE TRIGGER < trigger name >                    -- 触发器名称
    < trigger action time > < trigger event >      -- 触发器事件
ON < table name >                                  -- 触发器对象
    [ REFERENCING < old or new values alias list > ]   -- 触发器条件
    < triggered action >                           -- 触发器动作
```

触发事件满足时,还需要考虑触发器的执行时机,触发器语法中提供了两个触发时机:BEFORE 和 AFTER。顾名思义,BEFORE 就是在触发器事件执行之前检查触发条件以及执行触发动作,而 AFTER 则是在触发事件之后检查触发条件以及执行触发动作。

例 2-59:在 UPDATE 事件发生之前执行触发器。具体语句如下:

```
CREATE TRIGGER before_update
    BEFORE UPDATE
ON ……
```

例 2-60:在 INSERT 事件发生之后执行触发器。具体语句如下:

```
CREATE TRIGGER after_insert
    AFTER INSERT
ON ……
```

触发器可以对应到元组(一个 SQL 语句可以更新多个元组),也可以对应到 SQL 语句级,默认是 SQL 语句级。

例 2-61:针对 SQL 语句级的触发器。具体语句如下:

```
CREATE TRIGGER after_insert
    AFTER INSERT
ON warehouse
FOR EACH STATEMENT
……
```

例 2-62:针对元组级的触发器。具体语句如下:

```
CREATE TRIGGER after_insert
    AFTER INSERT
ON warehouse
FOR EACH ROW
……
```

针对触发对象的触发事件一旦发生,就会激活触发器,触发器首先会检查触发条件,只有在满足触发条件的情况下,才会被真正地执行。其中,元组级的触发器可以将更新前后的值嵌入到触发器的触发条件中,如表 2-14 所示。

表 2-14 "新""老"元组值触发条件说明

名　　称	描　　述
NEW. column_name	UPDATE 或 INSERT 事件对应"新"元组,column_name 对应新元组上的对应的列值
OLD. column_name	UPDATE 或 DELETE 事件对应"老"元组,column_name 对应老元组上的列值

例 2-63:触发条件中包含 NEW 元组对应的列值。具体语句如下:

```
CREATE TRIGGER after_insert
    AFTER INSERT
ON warehouse
FOR EACH ROW
WHEN (NEW.w_id > 10)
……
```

触发器的动作主要是执行一个函数,在创建触发器之前,需要创建一个函数,如果返回值是 Trigger，那么该函数就是触发器函数，否则是普通函数。同一个触发器可以指定多个触发事件，每个事件发生时都能激活触发器来执行触发器的动作。

例 2-64：在 warehouse 表上创建一个完整的触发器，触发器的工作是在 wh_log 表中记录 DELETE/UPDATE/INSERT 操作的具体信息。实现的语句如下：

```
CREATE TABLE wh_log
(
event VARCHAR(10),
time_stamp TIMESTAMP,
w_id SMALLINT,
w_name VARCHAR(10)
);

CREATE FUNCTION record_warehouse_log()
RETURNS TRIGGER AS $ warehouse_log $
    BEGIN
        IF (TG_OP = 'DELETE') THEN
            INSERT INTO wh_log SELECT 'D', now(), OLD.w_id, OLD.w_name;
            RETURN OLD;
        ELSIF (TG_OP = 'UPDATE') THEN
            INSERT INTO wh_log SELECT 'U', now(), NEW.w_id, NEW.w_name;
            RETURN NEW;
        ELSIF (TG_OP = 'INSERT') THEN
            INSERT INTO wh_log SELECT 'I', now(), NEW.w_id, NEW.w_name;
            RETURN NEW;
        END IF;
        RETURN NULL;
    END;
 $ warehouse_log $ LANGUAGE plpgsql;

CREATE TRIGGER warehouse_log
AFTER INSERT OR UPDATE OR DELETE ON warehouse
    FOR EACH ROW EXECUTE PROCEDURE record_warehouse_log();
```

如果需要删除触发器，可以使用 SQL 中的 DROP TIGGER 命令。

例 2-65：删除触发器。具体语句如下：

```
DROP TRIGGER warehouse_log;
```

2.4 游标

不同于 SQL 查询单独执行时每次返回多个结果集,游标可以每次只返回一个结果,通过反复地对游标做 FETCH 操作,就可以获得多个查询结果。

游标的使用通常分为 4 个步骤:声明、打开、使用、关闭。

(1)声明:定义一个游标。

(2)打开:打开游标,实际上是开始为游标赋予初值。

(3)使用:通过 MOVE 等命令移动游标,并获得游标指向的内容。

(4)关闭:游标使用结束后,关闭游标。

2.4.1 声明游标

(1)声明没有绑定 SQL 语句的游标。具体语句如下:

```
DECLARE cursor_no_sql REFCURSOR;
```

(2)声明绑定具体执行的 SQL 语句的游标。具体语句如下:

```
DECLARE cursor_sql CURSOR FOR SELECT w_name FROM warehouse;
```

(3)申明在指定 SQL 语句的同时指定需要绑定参数的游标。具体语句如下:

```
DECLARE cursor_sql_param(id SMALLINT) CURSOR FOR SELECT w_name FROM warehouse WHERE
w_id = id;
```

2.4.2 打开游标

如果游标在声明时没有绑定 SQL 语句,那么在打开游标时必须指定 SQL 查询语句。

例 2-66:打开一个未绑定 SQL 语句的游标,同时指定 SQL 语句。具体语句如下:

```
OPEN cursor_no_sql FOR SELECT w_name FROM warehouse;
```

对于未绑定 SQL 语句的游标,还可以通过 format 和 USING 指定动态命令。

例 2-67:打开一个游标,通过 format 和 USING 操作指定绑定的 SQL 语句。具体语句如下:

```
OPEN cursor_dyn FOR EXECUTE format('SELECT * FROM %I ORDER BY $1', 'warehouse') USING
w_id;
```

如果已经绑定 SQL 语句,那么可以直接打开游标。

例 2-68:对于已经绑定 SQL 的游标,可以直接打开,如果在绑定 SQL 语句时设置了参数,这里需要指定参数的值。具体语句如下:

```
OPEN cursor_sql;
OPEN cursor_sql_param(id: = 1);
```

2.4.3 使用游标

打开游标之后,就可以通过 FETCH 或 MOVE 等命令来操作游标指向的元组:

(1) FETCH:检索并返回游标所指向的行。

(2) MOVE:重新定义游标的位置,不返回数据。

例 2-69:使用 FETCH 或 MOVE 命令检索数据。具体语句如下:

```
FETCH cursor_sql INTO variable;
FETCH cursor_sql_param(id: = 1) INTO variable;
MOVE cursor_sql;
MOVE NEXT FROM cursor_sql
```

游标的移动方向是可以指定的,具体介绍如下:

(1) NEXT:返回当前游标指向的下一条元组,而且游标递增指向下一条元组。

(2) LAST:返回游标指向的结果集合中的最后一条元组,并且将最后一条元组作为当前元组。

(3) PRIOR:返回当前游标指向的上一条元组,并且游标递减指向上一条元组。

(4) FIRST:返回游标指向的结果集合中的第一条元组,并且将第一条元组指定为当前元组。

（5）ABSOLUTE count：读取游标指向的结果集合中的第 count 条元组，如果 count 为负数，那么返回从结果集合末尾向前的第 count 条元组。

（6）RELATIVE count：获取从当前元组开始的第 count 条元组。

（7）FORWARD：和 PRIOR 相同，返回当前游标指向的上一条元组。

（8）BACKWARD：和 NEXT 相同，返回当前游标指向的下一条元组。

2.4.4　关闭游标

关闭游标可以用 CLOSE 命令来实现。

例 2-70：关闭游标 cursor_sql。具体语句如下：

```
CLOSE cursor_sql;
```

2.5　小结

　　SQL 是所有数据库使用的入门语言，虽然现在已经有明确的 SQL 标准，但是不同的数据库都有不同的特点，故结合这些特点对 SQL 语法进行了改进或者修改。本章中介绍的 SQL 语法符合 SQL 标准，但是在不同的数据库中 SQL 语法可能有不同的实现，因此在应用开发中，还需要结合数据库的具体文档查阅相关的语法。

习题

　　（1）请描述 SQL 的特点。

　　（2）请按照如下模式创建基本表：

① STUDENT(sno,sname,ssex,sage)；

② COURSE(cno,cname,credit)；

③ ELECTIVE(sno,cno,grade)。

（3）请按照习题（2）中的基本表，完成如下 SQL 的编写：

① 查询学生编号为 10 的学生的姓名信息；

② 将 STUDENT 基本表中的学生编号设置为主键；

③ 为 ELECTIVE 中的学生编号和课程编号创建 UNIQUE 索引；

④ 创建一个视图，显示学生的姓名、课程名称以及获得的分数。

（4）编写一个函数，返回某个学生的分数总和。

（5）为 STUDENT 表编写一个触发器，当删除学生信息时，同步删除 ELECTIVE 表中学生的选课信息。

第 3 章

数据库设计和 E-R 模型

设计数据库之前,需要充分了解业务场景的关系模型,对数据对象进行规范化的设计,合理应用数据之间的关系和约束。本章介绍了关系代数中的各种运算,并结合实际的 SQL 例子来帮助理解对数据集的操作;结合 E-R 模型分析实体对象之间的联系,规范化对象之间的依赖、范式等,给出了通用的数据库设计流程;同时介绍了数据实体集中的数据元素之间的约束。通过本章内容的学习,用户能够去分析、构建一个完善的数据库系统。

3.1 关系代数

关系模型是数据库查询语言的基础。因此在了解数据库之前,需要首先了解数据库领域常用的关系代数运算符的概念。下面首先介绍关系代数的历史,然后逐一介绍常用的关系代数运算符的概念并结合具体示例介绍其用法,最后结合具体的 SQL 给出相关的查询语法。

3.1.1 关系代数的由来

在用户获取数据时,需要借助查询语言。查询语言通常分为两种:一种是过程性的,需要用户指定查询计划,计算机严格遵循查询计划获取数据;另一种是非过程性的,不需要用户指定查询计划即可直接返回最终结果,这种查询语言也可以理解为用户定义"做什么"而不是"如何做"。表 3-1 描述了两者的区别。

关系代数通过对关系的运算来表达查询。简单来说,关系代数的运算通过输入有限数量的关系进行运算,运算结果仍为关系,过程可以按照代数运算符的运算顺序进行计算,从而得到最终计算结果。关系演算与关系代数相反,是一种典型的非过程性

表 3-1　查询语言对比

分　类	查　询　语　言	
	过程性（Procedural）	非过程性（Non-Procedural）
语言	3GL（Third-Generation Language）	4GL（Fourth-Generation Language）
需求： 显示 fileA 文件所有 名称信息	Open fileA Do while . not. eof( ) 　? name, total 　　skip enddo	Open fileA List name, total

数据库查询语言，提供了查询数据库的申明性方式，其包括元组关系演算（Tuple Relational Calculus，TRC）和域关系演算（Domain Relational Calculus，DRC）两个部分。元组演算以元组为对象进行操作，取出关系的每一个元组进行运算，一个元组变量可能需要一个循环，从而使元组演算运算次数不可控，有安全风险。域关系演算以域变量为对象，取出域的每一个变量确定是否满足所需条件。总体来看，三者体现了三种不同的思维，可以根据不同的用途选取适合的语言。本节将详细介绍关系代数相关概念，包括关系代数运算符的原理及在 SQL 上的应用。

3.1.2　关系代数运算符

关系（一张表）本质上是元组（表中的每行，即数据库中每条记录）的集合，因此很多关系代数运算符跟集合常用操作非常相似。关系代数最基本的运算符有 7 个：选择（Selection）、投影（Projection）、笛卡儿积（Cartesian Product）、连接（Join）、除（Division）、关系并（Union）和关系差（Difference）。事实上这 7 个基本关系代数运算符可以满足关系完备性的要求。此外，还有一些扩展的关系运算符，如重命名（Rename）等。这些代数运算符的功能可以用前面介绍的基础运算符的组合来表示，但是因为这些运算符经常被用到，因而也同样被抽象成一个完整的代数运算符来使用。

为了更加形象地说明各关系代数运算符的含义，下面罗列了关系表示例，后续的关系操作将基于如下关系表示例展开。表 3-2 和表 3-3 为两个玩具的关系清单，表 3-4 为生产商当天全部产品处理折扣，以下是其中各列的说明：

- ToysName 表示玩具名；
- Price 表示玩具价格，单位为 $；

- Material 表示材质；
- Supplier 表示生产商；
- Discount 表示折扣。

表 3-2　关系：Toys1

ToysName	Price	Material
Bear	12	Rag
Tiger	7	Plastic
Fox	7	Plastic

表 3-3　关系：Toys2

ToysName	Price	Material
Rabbit	10	Rag
Dog	8	Plastic

表 3-4　关系：Supplier

Supplier	ToysName	Discount
JinFu	Rabbit	8
Dingsheng	Dog	8
Funrui	Bear	9

关系代数运算符如表 3-5 所示，下面逐一介绍各关系代数运算符的原理。

表 3-5　关系代数运算符

关系代数运算符类别	运　算　符	符号
基本关系	选择	σ
	投影	π
	笛卡儿积	$\times$
	连接	$\bowtie$
	除	$\div$
	关系并	$\cup$
	关系差	$-$
扩展关系	关系交	$\cap$
	重命名	ρ
	聚集	G

1. 选择

选择代数运算符在关系代数中通常用符号 σ 表示，用于在关系 R 中选择满足给定条件 $F(t)$ 的元组，公式表达为：

$$\sigma_F(R) = \{t \mid t \in R \bigcap F(t) = \text{'true'}\}$$

F 是一个或多个逻辑表达式的组合。选择运算实际上是从关系 R 中选择满足条件 F 的元组。当关系 R 中所有元组均满足选择条件 F 时，返回值跟关系 R 完全相同；当关系 R 中所有元组均不满足选择条件 F 时，返回结果关系中的元组数为 0。

逻辑表达式 F 的基本形式为 $X\theta Y$。其中 X、Y 表示属性名，可以是常量、简单函数或者属性（关系中的列）名，也可以用其序号表示。θ 代表比较运算符，它可以是 $>$，$<$，$<=$，$>=$，$=$ 或 $<>$ 等基本运算符，同样也可以使用与（&&）、或（||）、非（!）等逻辑运算符进行逻辑运算。表 3-6 为选择示例。

表 3-6   示例：$\sigma_{\text{Price} < 10}(\text{Toys1})$

ToysName	Price	Material
Tiger	7	Plastic
Fox	7	Plastic

注：查询表达式为 Price<10，因此只有后两个元素满足条件。

2. 投影

投影代数运算符用符号 π 表示，符号 π 也是一元代数运算符（只需要一个操作数的运算符）。投影是对关系 R 的一种垂直切割，从关系 R 中取出一列或者多列，F 可以是一个属性列或者多个属性列组成的元组，取出的内容由 F 指定，投影返回的结果由 F 中所有属性组成，公式表达为：

$$\pi_F(R) = \{t[F] \mid t \in R\}$$

需要注意的是，投影之后不仅取消了原始关系中某些列，而且还可能取消掉一些元组，原因是取消某些关系列后可能出现重复行，违反了关系的定义。因此必须检查并去除结果关系中重复的元组。表 3-7 为投影示例。

表 3-7   示例：$\pi_{\text{Material}}(\text{Toys1})$

Material
Rag
Plastic

注：投影属性列表由 Material 组成，不包括 Toys1 中其他属性，但是拥有行 Rag 和 Plastic，去重后得到上述结果。

3. 笛卡儿积

笛卡儿积代数运算符用符号×表示,又称叉积,表示两个操作关系 R 和 S 的元组之间所有可能的连接。笛卡儿积运算会将两个原始元组连接生成一个新的元组。另外,同一个关系中不应该存在相同的属性,否则结果关系中会出现相同的属性,违反了关系唯一性定义,计算结果属性唯一。公式定义如下:

$$R \times S = \{t_r t_S \mid t_r \in R \bigcap t_S \in S\}$$

表 3-8 为笛卡儿积示例。

表 3-8　示例:**Toys1 × Supplier**

Toys1. Toys Name	Toys1. Price	Toys1. Material	Supplier. Supplier	Supplier. ToysName	Supplier. Discount
Bear	12	Rag	JinFu	Rabbit	8
Bear	12	Rag	Dingsheng	Dog	8
Bear	12	Rag	Funrui	Bear	9
Tiger	7	Plastic	JinFu	Rabbit	8
Tiger	7	Plastic	Dingsheng	Dog	8
Tiger	7	Plastic	Funrui	Bear	9
Fox	7	Plastic	JinFu	Rabbit	8
Fox	7	Plastic	Dingsheng	Dog	8
Fox	7	Plastic	Funrui	Bear	9

注:Toys1 和 Supplier 的笛卡儿积为两者所有可能排列的组合,因为关系中不应该存在相同的属性,即关系表不可以同属性名,对于相同的属性值 ToysName 使用其对应的关系和属性名的组合代替。

4. 连接

连接运算是从两个关系的笛卡儿积中选取属性间满足一定条件的元组形成一个新的关系。连接代数运算符是关系代数中很有用的关系代数运算符,有四种常用的连接,分别为等值连接(Equijoin)、自然连接(Natural Join)、半连接(Semi Join)跟反连接(Anti Join)。

连接条件用 θ 表示,连接公式定义如下:

$$R \underset{A\theta B}{\bowtie} S = \{\widehat{t_r t_s} \mid t_r \in R \bigcap t_s \in S \bigcap t_r[A]\theta t_S[B]\}$$

表 3-9 为连接示例。

表 3-9　θ 连接示例：$\text{Toys2} \bowtie_{(\text{Price}<\text{Discount})} \text{Supplier}$

Toys 2. ToysName	Toys 2. Price	Toys 2. Material	Supplier. Supplier	Toys 2. ToysName	Supplier. Discount
Dog	8	Plastic	Funrui	Bear	9

上述连接也称为 θ 连接，这个条件为 $A\theta B$。

等值连接中 θ 为"="，它是从关系 R 与关系 S 的笛卡儿积中选取 A、B 属性值相同的元组。也可以理解为如下关系式：

$$R \underset{A=B}{\bowtie} S = \{\widehat{t_r t_s} \mid t_r \in R \bigcap t_S \in S \bigcap t_r[A] = t_S[B]\}$$

表 3-10 为等值连接示例。

表 3-10　等值连接示例：$\text{Toys2} \bowtie_{(\text{Price}=\text{Discount})} \text{Supplier}$

Toys 2. ToysName	Toys 2. Price	Toys 2. Material	Supplier. Supplier	Toys 2. ToysName	Supplier. Discount
Dog	8	Plastic	JinFu	Rabbit	8
Dog	8	Plastic	Dingsheng	Dog	8

自然连接代数运算符用 $\bowtie$ 表示，它是一种特殊的等值连接。它要求两个关系中进行比较的分量必须是同名的属性组，并在结果中去除重复的元素。即若 R 与 S 中具有相同的属性组 B，U 为 R 跟 S 的全体属性集合，则自然连接可以记作：

$$R \bowtie S = \{\widehat{t_r t_s}[U - B] \mid t_r \in R \bigcap t_s \in S \bigcap t_r[B] = t_S[B]\}$$

表 3-11 为自然连接示例。

表 3-11　自然连接示例：$\text{Toys2} \bowtie \text{Supplier}$

Price	Material	ToysName	Supplier	Discount
10	Rag	Rabbit	JinFu	8
8	Plastic	Dog	Dingsheng	8

此外，还存在其他两种连接：半连接（运算符为 $\bowtie$ 和 $\bowtie$）及反连接（运算符为 $\rhd$）。半连接类似于自然连接，常用符号 $\bowtie$ 和 $\bowtie$ 表示，跟自然连接主要的区别是决定需要显示哪些列。反连接，可以用 $R \rhd S$ 来表示，类似于半连接，区别是反连接结果只能是 R 中有、S 中没有的元组，它们的公共属性相同。

表 3-12 为左半连接示例。

表 3-13 为右半连接示例。

表 3-14 为反连接示例。

表 3-12　左半连接示例：Toys1 ⋉ Supplier

ToysName	Price	Material
Bear	12	Rag

注：Toys1 和 Supplier 的左半连接类似于自然连接，只显示关系 Toys1 和关系 Supplier 属性列 ToysName 相同的组合，属性列只显示关系 Toys1 所包含的属性 ToysName、Price 及 Material。

表 3-13　右半连接示例：Toys1 ⋊ Supplier

Supplier	ToysName	Discount
Funrui	Bear	9

注：Toys1 和 Supplier 的右半连接类似于左半连接，区别为属性列只显示关系 Supplier 所包含的属性 Supplier、ToysName 及 Discount。

表 3-14　反连接示例：Toys1 ▷ Supplier

ToysName	Price	Material
Tiger	7	Plastic
Fox	7	Plastic

注：反连接，属性列只显示关系 Toys1 所包含的属性 ToysName、Price 及 Material，属性值只显示存在于关系 Toys1 中的且关系 Supplier 中没有的元组。

5. 除

假设存在两个关系 $R(X,Y)$ 和 $S(Y)$，其中 X,Y 为属性组。R 中的 Y 与 S 中的 Y 可以有不同的属性名，但出自相同集合。R 与 S 除运算得到新的关系，新关系中的元组是 R 中满足下列条件的元组在 X 属性列上的投影：元组在 X 分量值 x 的像集 Y_x 包含 S 在 Y 上投影的集合，其中 $x=t_i[X]$。可以理解为如下关系式：

$$R \div S = \{t_i[X] \mid t_i \in R \wedge \pi_Y(S) \subseteq Y_x\}$$

$R \div S$ 的关系如图 3-1 所示。

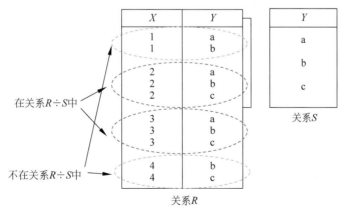

图 3-1　$R \div S$ 除运算关系图

$R \div S$ 示例如表 3-15 所示。

6. 关系并代数运算符

关系并操作要求两个关系相互兼容,也可以说是具有相同的属性。R 跟 S 相互兼容时,并操作定义如下:

$$R \cup S = \{t \mid t \in R \cup t \in S\}$$

结果关系是由关系 R 与关系 S 共同组成。在 R 跟 S 没有元组重复的情况下,结果元组数的最大值为 R 与 S 元组数之和。重复结果需要进行去重。表 3-16 为关系并操作示例。

表 3-15　示例:$R \div S$

X
2
3

注:除运算,元素 2 与 3 在 X 列的像集包含关系 S 在 Y 列上投影的集合,而元素 1 与元素 4 不满足这个关系,因而不在新的关系列中。

表 3-16　示例:Toys1∪Toys2

ToysName	Price	Material
Bear	12	Rag
Tiger	7	Plastic
Fox	7	Plastic
Rabbit	10	Rag
Dog	8	Plastic

7. 关系差

关系差是传统运算之一,用符号 — 表示。关系差操作跟关系并操作类似,要求关系兼容。计算结果为属于关系 R 而不属于关系 S 的属性元组。公式表示如下:

$$R - S = \{t \mid t \in R \cap t \notin S\}$$

表 3-17 为关系差操作示例。

表 3-17　示例:Toys1—Toys2

ToysName	Price	Material
Bear	12	Rag
Tiger	7	Plastic
Fox	7	Plastic

注:关系 Toys1 与关系 Toys2 无交集,因而两者关系差为 Toys1 本身。

8. 关系交代数运算符

关系交操作与关系并操作类似,同样需要关系具备相同的属性。其公式表示如下:

$$R \cap S = \{t \mid t \in R \cap t \in S\}$$

关系交操作可以通过关系差运算表示: $R \cap S = R - (R - S)$。表 3-18 为关系交操作示例。

表 3-18　示例: **Toys1** $\cap$ **Toys2**

ToysName	Price	Material

注: 由于 Toys1 跟 Toys2 无共同的元素,所以两者相交值为空。

9. 重命名代数运算符

重命名代数运算符用符号 ρ 表示,常常起辅助性作用。当需要连接新的关系 S 时,它又与原始关系组 R 的属性名完全相同,即使含义不同,也会在连接时造成一定困扰。此时可以通过重命名代数运算符进行属性名修改。公式表示如下:

$$\rho_Q(y_1, y_2, \cdots)(S)$$

表达式含义为,将关系 S 重命名为关系 Q,其对应属性名称修改为 $y_1, y_2, \cdots$ 等新名称。表 3-19 为重命名操作示例。

表 3-19　示例: ρ_{Toys3}(**NewName, NewPrice, NewMaterial**)(**Toys2**),新表名称为 **Toys3**

NewName	NewPrice	NewMaterial
Rabbit	10	Rag
Dog	8	Plastic

10. 聚集代数运算符

聚集操作通常可以采用以下公式表达:

$$G_1, \cdots, G_i F_1(X_1), \cdots, F_i(X_i)(R)$$

关系 R 中数据被分为 i 组,分组属性分别为 $G_1, \cdots, G_i$, X_i 为一个属性名。其中 $F_1(X_1), \cdots, F_i(X_i)$ 为属性分组对应的关系表达式。划分规则为:同一组中所有元组在 $G_1, G_2, \cdots, G_n$ 上的值相同;不同组中元素在 $G_1, G_2, \cdots, G_n$ 上的值不同。表 3-20 为聚集操作示例。

表 3-20　示例：Toys2. ToysName，Material sum（Price）（Toys2×Supplier）

Toys2. ToysName	Material	sum（Price）
Rabbit	Rag	30
Dog	Plastic	24

注：对 Toys2×Supplier 的关系表做聚集运算，对于属性列 Toys2. ToysName、Material 相同的部分元素求取 Price 的和，生成一个新的关系表。

3.1.3　关系代数与 SQL 的转换

SQL 允许用户在上层数据结构工作，不需要了解底层实现及数据存放方式。另外，SQL 语句允许一条 SQL 语句的输出作为另一条语句的输入，这赋予它很大的灵活性和强大的功能。不过需要注意的是，在关系代数集合中，每一个元组都是唯一确定的，不允许出现重复情况。因此，在计算一个关系代数表达式时，必须对查询结果进行去重工作。

下面列出几个关系代数操作转换为 SQL 语句的等价形式。为方便后续对 SQL 扩展语句的介绍，图 3-2 为 SQL 简单关系表示例。

x	y
a	3
c	2
b	5
a	1

x	y
a	3
b	2

y	z
3	5
2	6

(a) Relation1　　　　(b) Relation2　　　　(c) Relation3

图 3-2　SQL 操作关系表示例

1. 选择运算

格式如下：

$$\sigma_F(R)$$

选择运算的 SQL 语句如下：

```
SELECT * FROM(R) WHERE condition
```

SQL 常用的查询条件有：比较运算符（>、>=、<、<=、=、<>或!=）；范围查询（BETWEEN…AND）；集合查询（IN）；空值查询（IS NULL）；字符串匹配查询

（LIKE）；逻辑查询（AND、OR、NOT）。可利用上述条件进行扩展查询。

表 3-21 为选择运算示例。

表 3-21 示例：SELECT ＊ FROM Relation1 WHERE $y>2$

x	y
a	3
b	5

2. 投影运算

格式如下：

$$\pi_A(R)$$

投影运算的 SQL 语句如下：

```
SELECT A FROM R
```

3. 关系并运算

格式如下：

$$R \cup S$$

关系并运算的 SQL 语句如下：

```
SELECT ＊ FROM R UNION SELECT ＊ FROM S
```

SQL 语句中，UNION 代数运算符对应的常用语句有：UNION 运算用于去掉重复的元素，UNION ALL 运算不去重。其示例如表 3-22 和表 3-23 所示。

表 3-22 示例：SELECT ＊ FROM Relation1 UNION ALL SELECT ＊ FROM Relation2

x	y
a	3
c	2
b	5
a	3
b	2

表 3-23 示例：SELECT ＊ FROM Relation1 UNION SELECT ＊ FROM Relation2

x	y
a	3
c	2
b	5
b	2

4. 关系交运算

格式如下：

$$R \cap S$$

关系交运算的 SQL 语句如下：

```
SELECT * FROM R INTERSECT SELECT * FROM S
```

SQL 语句中 INTERSECT 跟 UNION 类似，同样存在 INTERSECT ALL 运算。INTERSECT 用于剔除重复行，INTERSECT ALL 运算不去重。

5. 关系差运算

格式如下：

$$R - S$$

关系差运算的 SQL 语句如下：

```
SELECT * FROM R EXCEPT SELECT * FROM S
```

6. 连接运算

格式如下：

$$R \bowtie S$$

连接运算的 SQL 语句如下：

```
SELECT * FROM R NATURAL JOIN S
```

SQL 连接代数运算符包括连接类型跟连接条件两部分。

连接类型分为内连接(Inner Join)和外连接(Outer Join)。内连接对应等值连接(Equijoin)，外连接分别对应左外连接(Left Outer Join)、右外连接(Right Outer Join)及完全外连接(Full Outer Join)等。此外，还存在半连接(Semi Join)及反连接(Anti Join)。

连接条件决定了哪些元组应该被匹配，决定了连接结果中出现哪些属性。连接条件放在连接类型右边，常用的连接条件有 NATURAL、ON、USING(A1,A2,…)。其示例如表 3-24 所示。

7. 笛卡儿积运算

格式如下：

$$R \times S$$

表 3-24　示例：SELECT Relation1. x Relation3. z AS z FROM Relation1

FULL JOIN Relation3 ON Relation1. y ＝ Relation3. y

x	z
a	3
c	2
b	NULL
a	NULL

注：预期用 Relation1 中 x 列的值和 Relation3 中 z 列的值组成一个新的关系表。Relation3 中的 z 属性列在表中名称为 z，满足 Relation1. y ＝ Relation3. y 条件的部分数据将填充在 z 属性列中。

笛卡儿积运算的 SQL 语句如下：

```
SELECT * FROM R,S
```

8. 重命名运算

格式如下：

$$\rho_R(A1, A2, \cdots)(S)$$

重命名运算的 SQL 语句如下：

```
SELECT * FROM S AS R(A1,A2, … )
```

9. 聚集操作

格式如下：

$$G_1 G_2, \cdots, G_n F_1(A_1), F_2(A_2), \cdots, F_m(A_m)(E)$$

聚集运算的 SQL 语句如下：

```
SELECT G₁G₂,…,GₙF₁(A₁),F₂(A₂),…,Fₘ(Aₘ) FROM E GROUP BY G₁G₂,…,Gₙ
```

SQL 聚集操作示例如表 3-25 所示。另外可以使用 HAVING 子句，删除不满足

HAVING 条件的部分数据。

表 3-25   示例：SELECT x,sum(y) FROM Relation1 GROUP BY x

x	sum
a	4
c	2
b	5

注：新表属性由 Relation1 中 x 列的值与 sum(y) 共同组成，Relation1 表 x 列存在两个完全相同的元素 a，其 y 列 sum 和为 4，新生成元组与其他数据生成一个新的关系表。

3.2   数据库设计

数据库设计（Database Design）指基于某一具体的数据库管理系统（Database Management System，DBMS）设计并实现数据库实例内具体数据对象，例如表 table、视图 view、索引 index 的过程。DBMS 是位于用户和操作系统之间的一层系统级软件，主要负责数据的定义、组织、存储、管理、操纵及数据库相关业务功能的实现。

数据库设计本身是一项复杂且反复的过程，需要设计者对数据对象及数据对象间的关系进行优化设计和反复推敲。

3.2.1   数据库设计概述

随着大数据时代爆炸式的数据增长，软件、硬件设备快速更新迭代，高效且可靠的数据组织管理模式日趋重要。数据库作为有组织、低冗余、独立、易扩展且可共享的数据存储及管理系统，在大数据时代下的重要性愈发凸显。

数据库设计的完整定义包含：数据库逻辑模式和物理结构的设计、数据库和相应应用系统的建立以及数据的存储和管理。数据库设计的最终目标是为用户提供高效的数据存储效率以及管理模式。

3.2.2   数据库设计的特征

数据库设计的主要特征体现为以下四点：

（1）技术复杂：需要软件设计、硬件设计与应用技术的综合性设计能力。

（2）有效的管理模式：基于数据库建设项目的管理设计方式。

（3）基于基础数据构建：基础数据结构与特征决定数据库设计导向。

（4）与应用系统紧耦合：设计过程需紧密结合上层应用特性。

事实上，数据库设计不仅仅局限于计算机科学技术，它是一项涉及多种交叉学科的技术内容，设计者需要充分了解上层应用的学科知识。例如，设计一款面向天文科学大数据的数据库，需要同时对数据库软件设计理论、底层存储设备特性，以及天文科学大数据的采集、构建、存储特征，都有较好的认识和了解。

就管理模式而言，要设计出一个高效的数据库应用系统，有效的管理模式比开发技术更加重要。除了对数据库设计工程本身的项目管理，也包含了侧面影响数据库设计的业务部门管理。

基础数据的收集、整理、组织和不断更新是数据库设计中的重要环节，也是数据库建立初期最为烦琐、细致的工作。在数据库设计阶段，需要明确其面向的是何种意义、何种结构的数据，并进行数据收集和整理；在数据库运行阶段，需要组织和不断更新数据库中的数据，并基于基础数据对数据库的功能和性能进行测试；在数据库迭代更新、优化过程中，需要采集更多的基础数据，进行更为全面的功能和性能测试。由此可见，基础数据是数据库存在的核心原因，所以基础数据在数据库设计中具有核心地位。

数据库作为面向上层应用的数据组织管理单元，它的设计和上层应用系统的设计是密不可分的，具有紧耦合性。数据库设计过程中要将数据库结构设计和上层应用中的数据处理模式设计有效结合起来，这也是数据库设计的重要特征之一。

3.2.3　实体联系模型：E-R 模型

概念模型就是一种信息结构，用于现实世界到信息世界的抽象化描述。E-R 模型（Entry-Relationship Model），即实体联系模型或实体关系模型，是用来描述现实世界概念模型的有力工具，它是由美籍华裔计算机科学家陈品山（P. P. S. Chen）提出的一种实体联系模型，通过实体、属性、联系三元组表达概念模型。在现实世界中，事物内部及事物之间都存在着一定的联系，实体内部的联系通常指组成实体的各属性之间的联系，实体之间的联系通常指不同实体的实体集间的联系。实体之间的联系中，把参与实体联系的实体数目称为联系的度，两个实体之间的联系度为 2，也称为二元联系；三个实体之间的联系度为 3，称为三元联系；N 个实体之间的联系度为 N，也称为 N 元联系。无论是不同实体间还是实体内部，联系都分为一对一联系、一对多联系、多对多联系,具体阐述如表 3-26 所示。

表 3-26　实体联系类型

关　系	符　号
一对一	$1:1$
一对多	$1:n$
多对多	$m:n$

E-R 模型基于 E-R 图来描述上述多样化的实体联系,即概念模型。E-R 图采用不同的几何形状——矩形、椭圆形以及菱形分别表示实体、属性和联系,具体说明如下。

(1) 矩形:表示实体,矩形框内写明实体名称。

(2) 椭圆形:表示属性,用无向边将其与对应的实体连接起来。

(3) 菱形:表示联系,菱形框内写明联系名,用无向边分别与有关实体连接起来,同时在无向边旁边标注联系的类型($1:1$、$1:n$、$m:n$)。如果联系具有属性,则相应属性需要用无向边与该联系连接起来。

3.2.4　数据库设计流程

数据库设计作为完整的结构化系统构建流程,依照结构化系统设计方法,分为以下六个阶段,各阶段的执行内容与关联关系如图 3-3 所示。

(1) 需求分析(Requirement-Analysis);

(2) 概念结构设计(Conceptual Design);

(3) 逻辑结构设计(Logical Design);

(4) 物理结构设计(Physical Design);

(5) 数据库实施(Database Implementation);

(6) 数据库运行和维护(Database Running and Maintenance)。

下面将以 TPC-C(TPC 为事务处理性能委员会的简称)标准测试用例(商品批发销售关系)为例,按照数据库设计流程:需求分析、概念结构设计、逻辑结构设计、物理结构设计、数据库实施、数据库运行和维护,分别介绍各流程中数据库设计的核心内容与实现方式。

1. 需求分析

需求分析是任何系统设计过程中不可或缺的内容。同样的,数据库设计首先必须

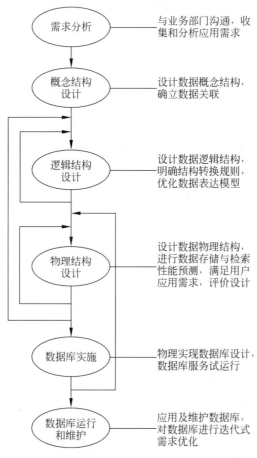

图 3-3　数据库设计流程及内容

了解并分析用户需求,包括数据特征与处理方式。需求分析是整个数据库设计过程的基础,也是最为困难与耗时的一步,它的质量直接决定了整个数据库系统的可用性与质量。需求分析本质内容是与用户交互,获取用户期望目标,而与用户交互获取用户期望的主要方式就是调查。调查通过与用户座谈、请用户填写调查问卷、跟班作业等方式,才能获取用户的本质需求。调查清楚用户的需求后,便需要通过分析方法进一步分析用户需求。分析方案是多样化的,在众多分析方法中,SA(Structured Analysis,结构化分析)方法是一种较为简单的方法。SA 方法于 20 世纪 80 年代起开始广为使用,其通过将系统概念转换为用数据及控制表示的数据流程图,进而描述数据在不同模块间流动的过程。SA 方法从最上层的组织结构入手,采用自顶向下、逐层分解的方式进行数据分析。

调查分析的重点是"数据"和"处理",数据库设计者需通过调查、收集和分析获取用户对数据库的各项需求,包括信息、处理、安全性与完整性需求,而这个过程是一个逐步迭代的过程。

那实际过程中需求分析阶段到底要做什么呢? 以 TPC-C 标准测试用例数据库的设计为例,应首先明确该大型商品批发公司面临怎样的数据存储与管理需求,包括其下属有多少个商品仓库,每个商品仓库与销售点的对应关系是怎样的,每个销售点与客户的对应关系是怎样的,客户的订单信息是如何构建的。除此之外,数据库设计者还要明确用户需要使用的数据管理功能接口特征,以及用户对于系统可用性(如可视化程度)、高效性(如查询响应时间)的具体需求。

2. 概念结构设计

概念结构设计需要对用户需求进行综合、归纳与抽象,形成一个独立于数据库系统的概念模型,而概念模型的主要描述方式就是采用 E-R 模型,E-R 模型可以简洁、清晰地描述出实体、属性与联系间的关系。

以 TPC-C 标准测试用例数据库场景为例,在一组关系模式中具有仓库、管理员、地区、商品四个实体,仓库具有容量属性、管理员具有工号属性、地区具有邮编属性、商品具有价格属性。当一个货物仓库只有一个管理员,一个管理员只对一个仓库负责时,仓库管理员和仓库间的联系就是管理,它们间的联系类型就是 $1:1$。当一个地区有多个仓库,一个仓库只可能位于一个地区时,它们之间的联系就是位于,它们间的联系类型就是 $1:n$。当一类商品可以存储于多个仓库,每个仓库中可以存储多种商品,它们之间的联系就是存储,联系类型就是 $n:m$。上述三种场景对应的 E-R 概念模型如图 3-4 所示。

3. 逻辑结构设计

逻辑结构设计是将概念结构设计转换为数据库系统所支持的数据模型的过程。与概念结构设计不同的是:概念结构设计是独立于数据模型的信息结构,而逻辑结构设计的任务就是将概念结构设计阶段的基本 E-R 模型(E-R 图)转换为与数据库系统所支持的数据模型相符合的逻辑结构。

E-R 图向关系模型的转换就是将实体和实体之间的联系转换为关系模式,并确定这些关系模式的属性和码。E-R 图是由实体、实体属性和实体间联系三个要素组成的,所以将 E-R 图转换为关系模型实际上就是将实体、实体属性、实体间的联系转换为

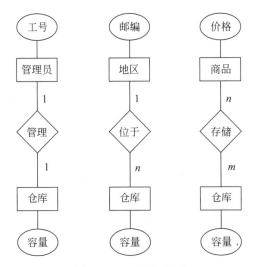

图 3-4　E-R 概念模型

关系模式。转换的方式是将一个实体转换为一个关系模式,实体的属性转换为关系的属性,实体的码转换为关系的码。在数据库关系中能够唯一区分每个记录(元组)的属性或属性的集合,称为码(候选码),被指定用来区分每个记录(元组)的码为主码。

数据库逻辑结构设计的方式与结果都是多样化的,为了获取高性能的数据库应用系统,设计者应该根据应用需求,进行数据逻辑结构的反复修改与调整,这个过程被称为数据逻辑结构的优化。关系数据逻辑结构的优化通常以规范化理论为指导,但过于高度规范化的逻辑结构也可能对数据库设计产生影响。这是因为高度规范化的逻辑设计,必然导致多个关系模式(多个表)的产生,而用户在进行连接查询时,大概率会触发多表间查询即关系模式的连接操作,而连接运算需要消耗大量的 CPU 资源,执行耗时较长,导致关系模型低效的主要原因就是连接运算。在这种情况下,低级范式更加适合,可以考虑将多个关系合并为一个关系。

4. 物理结构设计

物理结构设计是为逻辑结构选取一个最适合应用环境和数据库系统的物理结构,包括存储结构和存取方法。例如,关系数据库物理结构设计的内容主要包括关系模式对应的存储方法选取,关系、索引等数据库文件的物理存储结构设计。数据库管理系统一般提供多种存取方法,常用的如索引方法、聚簇方法等。其中 B+树索引和哈希索引是数据库中经典的存取方法,使用最为普遍。

物理存储结构主要指数据的存放位置和存储结构，包括确定关系、索引、聚簇、日志与备份等存储策略和存储结构，确定系统配置等。以数据存放位置为例，为了提高系统性能，应根据应用实际情况将数据的易变部分与稳定部分、经常存取部分与存取频率较低部分分开存放；就系统配置而言，确定数据库物理结构后，还需对数据库系统的时间、空间效率，数据库运维代价和用户实际需求进行评价与权衡，如果实际应用效果不满足设计需求，还需要重新修改物理结构，甚至是修改数据库逻辑结构。因为不同数据库系统所提供的物理环境、存储结构、存取方法都不同，所以物理结构设计是具有多样性和不确定性的。设计者需要根据实际业务需求，进行细致的物理结构设计，并做迭代式优化。

对于 TPC-C 标准测试用例数据库而言，数据库物理结构设计要充分结合商品批发公司的实际存储环境、计算能力，需考虑客户提交订单时的系统快速响应能力等。

5. 数据库实施

数据库物理结构设计完成后，已完成数据库构建中的设计阶段，接下来进入数据库实施阶段。首先需要使用数据库系统提供的数据定义语言将数据库逻辑结构、物理结构描述出来，生成数据库系统识别的代码内容。然后对源代码进行调试生成目标模式，并组织数据入库。

事实上，数据库实施阶段包含两项重要的工作：一项是基础数据的载入，将有效数据进行整理、分类与关系构建，然后输入数据库；另一项是应用程序的编码和调试，根据入库数据调试应用的可用性。

6. 数据库运行和维护

数据库设计与实施完成后，数据库可正式投入运行。但由于应用环境不断变化，数据库运行的存储环境、计算环境也都在不断变化着，所以对数据库进行评价、优化等维护工作是一项长期迭代的任务，事实上也是数据库设计工作的延续。数据库的维护工作主要包括数据库的转存和恢复，数据库安全性、完整性的修正，数据库性能的监控、分析和改造，以及数据库的重组织与重构造。

以 TPC-C 标准测试用例数据库为例，当大型商品批发销售公司的营销方式、商品管理模式或客户订单管理方法发生改变，都可能影响到数据库服务的可靠性与性能，需要设计者根据实际需求变化，进行数据库构建的修正和完善。

3.2.5 数据库设计中的规范化设计

关系属性间可能存在着不同的依赖关系,而有些依赖关系具有不适合的性质。数据库设计过程中,按照属性间的依赖情况定义了不同的关系规范化程度,即范式。主要包括第一范式、第二范式、第三范式和 BCNF(Boyce Codd Normal Form)范式。基于这些范式,数据库设计过程中可以将具有不友好性质的关系转换为更合适的关系。

1. 函数依赖关系

函数依赖只能根据语义来确定,属于语义范畴。函数依赖的数学定义如定义 3.1 所示。

定义 3.1 存在某个属性集 U 及 U 的子集 ∂、$\beta(\partial\subseteq R,\beta\subseteq R)$,假设 U 上存在关系模式 $R(U)$。若 $R(U)$ 中的全部元组 t_x 满足 $t_1[\partial]=t_2[\partial]$,则 $t_1[\beta]=t_2[\beta]$,则称 β 函数依赖于 ∂,记作 $\partial\rightarrow\beta$。

关于函数依赖关系的常见种类和表示方式如表 3-27 所示。

表 3-27 函数依赖关系

函数依赖关系	表 示 方 式
$X\rightarrow Y$ 是非平凡的函数依赖	$X\rightarrow Y,Y\nsubseteq X$
$X\rightarrow Y$ 是平凡的函数依赖	$X\rightarrow Y,Y\subseteq X$
X,Y 相互依赖	$X\rightarrow Y,Y\rightarrow X(X\longleftrightarrow Y)$
Y 不函数依赖于 X	$X\nrightarrow Y$

例如,一个客户居住在一个城市,具有唯一的姓氏,购买的货物价格是唯一的;一个城市里可能存在多个同姓氏的客户,购买的货物价格可能相同。则关系模式(**客户号,城市,货物价格,姓氏**)中客户号是所有属性的决定因素,存在函数依赖**客户号→(城市,货物价格,姓氏)**,但(**城市,货物价格,姓氏**)不是客户号的子集,所以该函数依赖是非平凡函数依赖。子关系模式(**城市,货物价格,姓氏**)中(**城市,货物价格,姓氏**)所有属性构成了决定因素组,存在函数依赖(**客户号,城市,货物价格,姓氏**)→(**城市,货物价格,姓氏**),该函数依赖为平凡函数依赖。部分函数依赖的数学定义如定义 3.2 所示。

定义 3.2 存在某个属性集 U 及 U 的子集 ∂、$\beta(\partial\subseteq R,\beta\subseteq R)$,假设 U 上存在关系模式 $R(U)$。若 ∂ 函数依赖于 $\beta(\partial\rightarrow\beta)$,并且对于 ∂ 全部真子集 $\partial^x(\partial^x\subsetneq\partial)$,都满足 $\partial^x\nrightarrow\beta$,

则称∂完全函数依赖于β,记作$\partial \xrightarrow{F} \beta$;反之,若存在$\partial^x$满足$\partial^x \to \beta$,则称$\partial$部分依赖于$\beta$,记作$\partial \xrightarrow{P} \beta$。例如,一个客户可能提交了多个货运订单,每个货运订单内只有该客户订购的一种商品,客户有唯一的收货地址;一个货运订单内包含了多个客户同时下定的商品,则关系模式(**客户号**,**货运订单号**,**商品名称**,**收货地址**)中,存在函数依赖(**客户号**,**货运订单号**)→(**商品名称**),因为客户号和货运订单号不能单独决定商品名称,则商品名称完全依赖于客户号和货运订单号。同时存在函数依赖(**客户号**,**货运订单号**)→**收货地址**,但因为客户号属性就可以决定收货地址,收货地址属性不完全依赖于属性组(**客户号**,**货运单号**),所以该函数依赖是部分依赖。传递函数的数学定义如定义 3.3 所示。

定义 3.3 存在某个属性集U及U的子集∂、β、γ($\partial \subseteq R$,$\beta \subseteq R$,$\gamma \subseteq R$),假设U上存在关系模式$R(U)$。若∂函数依赖于β($\partial \to \beta$),β不属于∂的真子集($\beta \not\subseteq \partial$),$\beta$不函数依赖于$\partial$($\beta \not\to \partial$),且$\beta$函数依赖于$\gamma$($\beta \to \gamma$),则$\partial$、$\beta$、$\gamma$间存在$\gamma$对$\partial$的传递函数依赖,记作$\partial \xrightarrow{传递} \gamma$。

这里强调了$\beta \not\to \partial$,是因为$\beta \to \partial$,则$\partial \longleftrightarrow \beta$,事实上$\partial \xrightarrow{直接} \beta$,是直接函数依赖并不是传递函数依赖。

这里强调了$Y \not\to X$,是因为如果$Y \to X$,则$X \longleftrightarrow Y$,实际上$X \xrightarrow{直接} Z$,是直接函数依赖而不是传递函数依赖。

例如,一个客户购买的商品都从唯一的商品仓库发货,每个城市只有唯一的商品仓库。

则关系模式(**客户号**,**商品所属仓库**,**发货城市**)中,存在函数依赖**客户号**→**商品所属仓库**,**商品所属仓库**→**发货城市**,则该关系模式中**客户号**→**发货城市**为传递依赖。

2. 码

码是关系模式中的一个重要概念,其数学定义如定义 3.4 所示。

定义 3.4 存在某个属性集U及U的子集∂($\partial \subseteq R$),假设U上存在关系模式$R(U)$。若$R(U)$中没有两条元组(t_1,t_2)$\subseteq t_x$在属性集∂上具有相同值,即若$t_1 \neq t_2$,则$t_1[\partial] \neq t_2[\partial]$,那么$R(U)$中一个$\partial$值一定可以唯一标识一个元组,此时称$\partial$是$R(U)$的超码(Super Key)。超码中可能包含若干冗余属性不对元组标识起作用,即该超码的真子集也是超码,此时最小的超码(所有真子集均不是超码)被称为候选码

（Candidate Key），被选取用于设计数据库的任一候选码被称为主码（Primary Key）。

候选码中的属性称为主属性（Primary Attribute）；不包含在任何候选码中的属性称为非主属性（Non Primary Attribute）或非码属性（Non-Key Attribute）。外码的数学定义如定义 3.5 所示。

定义 3.5　存在某个属性集 U，假设 U 上存在关系模式 $R(U)_1$、$R(U)_2$。若 ϑ 是 $R(U)_1$ 的非主属性或属性组，但其是 $R(U)_2$ 的主属性或属性组，此时称 ϑ 是 $R(U)_1$ 的外部码（Foreign Key），也称外码。

例如，一个客户具有唯一的收货地址；购买的货物从不同的货物仓库邮寄，每个货物仓库具有不同的仓库名，存放多种货物。

在关系模式（**客户号，收货地址，发货仓库号**）中，客户号是关系模式中所有属性的决定性属性，即候选码/主码。虽然发货仓库号不是该关系模式的候选码，但却是关系模式（**发货仓库号，仓库名，货物数目**）的候选码/主码，因此发货仓库号是该关系的外码。外码和主码的结合用于描述关系间的联系。

3. 范式

范式理论（Normal Form）起源于 20 世纪 70 年代，由英国计算机科学家（Edgar F. Codd）基于关系数据库模型总结提出。Edgar F. Codd 首先于 1971—1972 年提出了 1NF、2NF、3NF 的概念，然后又于 1974 年与美国计算机科学家 Raymond F. Boyce 合作对 3NF 进行了修正，进一步提出了巴斯范式 BCNF。1976 年，美国数学家、计算机科学家 Ronald Fagin 又提出了继 BCNF 后又一规范化理论标准 4NF。后续的科学家们也在不断地进行范式理论的研究，提出了 5NF 等更高级别的范式理论。

关系数据库设计中需要进行大量的关系模式规范化处理（Normalization），即将存在各种依赖关系（部分依赖、传递依赖）的关系模式，基于范式理论并通过模式分解的方式转换成若干个符合高级范式的关系模式的集合。目前在关系数据库设计中，常被引用的范式理论主要有 1NF、2NF、3NF、BCNF、4NF、5NF，上述范式理论为层层递进的子集关系，具体为 $5NF \subset 4NF \subset BCNF \subset 3NF \subset 2NF \subset 1NF$。

第一范式（1NF）：关系模式中所有的属性都应该是原子性的，即数据表的每一列都不可分解。关系数据库中 1NF 是对关系模式的最基本要求，一般数据库设计中都需要满足 1NF。

例如，每个客户有唯一的姓氏，唯一的电话，可能有多个收货地址，则关系模式（**客户号，姓氏，电话**）中所有属性都不可分解，具有原子性，属于 1NF。而关系模式（**客**

号,姓氏,电话,收货地址(地址 1,地址 2,地址 3))中收货地址可以分解为多个属性,不具有原子性,不满足 1NF。

第二范式(2NF):在 1NF 基础上保证非码属性必须完全依赖于候选码,消除非码属性对候选码的部分函数依赖问题,2NF 的数学定义如定义 3.6 所示。

定义 3.6 存在某个属性集 U,假设 U 上存在关系模式 $R(U)$。若 $R(U) \in 1NF$,且 $R(U)$ 中每个非主属性完全依赖于任何一个候选码(Candidate Key),则称 $R(U) \in 2NF$。

例如,每个客户有唯一的收货地址,提交了多个订单;每个订单对应了一种商品,有唯一的收货地址,则关系模式(**客户号,收货地址,订单号**)中存在函数依赖(**客户号,订单号**)→**收货地址**,因为订单号和客户号都可以独立决定收货地址,该关系模式存在部分函数依赖,因此不符合 2NF。不符合 2NF 的关系模式,往往会出现插入、删除异常以及修改复杂等问题。

第三范式(3NF):在 2NF 的基础上消除了非主属性对其他非主属性的传递依赖问题,3NF 的数学定义如定义 3.7 所示。

定义 3.7 存在某个属性集 U,假设 U 上存在关系模式 $R(U)$。若 $R(U) \in 1NF$,且 $R(U)$ 中不存在主属性 ∂、属性组 β、非主属性 $\gamma(\gamma \not\supseteq \beta)$,满足 $\partial \rightarrow \beta, \beta \rightarrow \gamma$ 成立,$\beta \not\rightarrow \partial$,则满足这种要求的关系 $R(U)$ 属于第三范式,记作 $R(U) \in 3NF$。

例如,每位客户拥有唯一的货物运单号,每个货物运单包含多位客户的货物信息,每个货物运单对应唯一的发货仓库,则关系模式(**客户号,货物运单号,发货仓库**)中,存在函数依赖**客户号→货物运单号,货物运单号↛客户号,货物运单号→发货仓库**,则**客户号→发货仓库号**,即存在传递依赖。为满足 3NF,需通过关系模式分解将关系模式映射为多个关系模式,进而消除该传递依赖。若一个关系不属于 3NF,也会产生插入异常、删除异常以及修改复杂等类似的问题,3NF 的不彻底性还表现在可能存在主属性对码的部分依赖和传递依赖。

BCNF 范式是 3NF 的修正和补充,其数学定义如定义 3.8 所示。

定义 3.8 存在某个属性集 U 及 U 的子集 ∂、$\beta(\partial \subseteq R, \beta \subseteq R)$,假设 U 上存在关系模式 $R(U)$。若 $R(U) \in 1NF$ 且 $R(U)$ 中每个决定因素都包含码,即 $\partial \rightarrow \beta$ 且 $\beta \not\subseteq \partial$ 时 ∂ 必包含码,则 $R(U)$ 属于巴斯范式,记作 $R(U) \in BCNF$。

例如,一个仓库只有一个仓库名和唯一的销售税;一个城市内可能有多个同名或同销售税的仓库,则关系模式(**仓库号,仓库名,城市,销售税**)中,存在函数依赖**仓库号→(仓库名,城市,销售税**),关系模式中只有唯一的主码仓库号,没有其他属性对主码存在部分依赖和传递依赖,所以其属于 BCNF。

$R \in BCNF$，由于关系模式排除了任何属性（码和非码）对码的传递依赖和部分依赖，所以 $R \in 3NF$。但是反之不成立，若 $R \in 3CNF$，R 未必属于 BCNF。BCNF 是在函数依赖的条件下，对模式分解所能达到的最高分离程度，其彻底消除了插入和删除异常。

事实上，1NF～BCNF 都只是在函数依赖的范畴内讨论关系模式的优化方式。而除了函数依赖外，关系模式的属性间还存在着其他数据依赖，如多值依赖（Multi-Valued Dependency）、连接依赖（Join Dependency）。针对多值依赖问题，后续又引出了 4NF 的概念，而消除了 4NF 关系模式中存在的连接依赖后，则可进一步达到 5NF 的规范化关系模式。本节只介绍了 1NF，2NF，3NF，BNCF 范式，对于规范化程度更高的 4NF 与 5NF 不做详细介绍。

满足 1NF 往往是数据库设计中的最基本要求，并且满足 1NF 的关系模式就是合法的。但是插入异常、删除异常、修改复杂及数据冗余等问题，严重影响了 1NF 关系模式的应用。因此，设计了规范化标准来解决这些问题，通过对关系模式的投影分解，将低级关系模式分解为若干高级关系模式，进而规避上述问题。综上所述，规范化的核心思想就是逐步消除关系模式中不友好的关系模式，使各关系模式达到高度单一化。

3.3　数据库约束

用数据表来模拟现实世界中数据的实体集和联系，数据表支持数据的存储操作。为了保证数据的完整性，需要在数据上附加一些限制，只有满足这些限制条件的操作，才可以被数据库系统接受。上述这种限制，称作数据库的约束，约束主要有五类，如表 3-28 所示。

表 3-28　数据库约束分类

约 束 类 型	约 束 名 称	约 束 描 述
NOT NULL	非空约束 C	指定的列不允许为空值
UNIQUE	唯一约束 U	指定的列中没有重复值，或该表中每一个值或者每一组值都将是唯一的

续表

约束类型	约束名称	约束描述
PRIMARY KEY	主键约束 P	唯一地标识出表的每一行,且不允许空值,一个表只能有一个主键约束
FOREIGN KEY	外键约束 R	一个表中的列引用了其他表中的列,使得存在依赖关系,可以指向引用自身的列
CHECK	条件约束 C	指定该列是否满足某个条件

当然,还包括一些其他约束,如默认约束、自增约束、级联约束等。本节将主要介绍表 3-28 所述五类数据库核心约束,并列举相应示例进行详细说明。

3.3.1 数据完整性

约束可以维护数据的完整性。而数据的完整性有不同的场景,针对不同的数据完整性,需要选择不同的约束,常见的数据完整性分类如表 3-29 所示。

表 3-29 数据完整性分类

类别	类别描述	涉及约束
实体完整性	表中记录不重复并且每条记录都有一个非空主键	PRIMARY KEY、UNIQUE
域完整性	属性值必须与属性类型、格式、有效范围相吻合	CHECK、FOREIGN KEY、NOT NULL
参照完整性	不能引用不存在的值	FOREIGN KEY
自定义完整性	根据特定业务领域定义的需求完整性(例如某个属性的取值为 0~100)	CHECK

3.3.2 约束操作

约束可以指定一列或多列作为一组,还可以为整个表设计约束。一般指定单列的时候,可以跟在字段定义之后或是在表定义的最后;指定多列的时候,则必须在表定义的最后;表约束要在表定义外面。具体使用可以在创建表的时候指定,也可以后续用 ALTER 命令修改。

在创建约束的时候,建议每一个约束指定一个名称,方便操作人员修改和查找,即使数据库系统内部会为其维护一个内部名称。约束在数据库系统中具体的操作示例,将在下面进行介绍。

3.3.3 非空约束

非空约束(NOT NULL),能够限制数据不能为空,这种约束只作用于列级。例如:创建如表 3-30 所示的 customer 表,用于记录消费者信息,并进行相应数据的插入操作。表中 c_custkey 字段表示顾客编号,c_name 字段表示顾客姓名。

表 3-30 customer 表结构

customer		
Column	c_custkey	c_name
Type	INTEGER	VARCHAR

创建 customer 表时,在字段后直接添加"NOT NULL"关键字,即可对此列创建非空约束。具体语句如下:

```
CREATE TABLE customer(
    c_custkey INTEGER NOT NULL,
    c_name VARCHAR(25)
);
```

执行上述 SQL 语句后,即可创建 customer 表,并设置 c_custkey 列为非空约束。查看表结构,可以看到 c_custkey 列被设置了 NOT NULL 属性,如表 3-31 所示。

表 3-31 customer 表字段类型及属性

Column	Type	Modifiers
c_custkey	INTEGER	NOT NULL
c_name	VARCHAR(25)	

在 customer 表中插入数据时,如插入一条张三的信息{0,zhangsan},信息完整可以插入。但如果把 c_custkey 设成 NULL 进行插入时,受限于非空约束,这个操作会被数据库系统拒绝。例如:

```
INSERT INTO customer (c_custkey,c_name) VALUES (0,'zhangsan');
INSERT INTO customer (c_custkey,c_name) VALUES (NULL,'zhangsan');
```

以上两条插入语句,第一条顺利执行。第二条将提示类似"violates not-NULL constraint"的违反约束错误,因为非空约束能限制插入数据不为空值。SQL 语句执行结果字段状态如表 3-32 所示。

表 3-32　SQL 语句执行结果字段状态表 1

Status	c_custkey	c_name
OK	0	zhangsan
ERR	NULL	zhangsan

3.3.4　唯一约束

使用唯一约束（UNIQUE）指定某属性列，标识该列不会存在重复值，即该列中每一个值都是唯一的。需要注意的是，唯一约束下的列可以存在 NULL 值，而且 NULL 可以存在多个。

例如：新建一张 nation 表，表结构如表 3-33 所示，并指定唯一约束。

表 3-33　nation 表结构

nation		
Column	n_nationkey	n_name
Type	INTEGER	VARCHAR

执行下面的 SQL 语句，创建 nation 表，表中 n_nationkey 字段表示国家代号，n_name 字段为国家名称。

```
CREATE TABLE nation(
  n_nationkey INTEGER,
  n_name VARCHAR(25)
);
```

接下来为 n_nationkey 字段增加 UNIQUE 约束，然后插入数据记录进行检验，SQL 语句具体如下。

```
ALTER TABLE nation ADD CONSTRAINT uk_nation_idunique UNIQUE (n_nationkey);
INSERT INTO nation(n_nationkey, n_name) VALUES(0, 'china');
INSERT INTO nation(n_nationkey, n_name) VALUES(0, 'china1');
INSERT INTO nation(n_nationkey, n_name) VALUES(1, 'china1');
```

插入 n_nationkey 为 0 的数据后，再次插入（0，'china1'），会提示"unique constraint"约束，插入失败。修改 n_nationkey 后，插入（1，'china1'）数据成功。至此，上述操作示例

验证了唯一约束对有效数据的校验。

对于特殊的 NULL 值,执行如下两条 SQL 语句,可以看到 NULL 值正常插入,可以存在多个。

```
INSERT INTO nation(n_nationkey, n_name) VALUES(NULL,'china2');
INSERT INTO nation(n_nationkey, n_name) VALUES(NULL,'china3');
```

SQL 语句执行结果字段状态如表 3-34 所示。

表 3-34　SQL 语句执行结果字段状态表 2

Status	n_nationkey	n_name
OK	0	China
ERR	0	China
OK	1	China1
OK	NULL	China2
OK	NULL	China3

3.3.5　主键约束

主键约束(PRIMARY KEY)可以看作非空约束和唯一约束的结合:既不允许为 NULL,也不允许重复,且一张表只能有一个主键约束。

例如:创建表 orders 实现主键约束。orders 表为订单信息表,希望每个订单都有一个唯一且有效的标识可供查找。本例通过主键约束实现 o_orderkey,其表示订单编号,o_totalprice 表示订单金额,如表 3-35 所示。

表 3-35　orders 表结构

orders		
Column	o_orderkey	o_totalprice
Type	INTEGER	DOUBLE

执行下面的 SQL 语句,创建 orders 表。

```
CREATE TABLE orders(
    o_orderkey INTEGER PRIMARY KEY,
    o_totalprice DOUBLE
);
```

接着进行数据插入操作，分别插入 NULL 值和重复值进行测试。具体 SQL 语句如下：

```
INSERT INTO orders(o_orderkey, o_totalprice) VALUES(0, 10.1);
INSERT INTO orders(o_orderkey, o_totalprice) VALUES(0, 20.2);
INSERT INTO orders(o_orderkey, o_totalprice) VALUES(NULL, 30.3);
INSERT INTO orders(o_orderkey, o_totalprice) VALUES(1, 40.4);
```

以上四条插入语句，第一条顺利插入；对于重复值报了"violates unique constraint"错误；对于 NULL 报了"violates not-NULL constraint"错误；第四条语句可以顺利执行。对于表中的记录，主键通过保证一个有效且唯一的数据，保证了实体完整性。所有 SQL 语句执行结果字段状态如表 3-36 所示。

表 3-36　SQL 语句执行结果字段状态表

Status	o_orderkey	o_totalprice
OK	0	10.1
ERR	0	20.2
ERR	NULL	30.3
OK	1	40.4

3.3.6　外键约束

数据库中，如果将所有的数据都存放到一张表中，会存在表结构不清晰、扩展性差等问题。因此需要设计多张表，通过外键（FOREIGN KEY）表明表之间的关系。一张表的 FOREIGN KEY 指向另一张表的 PRIMARY KEY。

以表 3-35 所示的 orders 表结构为例，首先创建 orders 表，接着创建 lineitem 表，表示在线商品的信息，其中 l_orderkey 为 FOREIGN KEY，表示订单编号，指向 orders 表的 o_orderkey，如图 3-5 所示。

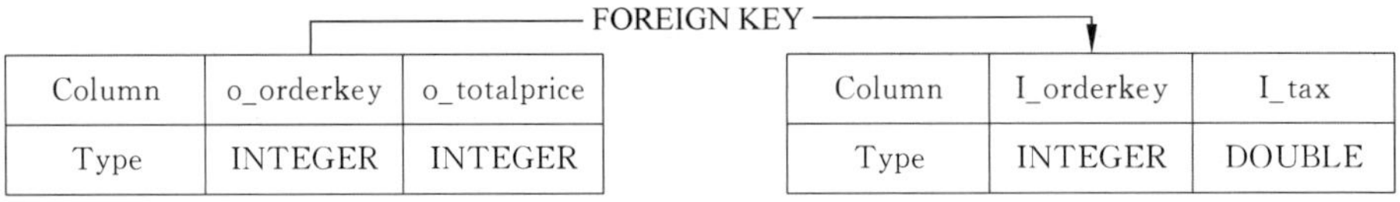

FOREIGN KEY

Column	o_orderkey	o_totalprice
Type	INTEGER	INTEGER

Column	l_orderkey	l_tax
Type	INTEGER	DOUBLE

图 3-5　orders、lineitem 双表关系结构

执行下面的 SQL 语句,创建 lineitem 表。

```
CREATE TABLE lineitem(
    l_orderkey INTEGER,
    l_tax DOUBLE,
    FOREIGN KEY (l_orderkey) REFERENCES orders(o_orderkey)
);
```

创建 lineitem 表之后,执行下面的 SQL 语句,插入数据:

```
INSERT INTO lineitem(l_orderkey, l_tax) VALUES(1, 2.34);
INSERT INTO lineitem(l_orderkey, l_tax) VALUES(2, 2.34);
```

示例中,插入(1,2.34)成功,但插入(2,2.34)失败。这是因为在执行操作的时候,
数据库系统通过外键约束从 orders 表检查 l_orderley 对应的外键 o_orderkey 中的值,
在存在记录{1}时接受了操作请求;在不存在记录{2}时,拒绝了操作请求。这样就保
证了 lineitem 表中的每条记录在 orders 中都有对应的数据存在,即维护了引用完整
性。示例中 SQL 语句执行结果状态如表 3-37 所示。

表 3-37   SQL 语句执行结果字段状态表 3

Status	l_orderkey	l_tax
OK	1	2.34
ERR	2	2.34

3.3.7 条件约束

条件约束(CHECK)用来限制列值的范围。在表定义时对单个列进行 CHECK 约
束,则该列只允许特定的值。例如,在上面 lineitem 表中添加 l_linenumber 列,根据
l_linenumber 的实际含义表示每条数据的记录值,该列值是一个非负整数。所以将其
类型设置为整数且大于零。执行如下 SQL 语句,插入非法值时数据库系统会报错。

```
ALTER TABLE lineitem
ADD l_linenumber INTEGER CHECK (l_linenumber > 0);
INSERT INTO lineitem VALUES(1, 2.34, 5);
INSERT INTO lineitem VALUES(1, 2.34, -6);
```

第一条插入语句顺利执行。第二条插入语句产生"check constraint"错误提示,以保证插入的准确性。所有 SQL 语句执行结果字段状态如表 3-38 所示。

表 3-38　SQL 语句执行结果字段状态表 4

Status	I_orderkey	I_tax	I_linenumber
OK	1	2.34	5
ERR	1	2.34	−6

在实际的数据库设计中,需要考虑到现实数据的属性,则可以通过类似的条件约束对用户的数据操作提前校验、规范输入。程序设计中的枚举就是一种典型的条件约束。

3.4　小结

本章介绍了数据库设计中所涉及的关系代数理论,基本设计流程和规范化设计,以及为维护数据完整性所需要的约束。

关系代数是关系数据库标准查询的基础,本章一开始介绍了关系代数的基本概念,从具体到抽象,用实际例子介绍了关系代数中的各种操作,并结合 SQL 演示了在数据库系统中的关系运算。

数据库设计主要讨论了数据库设计的方法和步骤,详细介绍了数据库设计各个阶段的目标、方法等,同时介绍了数据库设计中的规范化设计。但是要注意,规范化设计理论为数据库设计提供了基础的思路,但并不是规范化程度越高,数据库模式就越好,要在实际工作学习中运用这些思想,结合应用环境和实际的需求场景合理规划选择,设计符合需求的数据库系统。

约束是数据库模式的一部分,在数据库中能够保证数据的完整性和一致性,所有违反约束的插入或修改操作都是不允许的。本章主要介绍和演示了非空约束、唯一约束、主键约束、外键约束、条件约束。

习题

（1）什么是关系代数？

（2）试述等值连接与自然连接的区别和联系。

（3）关系代数的基本运算有哪些？如何用这些基本运算来表示其他运算？

（4）设有关系 R 和 S，如图 3-6 所示，其中（a＜b＜c＜d），分别计算：

① $R \bowtie S$；

② $R \bowtie S(C＜D)$；

③ $\sigma_{B=C}(R \times S)$。

C	D
c	e
b	f

(a) 关系 R

A	B	C
a	b	c
d	a	e

(b) 关系 S

图 3-6   关系 R、S

（5）试述数据库设计的基本步骤及其各个阶段的设计描述。

（6）试述数据库设计过程中结构设计部分形成的数据库模式。

（7）需求分析阶段的设计目标是什么？调查的内容是什么？

（8）试述数据库概念结构设计的重要性和设计步骤。

（9）试述数据库物理结构设计的内容和步骤。

（10）假设有 customers(id,name,age,sex)这张表，请以数据库设计人员的角度，对表中 4 个字段设置不同的约束。

（11）有以下 2 张表：

```
country(id,name,capital,nationalday);
customers(id,name,sex,age,countryname);
```

使用 SQL 语句在创建表的时候指定 2 张表中字段需要的约束，同时设置 customers 表中的 countryname 和 country 表中的 name 绑定外键约束。

第 4 章

数据库未来发展趋势

数据库是 IT 技术栈中承上启下的关键一层,具有如下特性:

(1) 向上承托应用开发与运行,是应用生态关键组成之一。

(2) 向下对接硬件和 OS,对数据处理应用屏蔽底层硬件复杂性和兼容性。

数据库系统是 IT 技术栈中的独立"小王国",被誉为"软件行业皇冠上的明珠"。它内含了几乎所有的基础软件关键技术,是软件集大成者:OS(进线程调度和内存分配管理)、编程语言(SQL)、编译器(SQL 编译和编译执行)、大规模并行计算(分布式 SQL 执行)、优化技术(优化器)等。数据库是数学理论和软件工程的结晶,其中蕴含了两个 NP-Hard 的世界级难题(优化理论和事务处理)。数据库领域也因此诞生了 4 个图灵奖得主。因此,数据库发展趋势与硬件演进紧密相关,并受到应用的驱动。

4.1 新硬件驱动的数据库(鲲鹏＋昇腾)

处理器架构的差异直接影响数据库的工作效率。不断发展的处理器架构,驱动着数据库不断做出相应的优化。

4.1.1 处理器架构对数据库系统带来挑战与机遇

当前业界的计算机处理器分为两大系列:通用处理器(CPU)和异构加速器。按照其用途又可分为面向数据中心服务器的处理器(如 Intel Xeon 至强系列 CPU)、面向消费者设备的处理器(如 Intel Core 酷睿系列 PC 的 CPU、高通的 Snapdragon 系列手机 CPU 等)。数据库系统一般运行在数据中心服务器上,因此本章主要简述服务器处理器发展对数据库架构和技术发展方向带来的冲击和影响。

通用处理器家族中有两个最为著名的体系和指令集架构(Instruction Set

Architecture，ISA）。

（1）源自 Intel 8086 处理器的 x86 指令集，它是一种 CISC（Complex Instruction Set Computer，复杂指令集计算机）体系结构指令集。

（2）源自 ARM（Advanced RISC Machine）公司的指令集，它是一种 RISC（Reduced Instruction Set Computer，精简指令集计算机）体系结构指令集。

从历史上看，Intel 的 x86 指令集随着 Wintel（微软 Windows＋Intel 芯片）联盟在 20 世纪 80 年代垄断 PC 市场而兴起，由于 Intel 芯片发货量远远大于 20 世纪八九十年代面向小型计算机市场的 RISC 芯片，Intel 借助市场垄断优势不断更新优化其制造工艺水平和芯片处理能力。20 世纪 90 年代末 Intel 进入 PC 服务器市场，借助其规模优势不断侵蚀 RISC 小型计算机市场空间，到 2010 年 Intel 已经成为芯片霸主，垄断了 90％以上世界服务器市场空间。

2010 年起，ARM 公司通过只聚焦芯片指令集研发、不涉及芯片设计和制造的商业策略，借助 Android 手机的兴起，重演了 Intel 在 20 世纪 80 年代 Wintel 联盟垄断桌面机市场的故事。当前 ARM 架构芯片每年发货量是 Intel x86 芯片发货的 10 倍以上，有丰富的软件和硬件生态。如何基于 ARM 架构打造一款数据中心服务器芯片，成为众多芯片设计和制造企业的商业计划。

以美国 Calxeda 和 Applied Micro 等为代表的创业公司，利用其贴近硅谷高科技源头优势，纷纷推出基于 ARM 架构的服务器芯片，但由于缺乏客户和市场规模，败北收场。

美国芯片巨头高通公司，携 Snapdragon 手机芯片和技术优势，于 2017 年宣布进入 ARM 服务器芯片市场，并发布了 Centriq 系列芯片，但同诸多创业公司一样，2018 年宣布停止 ARM 服务器芯片研发。

虽然在基于 ARM 研发服务器芯片方面已有多家公司折戟，但 Intel 的成功历史仍然具有说服力。随着 ARM 架构芯片生态的逐步成熟，它的技术竞争力追赶 Intel x86，研发投入也在不断积累和摊薄，必将成为可以替代 Intel x86 的新通用处理器芯片。

ARM 与 x86 对比如图 4-1 所示。

华为借助其内部大量使用 ARM 芯片积累的技术和产业化优势，于 2019 年正式对业界发布鲲鹏 920 系列服务器芯片，其关键指标如图 4-2 所示。

华为鲲鹏芯片的发布路标如图 4-3 所示。

ARM 处理器与传统 x86 处理器相比，最大特点是：处理器核数更多。如鲲鹏 920 有 64 核，市场同样定价等级 Intel 6148 Golden 系列有 20 核 40 超线程，而一台服务器

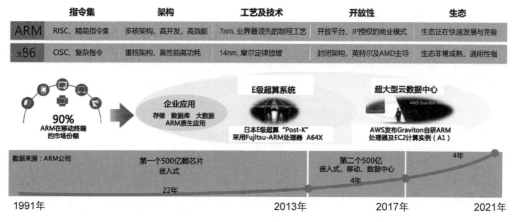

图 4-1　ARM 与 x86 对比

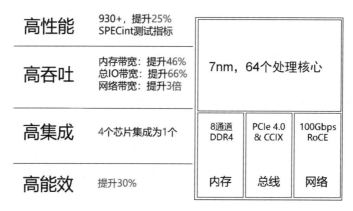

图 4-2　鲲鹏 920 的关键指标

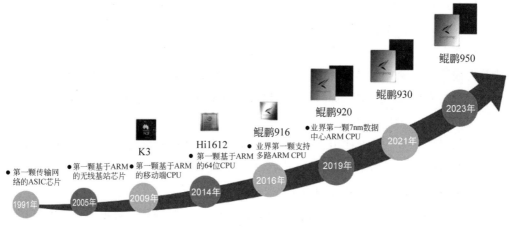

图 4-3　鲲鹏芯片发布路标

通常由 2～4 个处理器组成。众多处理器核,对数据库系统带来巨大挑战。根据 Stonebraker 等人于 2014 年在 VLDB 发表的论文 *Staring into the abyss：an evaluation of concurrency control with one thousand cores*,传统数据库的事务处理机制无法有效利用数十到上百个核处理能力。

2016 年 Anastasia Ailamaki 等人在 DaMon 研讨会上发表论文 *OLTP on a server-grade ARM：power,throughput and latency comparison*,对 ARM 服务器芯片上数据库运行进行详尽分析,认为 ARM 处理器在功耗上具有优势,但在关键负载业务上,如何保证业务的 SLA(Service Level Agreement),ARM 服务器仍有很多改进和优化空间,可能需要软硬件结合提升业务 SLA。典型 ARM 多核 CPU 架构如图 4-4 所示。

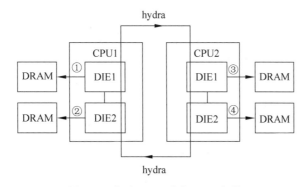

图 4-4　典型 ARM 多核 CPU 架构

注:hydra 是 ARM 公司定义的 CPU 处理器上总线名称。DIE 是集成电路行业术语,是一个处理器封装中的硅芯片。DRAM 是动态随机存取存储器的英文缩写,行业术语。

相信随着鲲鹏服务器在中国等一些国家的市场上逐步规模商用,会推动开源数据库、商业数据库等产品面向鲲鹏芯片进行优化,甚至架构改进。如何有效解决下列问题将是推动数据库研究的关键方向:

(1) 如何有效地解决鲲鹏跨片内存访问时延对事务处理带来的影响?

(2) 如何构筑高效的并发控制原语及原子锁?

(3) 如何降低多核下的 CPU 缓存未命中(cache miss)率,以减少对整体性能的影响?

(4) 如何支持百核甚至千核 CPU 架构?

(5) 如何高效利用鲲鹏服务器的特殊硬件,例如 POE(核间通信能力)队列?

4.1.2　异构处理器高速发展为数据库系统创新提出新方向

2010 年起,随着大数据量和大计算量的普及,AI(人工智能)迎来新一轮复兴。谷歌公司在这一轮 AI 浪潮中扮演了至关重要的角色；谷歌公司收购的 DeepMind 公司于 2014 年发布 AlphaGo，并在随后的人机竞赛中击败人类，是本轮 AI 浪潮的标志性事件。谷歌公司认为 AI 将成为未来的主导性技术，并全力投入相关技术研发，于 2016 年发布了面向 AI 的张量处理器（Tensor Processing Unit，TPU），极大地加速了以线性代数计算为中心的现代 AI 算法。

谷歌公司发布 TPU 之后，众多芯片厂家也随之发布面向 AI 的加速芯片，华为于 2019 年发布了自研的达芬奇架构的神经网络处理器昇腾系列芯片，其架构如图 4-5 所示。

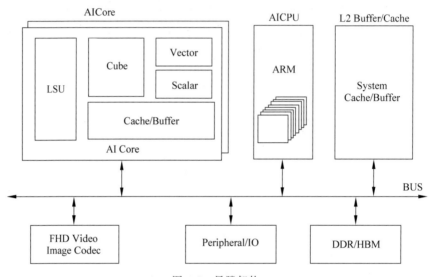

图 4-5　昇腾架构

注：BUS 表示计算机系统中总线，用于互联芯片上多个子单元，是行业术语。Vector 是矢量处理单元，用于将多个同一数据类型封装的数据包一次性处理，如(1,3,10,11)。Cube 是矩阵处理单元，用于对矩阵数据结构进行线性代数操作，如点积、加减等。Cache 是处理器上的高速缓存。Scalar 是标量处理单元，用于对简单数据结构进行计算，如 Int 1、Float 0.35 等。HBM 是高带宽内存，行业术语。Peripheral/IO 是周边设备总线，用于将处理器和外部存储器等器件互联。FHD Video 是高清视频，Image Codec 是图像编解码器。

昇腾芯片当前有两个系列，分别为面向推理计算场景的 Ascend 310 系列和面向训练场景的 Ascend 910 系列，其规格如图 4-6 所示。

昇腾芯片与业界顶尖厂商的 AI 处理器芯片对比如图 4-7 所示。

AI 处理器芯片的普及，使数据库研究社区和厂商都在思考一个问题：如何使用 AI 处理器芯片巨大的算力优势，来帮助数据库系统运行得更快、更强、更好？如何利用 AI 芯片来提升数据库的智能性和高效性？

当前主要的研究方向有 AI4DB 和 DB4AI 两个。

Ascend 310

High Power Efficiency

- Ascend-Mini
  Architecture: DaVinci
- FP16: 8 TeraFLOPS
- INT8: 16 TeraOPS
- 16 Channel Video Decode - H.264/265
- 1 Channel Video Encode - H.264/265
- Power: 8W
- Process: 12nm

Ascend 910

High Computing Density

- Ascend-Max
  Architecture: DaVinci
- FP16: 256 TeraFLOPS
- INT8: 512 TeraOPS
- 128 Channel Video Decode-
  H.264/265
- Power: 350W
- Process: 7+ nm EUV

图 4-6　Ascend 310、Ascend 910 规格

注：DaVinci 是华为昇腾处理器的芯片架构名称。FLOPS 是指处理器每秒能处理的浮点数。EUV 是芯片制造工艺，其采用极紫外线光刻技术。

Tesla V100 (12 nm)
- 416mm^2
- 120TFlops fp 16

Google TPUv3 (?nm)
- (undisclosed)
- 105TFlops bfloat16

Asend 910 (7+ nm)
- 182.4 mm^2
- 256TFlops fp16

图 4-7　昇腾芯片与业界芯片对比

1. AI4DB（AI for DB）

在传统数据库中，由于使用大量启发式算法，无法针对众多用户实际场景进行定制化开发，一般通过数据库系统预定义参数组合或可调节参数开关等方式，由 DBA 根据经验进行调整。AI 算法与传统启发式算法的最大不同在于其可以根据历史数据学习，并根据现状在运行时进行动态调整。因此如何利用 AI 算法替换启发式算法，解决传统数据库的痛点问题成为研究的热点话题。典型方向如下。

（1）优化器：传统代价优化基于采样统计信息进行表连接规划，存在统计信息不准（基数估计问题）、启发式连接规划（连接顺序）等老大难问题。

（2）参数调优：数据库有数十甚至上百个可调节参数，其中很多参数是连续值调节空间，依靠人工经验无法找到最优参数组合。

（3）自动化索引推荐和视图推荐：数据库有很多张表，表中有很多列，如何自动构建索引和视图来提升数据库的性能是需要考虑的问题。

（4）事务智能调度：事务的并发冲突是 OLTP 数据库的难点，可以通过 AI 技术进行智能调度从而提升数据库的并发性。

2. DB4AI(DB for AI)

AI 数据处理流程一般可划分为四个阶段：训练数据管理准备、模型训练、模型管理和推理应用，如图 4-8 所示。

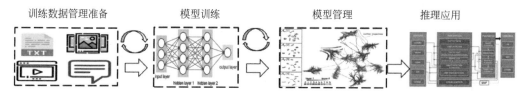

图 4-8　AI 数据处理流程

（1）训练数据管理准备工作占据了 AI 全流程中 80％以上时间，数据科学家和软件工程师花费大量精力与数据标注、数据正确性、数据一致性、数据完整性、训练结果可重复性等问题打交道。使用定制化、拼凑型的数据存储解决方案，缺乏高效的 AI 训练数据管理系统是问题的根源。数据库系统半个世纪的研究成果能有效解决该领域的问题。当前已经有众多公司基于数据库系统启动相关系统的研发，如苹果公司的 MLDP 系统。

（2）当前 AI 模型训练主要以 AI 计算框架为主，但其在迭代计算中产生大量相似、冗余的参数、模型等数据，缺乏有效的模型管理，导致模型训练中不断重复计算，模型训练效率大打折扣。如何使用数据管理的方法，如物化视图、多查询优化等技术，对训练中产生的模型数据有效管理、实现存储转换计算、加速 AI 训练计算成为研究的热点，如马里兰大学的 ModelHub 等项目。

（3）模型推理计算是将训练好的模型部署到应用环境中的过程，如何减少推理计算的开销、降低推理延迟、提升推理的吞吐量是系统开发者关注的重点。当前 AI 计算框架缺乏针对以上诉求的优化，使用传统数据库优化器的技术优化该过程是研究热点，如伯克利大学的 Model-less Inference 等。

因此使用数据管理技术对 AI 流程进行全栈优化是数据库研究者需要考虑的问题。

对于企业用户来说,仅仅优化 AI 流程的效率是远远不够的,因为:

(1) 当前 AI 应用仍处于早期阶段,搭建一套 AI 应用系统不但成本高昂,而且极为复杂,也难以在部署后继续开发业务。如何构筑一套开箱即用、业务领域专家也能轻松使用的 AI 应用系统是当前企业对 AI 系统厂商提出的重大挑战。

(2) 从历史上看,当前的 AI 应用与 20 世纪 60 年代数据库系统诞生之前的情况极为相似。在数据库系统内构筑一套端到端、全流程的 AI 处理系统,并提供类似 SQL 一样的声明式开发语言,将是解决企业用户应用 AI 门槛高难题的正确方向。

综上所述,DB4AI 是用数据库技术打造一套端到端全流程 AI 系统的研究方向,是 AI 应用平民化的必经之路。

4.2　新应用驱动的数据库(5G、车、终端云)

从数据库诞生开始,新的应用领域就不断为数据库带来新诉求,例如巨大的数据量、更短的数据处理时间、更高的可靠性、新的数据类型,而数据库也在满足这些新的诉求的同时得到不断的发展与更新。

4.2.1　5G 及其相关应用对数据库系统带来的挑战与机遇

从历史上看,通信技术对数据库发展起到了至关重要的作用:

(1) 1980—1990 年,TCP/IP 网络协议出现,大中型企业内部开始规模部署局域网,甚至通过卫星技术将地域上分散的局域网互联互通,这推动了企业 IT 系统从主机时代走向客户端/服务端(Client/Server,C/S)时代。Oracle 数据库抓住 C/S 架构下数据库系统需要应对更高并发、更多客户端连接的挑战,加大 C/S 架构数据库研发,在数据库市场上取得了决定性胜利,市场份额甚至接近当时企业 IT 霸主 IBM 的 DB2 数据库。

(2) 1990—2000 年,互联网和万维网普及,对运营电子商务和在线购物公司的数据库系统提出更为艰巨的挑战,单一服务器无法满足运营公司对处理能力、数据容量等的诉求,且在线业务对服务的持续可用性也提出了更高的要求。Oracle 公司抓住市场机会,推出了 Oracle RAC 集群数据库,在这一时期最终成为数据库市场的老大。

(3) 2000 年至今,移动互联网和智能手机兴起,用户从过去固定时间和地点接入互联网,到随时随地进行网络社交活动、在线支付和购物,即使集群数据库系统也无法满足性能、扩展性和服务可用性的诉求,必须从过去垂直扩展 Scale-up(通过升级硬件配置提升性能)走向横向扩展 Scale-out(通过增加新的服务器硬件提升系统整体性能)。分布式数据库系统从研究走入商用,这一时期的典型代表是谷歌公司于 2012 年发表的论文中阐述的 Google Spanner 分布式数据库系统。

维基百科对 5G(5th generation mobile networks or 5th generation wireless systems,第五代移动通信技术)的定义:是最新一代蜂窝移动通信技术,是 4G(LTE-A、WiMAX-A)系统后的延伸。5G 的性能目标是具有高数据传输速率、减少延迟、节省能源、降低成本、提高系统容量和连接大规模设备。

5G 作为最新移动通信技术,其高带宽(吉比特每秒级)、极低延迟(毫秒级)的特征使其主要潜在应用于 AR(Augmented Reality,增强现实)/VR(Virtual Reality,虚拟现实)、云游戏、实时视频通信、无人机、工业互联网等。这将对数据库系统带来新的挑战,体现在:

(1) 终端设备到云端网络延迟通常上百毫秒,不利于充分利用 5G 的低延迟特性,考虑在终端设备与云端之间部署中小型计算中心,这种部署称为边缘计算。如何将计算和数据在终端-边缘-云之间进行高效的协同,是新型数据库系统的研究方向。

(2) 5G 网络下,视频和计算机视觉相关应用将成为杀手级应用,如何解决图像的实时查询和分析等问题,也会成为新型数据库系统的热点话题。

4.2.2　自动驾驶汽车对数据库系统带来的挑战与机遇

根据维基百科对自动驾驶汽车的定义:自动驾驶汽车能通过雷达、光学雷达、GPS(Global Positioning System,全球定位系统)及计算机视觉等技术感测其环境。先进的控制系统能将感测资料转换成适当的导航道路以及障碍与相关标志。根据定义,自动驾驶汽车能透过感测输入的资料,更新其地图信息,让交通工具可以持续追踪其位置。

当前业界研发自动驾驶需要采集大量数据,包含来自车载传感器的各类时序数据(上百种)、激光雷达的点云(Point Cloud)数据、毫米波雷达数据、GPS 定位数据、车载摄像头的视频数据等。

自动驾驶汽车会产生海量数据,厂商会采集并在云端存储某些车辆数据,用于研发。典型数据量如下:

- 600GB/h-radar;
- 140GB/h-lidar;
- 3.2TB/h-camera;
- 40GB/h-sonar;
- 6GB/h-CANbus。

厂商一般在云端需要存储和管理数十 PB(1PB=1 000 000GB)甚至更大数据量,如何高效地存储、管理和查询这些海量、异构、多模的数据,是当前自动驾驶领域面临的严峻挑战。

4.2.3　终端云对数据库系统带来的挑战与机遇

智能手机厂家为了给用户提供优良的体验,一般都构筑终端云服务,为用户提供云存储备份(如相册、短信、通讯录等),这极大方便了用户更换手机,即使用户手机丢失,但手机中数据无损。同时,如何保证用户数据隐私和安全是一个重大的技术挑战。

2016 年欧盟专门为数据隐私和安全提出新的法案《通用数据保护条例》[General Data Protection Regulation,GDPR,欧盟法规编号为(EU) 2016/679],是在欧盟法律中对所有欧盟个人关于数据保护和隐私的规范,涉及了欧洲境外的个人资料出口。GDPR 主要目标为收回公民以及居民对于个人资料的控制,以及为了国际商务而简化在欧盟内的统一规范。

当前数据库缺乏原生对用户数据隐私和安全的保障机制,这对终端云数据库提出新的挑战,例如:

(1) 数据主体(Data Subject)有被遗忘权(Right to be Forgotten),即可以要求控制资料的一方,删除所有个人资料的任何连接、副本或复制品。数据库系统如何保证数据主体所产生的数据按照要求,正确、一致、稳妥地进行删除,这涉及数据主体所产生数据在不同子系统中流转的跟踪、所产生数据副本的管控与追溯、存储介质的擦除等难题。

(2) GDPR 要求执行安全防护(Security Safeguards Principle),即个人资料应受到合理的安全保护,以防止丢失或未经授权的访问、破坏、使用、修改或披露数据等风险。这对数据库系统提出数据需要在存储、传输和计算中均保证安全、可信,不因为被攻击而产生数据泄露等难题。

4.3　小结

在层出不穷的新硬件、新应用驱动下,数据库系统的研究与开发已经进入新的时代,迫切需要新的数学理论、算法和新的工程架构实践,这为未来计划从事数据库研究的学者和数据库研发人员提供了巨大的机会。

习题

(1) 数据库系统包含哪些基础软件关键技术?

(2) 与 x86 处理器相比,ARM 处理器的特点是什么? ARM 处理器给 DBMS(数据库管理系统)带来的挑战有哪些?

(3)(多选)AI 处理器可以在哪些方面帮助数据库管理系统进行优化?(　　)

　　A. 数据库参数调优　　　　　　　B. 优化器算法

　　C. 存储方式　　　　　　　　　　D. 加密算法

(4)(多选)如何使用传统数据库技术协助 AI 进行优化和普及?(　　)

　　A. 建立高效的 AI 训练数据管理系统

　　B. 对训练中产生的模型数据有效管理,实现存储转换计算

　　C. 一套开箱即用,业务领域专家也能轻松使用的 AI 应用系统

　　D. 一套端到端、全流程的 AI 处理系统

　　E. 提供类似 SQL 一样的声明式开发语言

(5) 欧盟在《通用数据保护条例》中对用户数据隐私和安全提出了哪些要求?

第 5 章

GaussDB 架构

GaussDB 是华为公司数据库产品品牌名。华为公司从开始自研数据库至今已经有近 20 年历史,其中经历了早期发展、GaussDB 的诞生和发展、数据库产业化三个阶段。本章简明介绍华为公司自研数据库的历程,并给出一些 GaussDB 的里程碑时间点。GaussDB 的发展历史是中国数据库发展历程的典型案例。

GaussDB 以云服务形式提供商业版本,并推出开源数据库产品 openGauss(社区网址为 https://opengauss.org)。

5.1 GaussDB 发展历史

本节首先概要介绍华为自研数据库的早期发展历史及 GaussDB 的诞生和发展,然后介绍华为高斯数据库三个系列产品:GMDB 内存数据库、GaussDB 100 OLTP 数据库和 GaussDB 200 OLAP 数据库的发展历史。

5.1.1 概述

华为公司研究数据库是从满足生产实践出发,从研发用于满足局限场景的较简单架构数据库产品开始,逐步向通用性、可规模商用的数据库产品演进,到 2019 年终于正式发布面向企业客户场景的通用分布式数据库产品,其发展历史如图 5-1 所示。

1. 华为自研数据库的早期发展阶段

华为公司研究和开发数据库技术及产品,最早可追溯到 2001 年。当时,华为公司中央研究院 Dopra 团队为了支撑华为所生产的电信产品(交换机、路由器等),启动了

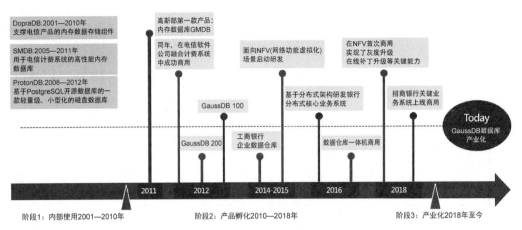

图 5-1　GaussDB 发展历程图

内存数据存储组件 DopraDB 的研发,从此开启了华为自研数据库的历程。DopraDB 后来随着业务和组织的切换,成为华为高斯数据库团队的 GMDB V1 系列产品。

2005 年,华为的通信产品需要一个以内存处理为中心的数据库,评估了当时最高性能的内存数据库软件,发现其性能和特性无法满足业务诉求,便启动了 SMDB (Simple Memory DataBase)的开发。

2008 年,华为核心网产品线需要在产品中使用一款轻量级、小型化的磁盘数据库,于是华为基于 PostgreSQL 开源数据库开发 ProtonDB,这是华为与开源数据库 PostgreSQL 数据库的第一次亲密接触。

2. GaussDB 的诞生和发展阶段

为了应对 2011 年的"数字洪水",华为铸造"方舟"应对,组建了 2012 实验室。华为公司认为在数字洪水时代,ICT(Information and Communications Technology,信息和通信技术)软件技术栈中数据库是不可缺少的关键技术,因此将原来分散在各个产品线的数据库团队及业务重新组合,在 2012 实验室中央软件院下成立了高斯部,负责华为公司数据库产品和技术的研发。高斯部得名于纪念大数学家高斯(Gauss)。

高斯部的数据库产品研发历史按照场景和产品特点可分为三个阶段。

- GMDB(内存数据库);
- GaussDB 100 OLTP 数据库;
- GaussDB 200 OLAP 数据库。

3. 数据库产业化阶段

随着华为在 2019 年对业界正式发布高斯数据库,华为自研数据库进入了第三阶段,即数据库产业化阶段。华为高斯数据库后续的规划主要围绕如下方面展开。

1) 数据库生态

作为一款通用性、规模商用的数据库产品,生态是重中之重,华为将围绕两个方向来解决数据库生态问题。

(1) 技术上采取"云化＋自动化"方案。通过数据库运行基础设施的云化将 DBA(数据库管理员)和运维人员的日常工作自动化,解决如补丁、升级、故障检测及修复等工作带来的开销。传统数据库随着业务负载变化越跑越慢的问题,依赖 DBA 监控和优化来解决。而通过在数据库内部引入 AI 算法,实现免 DBA 自动数据优化,将进一步降低对人工的依赖。

(2) 商业上开展与数据库周边生态伙伴的对接与认证,解决开发者/DBA 数据难获取、应用难对接等生态难题,减少企业客户使用华为高斯数据库面临的后顾之忧。

数据库产业生态全景如图 5-2 所示。

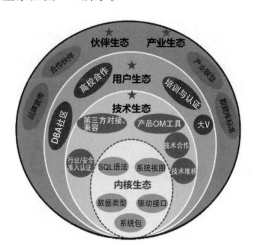

图 5-2　数据库产业生态全景

2) 技术竞争力

数据库作为"软件皇冠上的明珠",其技术含量十分高,因此要想在市场上击败竞争对手,必须持之以恒地在关键技术上进行大规模投资。华为高斯数据库将在如下方向构筑竞争力。

(1) 分布式。构筑世界领先的分布式事务能力和跨 DC(Data Center,数据中心)高可用能力,解决传统关系数据库的扩展性、可用性不足等瓶颈。

(2) 云化架构。未来 10 年云数据库将成为市场主流,华为高斯数据库需要构筑满足公有云、私有云和混合云场景的云化架构,满足各种企业场景的云数据库诉求。

(3) 混合负载。过去由于数据库性能不足,架构缺乏隔离性,一个数据库实例难以在满足 SLA(Service Level Agreement,服务水平协议)前提下,同时支持不同业务负载(交易型、分析型)的运行。随着硬件性能的提升和新数据架构理论的创新,在一套数据库中运行多种负载已经成为行业趋势,这不但简化了系统部署,消除了数据复制或搬迁带来的数据一致性问题,同时也提升了系统的可靠性和实时性。

(4) 多模异构。传统数据库围绕关系数据进行管理,随着移动互联网、IoT(Internet of Things,物联网)、人工智能的普及应用,新类型数据(时序、图、图像等)成为接下来十年数据库系统主要的管理类型,这需要支持多模数据管理的新型数据库。通用处理器随着晶体管制程逐步走到极限,而异构加速器(FPGA/GPU/NPU等)大放异彩,在 AI(人工智能)等场景大量使用,如何通过改造优化数据库架构,实现充分利用"通用处理器+异构加速器"算力优势,是高斯数据库重点发展方向之一。

(5) AI+DB。2010 年起随着大数据量和大计算量的普及,一方面,AI 算法精度和适用范围足以支撑在特定场景(如数据库参数调优、SQL 执行优化等)下解决问题;另一方面,随着深度神经网络的普及化,对过去无法有效处理的图像、语音、文本等非结构化数据,已经能很好地从中抽取结构化信息,如何将其用在数据库中解决非结构化数据的高效管理也成为当前研究的热点。

5.1.2　GMDB 内存数据库历史

2012 年,华为高斯部成立后,结合电信软件公司在 SMDB 长期使用中面临的"开发效率低、数据一致性弱"等关键痛点,立项开发了高斯部成立后的第一款产品:GMDB V2 系列。GMDB V2 与 GMDB V1 最大差别在于,它是一款支持 SQL/关系模型和 ACID 能力的全功能内存数据库。GMDB V2 最终于 2012 年起在融合计费系统中成功商用,到 2018 年,基于 GMDB V2 内存数据库产品的融合计费系统所支撑的用户数超 20 亿。

2016 年起,华为高斯部面向核心网产品线 NFV(Network Function Virtualization,网络功能虚拟化)场景,启动分布式内存数据库产品 GMDB V3 系列的研发。2018 年 GMDB 在 NFV 首次商用,并在电信行业的 NFV 场景第一个实现了灰度升级(意指不停止业务实现服务在线升级)、在线补丁升级等关键能力。

5.1.3　GaussDB 100 OLTP 数据库历史

2012 年起,华为高斯部启动了 GaussDB 100 的研究工作。GaussDB 100 早期版本 V1 系列是基于 PostgreSQL V8 发展而来的,主要是面向华为公司内各产品线在操作管理类系统中所使用的 OLTP 类型磁盘数据库场景。该系列产品在华为公司大量商用。

随着互联网、移动互联网业务的兴起,网络数据量和业务量均呈现爆炸式增长,传统集中式数据库已经无法满足大容量、高扩展的诉求。2016 年起,华为高斯部启动分布式 OLTP 数据库的研发工作,分布式 OLTP 数据库具备分布式事务强一致、高性能、高扩展、高可用等特点,可以满足金融、电信、能源等主流行业核心业务系统的要求。目前 GaussDB 分布式 OLTP 数据库已针对金融、政府等高端客户商用上线。

5.1.4　GaussDB 200 OLAP 数据库历史

2012 年,华为高斯部启动了 PteroDB(羽龙)项目,孵化面向企业数据仓库场景的 MPP 架构 OLAP 数据库。2014 年华为公司成功击败竞争对手进入工商银行总行下一代 EDW(Enterprise Data Warehouse,企业数据仓库)联合创新项目。经过工商银行两年孵化,GaussDB 200 于 2016 年开始进入商用,逐步替换了友商数据仓库一体机产品。2019 年一季度,工商银行总行最后一台友商数据仓库一体机下线、业务负载全面由 GaussDB 200 承载。

2019 年 5 月 15 日,华为公司正式向业界宣布 GaussDB 品牌,揭开了 GaussDB 产业化的帷幕。

华为高斯部除了数据库产品的研发之外,也将部分技术研究成果发表在 VLDB(International Conference on Very Large Data Bases)、SIGMOD(The ACM Special

Interest Group on Management of Data)、ICDE（International Conference on Data Engineering)等数据库顶级会议中。

　　华为高斯数据库团队在数据库领域顶级学术会议中所发表的论文（非全集）如图 5-3（VLDB 论文)、图 5-4(SIGMOD 论文)所示。

FusionInsight LibrA: Huawei's Enterprise Cloud Data Analytics Platform

Le Cai; Jianjun Chen; Jun Chen, Yu Chen, Kuorong Chiang, Marko Dimitrijevic, Yonghua Ding
Yu Dong; Ahmad Ghazal, Jacques Hebert, Kamini Jagtiani, Suzhen Lin, Ye Liu, Demai Ni·
Chunfeng Pei, Jason Sun, Yongyan Wang; Li Zhang; Mingyi Zhang, Cheng Zhu
Huawei America Research

ABSTRACT

Huawei FusionInsight LibrA (FI-MPPDB) is a petabyte scale enterprise analytics platform developed by the Huawei database group. It started as a prototype more than five years ago, and is now ... over the globe, i... cial institutions ... have been main... fast evolving Chi...

This paper de... some of its majo... top four require... alytics on the cl... over heterogeneo... to utilize powerf... We present our i... cluding online r... SQL on HDFS, t... nally, we present... the effectiveness...

was launched in 2015 and has been adopted by many customers over the globe, including some of the world's largest financial institutes in China. With the help of the success of Huawei FusionInsight MPPDB, FusionInsight products started appearing in Gartner magic quadrant from 2016.

Hassium: Hardware Assisted Database Synchronization

Hillel Avni
Huawei Technologies
hillel.avni@huawei.com

Aharon Avitzur
Huawei Technologies
aharon.avitzur@huawei.com

PHyTM: Persistent Hybrid Transactional Memory

ABSTRACT

We present Hassiu... rency control, whi... HTM (Hardware T... for overreaction to ... combine the benefi... control (OCC) wit... 2PL (Two-Phase Lo... capable multi-core... 2X throughput hike... and guaranties and... under increasing n... 2PL methods fail t...

Hillel Avni
Huawei Technologies
European Research Institute
hillel.avni@huawei.com

Trevor Brown
University of Toronto
tabrown@cs.toronto.edu

ABSTRACT

Processors with hardware support for transactional memory (HTM) are rapidly becoming commonplace, and processor manufacturers are currently working on implementing support for upcoming non-volatile memory (NVM) technologies. The combination of HTM and NVM promises to be a natural choice for in-memory database synchronization. However, limitations on the size of hardware transactions and the lack of progress guarantees by modern HTM implementations prevent some applications from obtaining the full benefit of hardware transactional memory. In this paper, we propose a *persistent hybrid TM* algorithm called PHyTM for systems that support NVM and HTM. PHyTM allows hardware assisted ACID transactions to execute concurrently with pure software transactions, which allows applications to gain the benefit of persistent HTM while simultaneously accommodating unbounded transactions (with a high degree of concurrency). Experimental simulations demonstrate that PHyTM is fast and scalable for realistic workloads.

1. INTRODU...

Multi-core in-mem... icant performance... proposals often fail... and they suffer fro... [18]...

This paper pres... scheme which synt... rency control and I... progress guarantees... the ability to main... of threads (level of... sium works around... then continue to d... superior under con...

1.1 Using HT...

The first obstacl... method for in-mer... limitation. All HT... associativity, this s... transactions will ab... capacity aborts).

1. INTRODUCTION

Non-volatile memory (NVM) is an upcoming technology that promises to revolutionize computer memory. It is not currently commercially available, but manufacturers have developed prototypes, and have released performance information about these prototypes to the public. NVM is expected to become cheaper, faster and more power efficient than DRAM, and will likely become ubiquitous.

Researchers have just begun to understand how machines with NVM should be programmed. The programming model for NVM is still in flux, but the following model is currently leading. Systems can contain only NVM, or a combination of DRAM and NVM. Data is asynchronously flushed to NVM at any time, and without the programmer's knowledge. A programmer can also explicitly cause data to be flushed to NVM by invoking a primitive called *Flush*. Another primitive called a *persistence barrier* is provided to allow a process to block until data has been flushed to NVM.

There is significant controversy over whether processor cache and registers will be volatile or non-volatile. Some researchers are investigating ways to provide enough residual power to flush this data to NVM in the event of a power failure [20]. This approach could allow applications to avoid any runtime overhead associated with providing persistence (since the entire processor state would be persistent). However, hardware designers are skeptical about its feasibility, citing concerns about the amount of energy necessary to flush processor cache (since the cache is very large, and processors are complex and power-hungry). They suggest that future hardware will only use residual energy to flush data in volatile buffers on NVM-controllers [14]. Operating under this assumption, Intel is currently designing new and efficient flush instructions (CLWB and CLFLUSHOPT) with NVM in mind [13]. These new instructions assume volatile caches, and allow the flushed data to stay in cache, to avoid cache misses. They also accelerate flushes to NVM.

We consider a system in which the processor cache and registers are volatile. In such a system, the key challenge is to ensure that NVM is always left in a consistent state if a power failure occurs and the cache and registers are cleared. Another recent technology called hardware transactional memory (HTM), which brings database-style transactions to shared memory, was recently implemented in Intel processors. (HTM has also been implemented in production systems by IBM, and in various research systems. We focus on Intel's implementation.) HTM allows programmers to execute arbitrary blocks of code in transactions, which either commit and appear to occur atomically, or abort and have no effect on the contents of memory. Intel's implementation of HTM is best effort, which means that no transaction is ever guaranteed to commit. Thus, a non-transactional fallback path must be provided by a programmer to be executed if a transaction aborts sufficiently many times. The simplest fallback path one can imagine simply reexecutes the body of a transaction after taking a global lock (that prevents other processes from performing transactions). However, this naive approach does not work with NVM.

The interplay between HTM implementations and NVM proposals is particularly interesting, because transactions must appear to be atomic, but writes performed by the fallback path can trickle asynchronously to NVM at any time. Therefore, the fallback path must be carefully designed to avoid exposing partial effects of an in-flight transaction to other processes in the event of a power failure. An additional

图 5-3　VLDB 论文

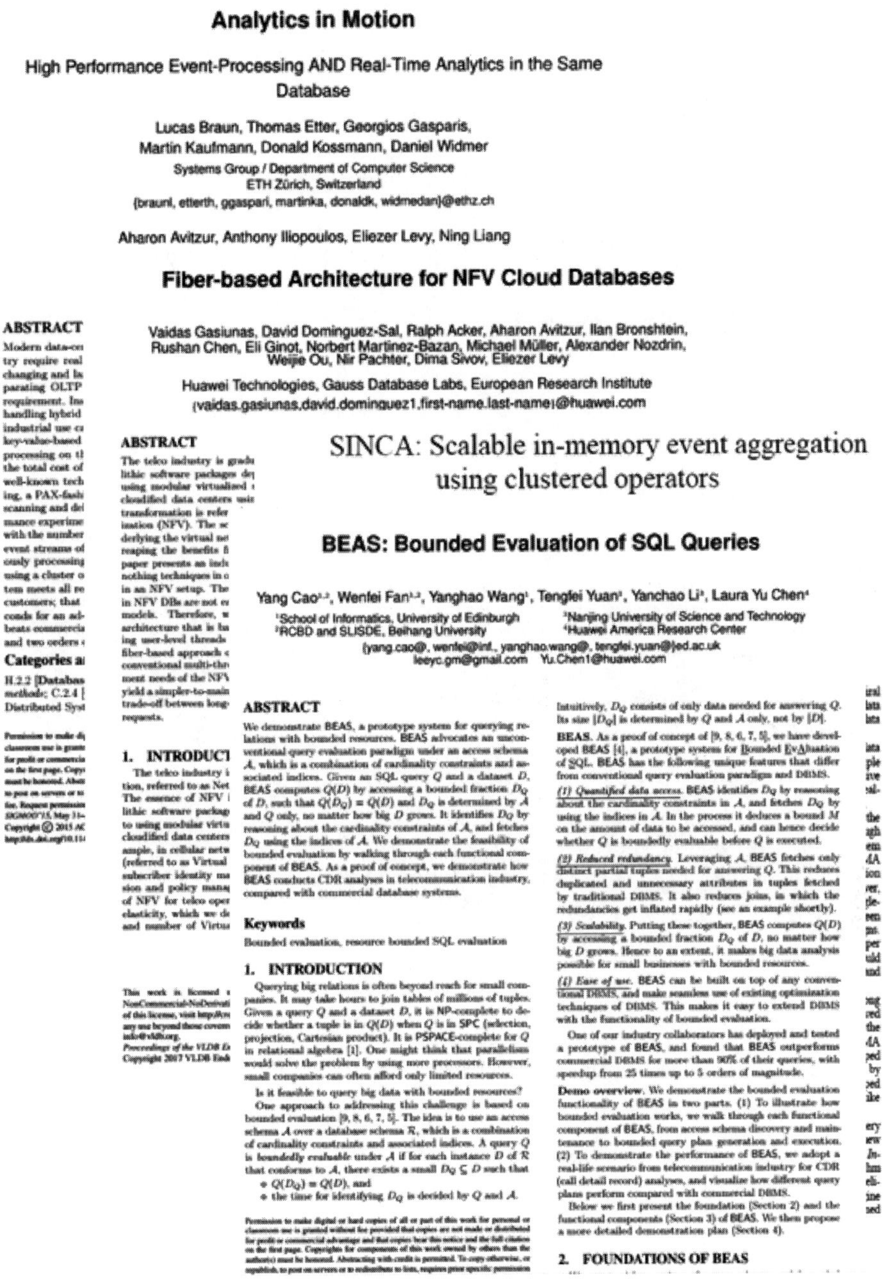

图 5-4　SIGMOD 论文

5.2 GaussDB 架构概览

GaussDB 采用了分层解耦、可插拔架构,能够同时支持 OLTP、OLAP 业务场景。

5.2.1 数据库架构变化

数据库架构经历了几个大的变化:单机数据库、集群数据库、云分布式数据库。GaussDB 面向云分布式数据库设计,采用分层解耦、可插拔架构,一套代码同时支持 OLTP、OLAP 业务场景,如图 5-5 所示。

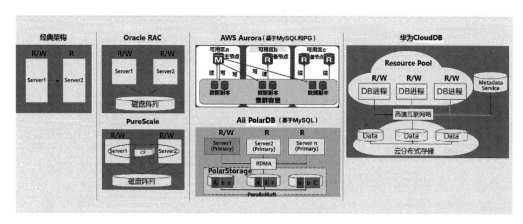

图 5-5　数据库架构变化

5.2.2 GaussDB 关键技术架构

GaussDB 采用分布式关键技术架构,实现一套代码同时支持 OLAP 和 OLTP 业务场景。主要特点如下:

(1)支持 SQL 优化、执行、存储分层解耦架构。

(2)基于 GTM(Global Transaction Management,全局事务控制器)和高精度时钟的分布式 ACID 强一致。

(3)支持存储技术分离,也支持本地架构。

（4）支持可插拔存储引擎架构。

GaussDB 未来关键技术架构，如图 5-6 所示。

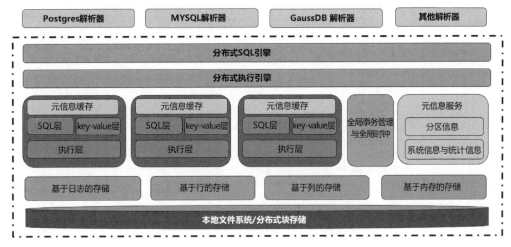

图 5-6　GaussDB 未来关键技术架构

5.3　GaussDB 100 OLTP 数据库架构

OLTP 是传统的关系数据库的主要应用，包括基本的增加、删除、修改、查询事务处理，例如银行交易。

5.3.1　设计思想与目标客户

OLTP 业务场景主要分为两大类：一类是金融银行业务场景，一类是互联网业务场景。但应用 OLTP 业务要满足 5 个重要的需求：

（1）故障业务中断时间，RTO（Recovery Time Objective，恢复时间目标，指业务停止服务的最长时间）尽可能短，最好是 RTO＝0。

（2）任何故障，数据不错、不丢失，RPO（Recovery Point Objective，数据恢复点目标，指业务系统的数据丢失量）＝0。

（3）并发和性能满足业务诉求。

（4）易于运维，最好是自动诊断、自动修复。

（5）易于调优，最好是自调优。

GaussDB OLTP 数据库基于这 5 个关键需求设计，分层解耦：

（1）采用并行恢复和存储层异步回放机制优化 RTO，目前支持 AZ（Availability Zone，可用区域）内 RTO<10s；AZ 故障，RTO<60s。

（2）采用多副本 RAFT（一种分布式一致性协议）复制机制保证数据的可靠性，即 RPO=0。

（3）支持线程池和采用高精度时钟去中心化，支持高并发和线性扩展性，满足高并发和性能的诉求。

（4）运维能力上基于统计数据分析、推理，实现自运维能力，降低运维门槛。

（5）采用基于 AI 的自调优参数和 ABO（AI Based Optimization，基于人工智能的查询优化）优化器提供自调优能力，降低调优门槛。

5.3.2　分布式强一致的架构

分布式强一致必须有一个全局的时间戳信息，否则很难保证数据的一致性。GaussDB 100 实现了基于 GTM 的分布式 ACID［原子性（Atomicity）、一致性（Consistency）、隔离性（Isolation）、持久性（Durability）］设计。

GTM 仅处理全局时间戳请求，CSN（Commit Sequence Number，待提交事务的序列号）是一个 64 位递增无符号数，它的递增，几乎都是 CPU++ 和消息收发操作。

不是每次都写 ETCD（Editable Text Configuration Daemon，分布式键值存储系统，用于共享配置、服务注册和查找），而是采用定期持久化到 ETCD。每次写 ETCD 的 CSN 要加上一个 backup_step（100 万），一旦 GTM 出现故障，CSN 从 ETCD 读取出来的值保证单调递增。当前 GTM 只完成 CSN++，可以支持 200MB/s 请求。GTM 处理获取 CSN 消息和 CSN++ 的消息，TCP 协议栈消耗 CPU 会非常严重，采用用户态协议栈提高 GTM 单节点的处理能力。GTM 关键数据结构和线程，如图 5-7 所示。

1. 单节点的事务

单节点事务设计，如图 5-8 所示。

关键设计如下：

（1）GTM 只维护一个 CSN++，快照（snapshot）只包含 CSN。

（2）DN（Data Node，数据节点）本地维护事务 ID（唯一标识符），维护 ID 到 CSN

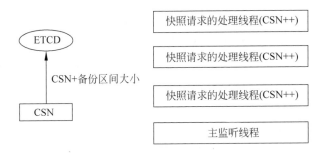

图 5-7　GTM 关键数据结构和线程

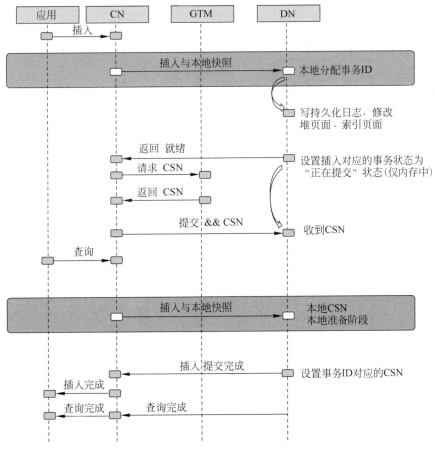

图 5-8　单节点事务设计

的映射(CSN_LOG)。

（3）DN 本地垃圾回收的过程中回填 CSN。

（4）单分片读事务使用本地快照：

① 获取本地最新的 CSN 和准备阶段事务号;

② 如果 CSN 状态为"提交中"则进行等待;

③ 如果 row. CSN< localsnapshot. csn ‖ xid in prepared_xid list 时可见,否则不可见。

2. 跨节点事务

跨节点事务设计,如图 5-9 所示。

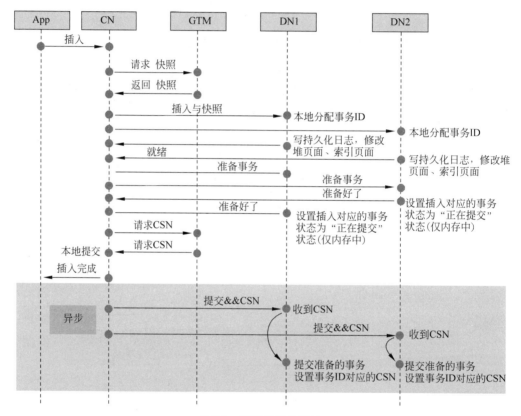

图 5-9 跨节点事务设计

关键设计如下:

(1) 第二阶段事务提交改为异步方式,只同步做两阶段提交的准备阶段。

(2) DN 上行级别可见性判断:

① DN 处于准备状态的事务依赖对应 CN 上的事务是否提交,如果已经提交,且 CSN 比 snapshot. CSN 小,就可见。

② 对 DN 上处于准备状态(prepared)的事务,CN 上的事务不处于提交状态,则必

须判断是否是残留状态。如果是,则进行回滚。

```
TRY_AGAIN:
IF row.xact_status is prepared
{
      notify clean_pending_prepared_xact
      IF CN.xact_status is committed && CN.xact.CSN < snapshot.CSN
          return visible
      goto try_again;
}
Else
{
      if(row.xact is committed and row.CSN < snapshot.CSN)
            return visible
      else
            return not_visible
}
```

5.3.3　可插拔存储引擎架构

面向 OLTP 不同的时延要求,需要的存储引擎技术是不同的。例如在银行的风控场景里,对时延的要求是非常苛刻的,传统的行存储引擎的时延很难满足业务要求。因此 GaussDB 设计支持了可插拔存储引擎架构,可以同时支持传统行存储引擎和内存引擎。内存引擎采用记录(record)的组织方式、Masstree 无锁化索引设计,提高系统并发能力和降低了事务的时延。行存储引擎可以支持不同的 MVCC(多版本)实现机制,包括 append-only 形式的 MVCC 实现机制和 in-place update 的 MVCC 实现机制。整个数据库中存储引擎、SQL 引擎都是解耦的,可以快速添加(演进)新的存储引擎和 SQL 引擎。

5.4　GaussDB 200 OLAP 数据库架构

OLAP 是数据仓库系统的主要应用,支持复杂的分析操作,侧重决策支持,并且提供直观易懂的查询结果。

5.4.1　设计思想与目标客户

OLAP 数据分析场景有 5 个关键的需求：

（1）数据量大，从几百万亿字节（TB）到千万亿字节（PB）是很正常的，容量可扩展。

（2）复杂查询多，计算复杂度高，必须分布式并行计算。

（3）SQL 自动优化能力要强，自动调优诉求强烈。

（4）数据入库速度要快，入库几百兆字节、万亿字节的数据很常见。

（5）故障恢复 RTO 尽可能短，数据不丢失，即 RPO＝0。

银行数据仓库、安全行业的同行同住分析、证券行业的数据挖掘分析都对集群的规模和并行计算能力有很高的要求。GaussDB OLAP 针对这几个关键需求设计，支持了列存储引擎、自适应压缩，大大降低了存储空间，基于 share nothing 架构，线性扩展，解决了千万亿字节（PB）级数据存储问题。

通过分布式优化器和分布式执行器，构筑了分布式并行技术能力。数据入库采用并行加载技术，大大提高入库效率。

5.4.2　面向数据分析的高效存储和计算架构

GaussDB 200 OLAP 数据库采用列存储引擎提高存储的压缩比和面向列的计算能力，而向量化执行相对于传统的执行模式改变是对于一次一元组的模型修改为一次一批元组，且按照列运算，这种看似简单的修改却带来巨大的性能提升。

（1）一次一元组模型函数调用次数较多，每一条元组都会根据执行树的形态遍历执行树，面对 OLAP 场景，一次一元组模型巨量的函数调用次数使开销较大，而一次一批元组的执行模式则大大减小遍历执行节点的开销。

（2）一次一批元组的数据运载方式为某些表达式计算的 SIMD（Single Instruction Multiple Data，单指令多数据）化提供了机会，SIMD 化能带来性能的提升。

（3）一次一批元组的数据运载方式天然对接列存储，列存储引擎能够很方便地在底层扫描节点装填向量化的列数据。CPU 的指令缓存（cache）和数据缓存的命中率大大提高。

GaussDB OLAP 高效存储和计算架构，如图 5-10 所示。

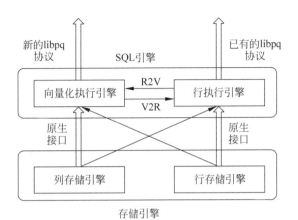

图 5-10　GaussDB OLAP 高效存储和计算架构

5.4.3　分布式并行计算架构

分布式并行计算架构核心实现如下：

(1) 通过分布式优化器，根据代价估算、AI 数据分析，产生最优的分布式执行计划。

好的执行计划和差的执行计划在运行性能上可能会有很大的差距。优化器生成执行计划的过程如图 5-11 所示。

图 5-11　优化器生成执行计划的过程

GaussDB 200 OLAP 数据库优化器支持 CBO(Cost Based Optimization，基于代价的查询优化)和 ABO(基于机器学习的查询优化)，根据代价和 AI 学习，会自动选择

SMP(Symmetric Multi-Processing,对称多处理结构)、Join order、group 算法、index 等。GaussDB OLAP 优化器整体架构如图 5-12 所示。

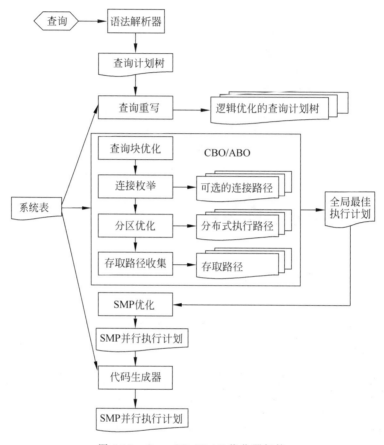

图 5-12　GaussDB OLAP 优化器架构

(2) 通过 LLVM(Low Level Virtual Machine,一个编译器框架)编译执行、SIMD 执行、算子并行执行和节点并行执行技术,提高复杂查询的性能。

复杂查询性能提升方式如图 5-13 所示。

5.4.4　并行数据加载

通过并行重分布(Redistribute Streaming)算子技术,让各个 DN 都参与数据导入,充分利用各个设备的计算能力及网络带宽。并行数据加载的关键技术如下:

(1) GDS:数据源服务进程。

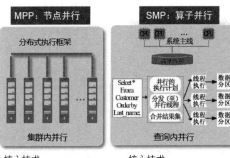
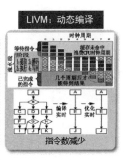

核心技术：
· 分布式执行框架，VPP用户态 TCP协议，支持>1000 PC Server并行参与计算。

核心技术：
· 多线程并行算法，实现核心 算子内并行执行。
· ARM64众核支持，NUMA架 构优化。

核心技术：
· SIMD + 向量化引擎，一个 指令执行一批数据的操作。
· 支持x86、ARM指令。

核心技术：
· LLVM编译执行，将热点函数 预编译成机器码，减少SQL执 行指令数，提升性能。

图 5-13　复杂查询性能提升方式

（2）重分布：从 GDS 读取数据，计算哈希（Hash）重新分发数据。

（3）协调节点：根据数据源和数据节点个数，产生并行重分布的计划，把数据源和数据节点分配好。

并行数据加载方式，如图 5-14 所示。

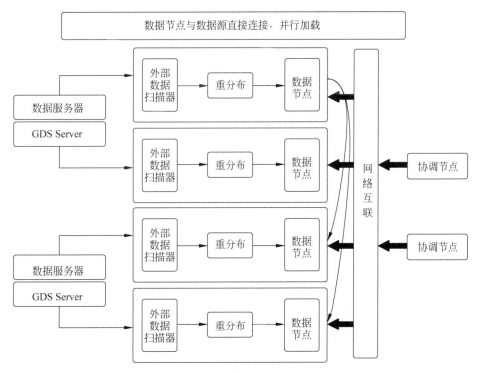

图 5-14　并行数据加载

5.5　GaussDB 云数据库架构

云数据库系统的主要目的是提供数据库系统服务的基础设施,以实现对计算机资源的共享。本节所讲述的 GaussDB 云数据库架构设计的内容,目前处于研发阶段,对应产品尚未向客户发布。

5.5.1　设计思想与目标客户

从数据存放的位置来看,云数据库系统可以分成三大类:

(1) 公有云数据库系统服务:该类数据库系统服务主要面向中小型企业的数据库需求。针对中小型企业提供公有云数据库系统服务,可以大幅降低这类企业的运营成本,比如构建数据中心或者机房、构建服务器、运维服务器、运维数据库系统的成本等,同时也使得这类使用公有云数据库系统服务的企业,可以更加专注在业务领域,而无须花费太多的精力在基础设施的构建上。

(2) 私有云数据库系统服务:该类数据库服务主要面向大中型企业的数据库服务需求。这类云数据库系统的构建,通常需要企业内部购买大量的设备,同时构筑相关的 PaaS 层、SaaS 层。其中数据库服务是非常关键的一类服务,该类服务使得企业内部各个部门的信息新系统可以共享相关资源,同时实现数据共享,并降低整体的维护成本,最终降低总体拥有成本(Total Cost of Ownership,TCO)。

(3) 混合云数据库系统服务:这类数据库服务同时包含公有云数据库系统服务和私有云数据库系统服务两类。至于哪部分数据库系统服务选择公有云服务,哪部分数据库系统服务选择私有云服务,主要从降低系统的总体拥有成本上考虑,包括构建成本、运维成本、折旧费用等。

应该选择哪种云数据库服务,主要从如下三个层面权衡。

(1) 成本。当企业的系统规模不是很大时,通常情况下租用公有云数据库系统服务的成本会低于在企业内部构建数据库系统服务的成本,但是当系统规模扩大到一定程度,在企业内部构建私有云的成本会比购买公有云服务的成本低。当前规模稍大的物联网企业,如今日头条、美团等均是构建企业内部的云服务。

（2）差异化竞争力。如果企业对外竞争力构筑在数据库系统服务的基础上，那么企业也将构筑自己的私有云数据库系统服务。

（3）数据的隐私度及价值。如果数据是企业的重要资产和核心竞争力，那么这类企业大多会采用基于私有云的数据库系统服务，以更好地保护数据及个人隐私。

通过上述分析可知，中小型企业通常在成本、竞争力构筑、数据隐私保护这几方面权衡后，更大概率地选择公有云数据库系统服务，而大中型企业则更大概率地选择私有云数据库系统服务或者混合云数据库系统服务，其中成本因素会占据比较高的比重。GaussDB 云数据系统的目标客户主要是大中型企业。

大中型企业对云数据库系统的需求与中小型企业对云数据库系统服务的需求有较多的不同之处，具体分析如下：

（1）具有更加高效的资源整合和利用能力。对于大中型企业，通常会管辖多个部门，这些独立部门有独立的、不同的业务，为此每个部门均针对各自不同的业务，配备不同的数据库系统，并由此提供数据库系统服务；对于大中型企业，为了更好地服务各个业务部门，通常会组建平台部门，并为业务部门提供更好的数据库系统服务支持。为了提升整个企业对计算机资源、数据库系统资源的利用率，实现资源的共享和整合非常有必要，将进一步降低整体成本。

（2）对数据库系统的规格，特别是 SLA（Service Level Agreements，服务水平协议）有更加严格的要求。大中型企业通常服务的客户数量大、业务重要，因此对数据库服务请求的吞吐量、每个请求的响应时延、容量扩展速度、计算扩展速度均有更加严格的要求。

（3）大中型企业内部多个部门之间的业务并不是完全独立的，通常各自系统之间存在着一定的耦合关系。这类耦合关系，通常表现在数据库表模式之间的耦合关系、数据对象之间的一致性问题、数据之间流动关联关系（Extract Transform Load-workflow，ETL）。例如某银行，需要通过数据中台维护各个部门之间数据表模式的一致性。

（4）具有对新应用的快速迭代和快速开发需求。为了能够加速新应用的开发，在云场景下对数据库系统的克隆、回溯、合并等能力提出了新的需求。特别是在大数据规模环境下，如何高效地实现数据库数据的克隆、回溯等能力是极其重要的。

5.5.2　弹性伸缩的多租户数据库架构

为了能够适应各类大中型企业对云数据库系统的需求，GaussDB 云数据库系统提供了更强的存储资源、计算资源之间的组合能力。其主要目的是实现存储资源的独立扩容和缩容能力、计算资源的独立扩容和缩容能力,以及存储资源与计算资源在弹性扩缩容环境下的自由组合能力。从本质而言,GaussDB 云数据库系统提供多租户(Multi-tenant)和扩缩容(Elasticity)的组合能力。

1. 多租户存储计算共享架构

单个应用服务独立部署转向共享服务,对企业内部数据库系统的运维产生较大的变革,并有效降低其运维成本。

如图 5-15 所示,数据库系统从孤立的独立部署转向计算与存储共享的部署形态,在实现计算与存储共享的同时实现存储资源的独立扩缩容,以及计算资源的独立扩缩容。当云部署的数据库系统能够提供独立的存储、计算扩缩容能力后,数据系统需要被迁移的概率将大幅度降低,由此可以提升数据库系统的业务连续性(Business Continuity),系统比较容易实现在运行过程中存储资源的扩缩容,以及计算资源的扩缩容。

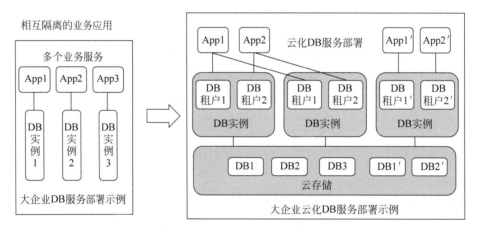

图 5-15　多租户数据库系统部署形态

2. 三层逻辑架构实现存储、计算独立扩缩容

为了有效实现云数据库系统在存储资源、计算资源的独立扩缩容,需要实现计算与存储的解耦,以及各自的扩缩容能力。

如图 5-16 所示,为了实现 GaussDB 云数据库系统在存储和计算方面的弹性,现将整个数据库系统分为三层,分别是弹性存储层、弹性事务处理层及无状态 SQL 执行层。GaussDB 云数据可以在事务处理层实现横向扩展，以保证满足大中型企业对数据库系统的不同需求。无状态的 SQL 执行层，可以实现对不同客户端连接请求数进行扩展的能力。

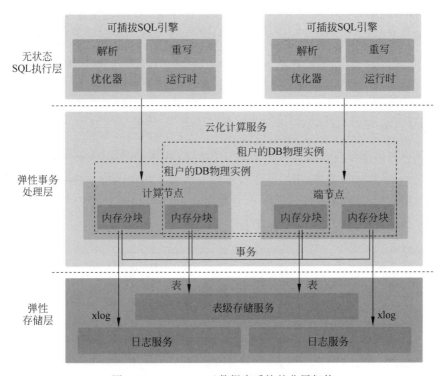

图 5-16　GaussDB 云数据库系统的分层架构

GaussDB 虽然实现了在数据库系统三个层次上的不同可扩展能力，但是不要以为这些组件是部署在不同的物理机器上。相反的，为了更好地提供性能，这三个层次的组件通常在部署的时候，具有很强的相关性，需要尽可能地联合部署（尽量部署在一台物理机上或一个交换机内），以降低网络时延带来的开销。

3．云数据库的克隆与复制支持

将企业的数据库系统搬到云系统之上，可以提供更加便利的数据库系统管理功能，以满足企业对业务的测试、新业务的构建等不同需求，加速业务上线的速度。

由于云数据库系统实现多个数据库系统之间数据的共享（即在一个存储池中，存储大量的数据库），因此，可以实现对这些数据库高效的复制、克隆等功能。比如，某公司可能需要基于现有数据库系统的当前数据，开发一个新的应用。传统的做法是，为了测试应开发的应用不影响到现有的线上应用,公司通常会构建一个新的数据库系统,并从当前线上系统导出一份最新的数据,将这份新的数据导入另外一个数据库系统中,并在该数据库系统开发、测试新的应用。

当这些数据库系统共同部署在云数据库系统中时,可以实现数据库系统的克隆(包括数据与系统)和复制(仅数据),比如使用 COW 机制(对于持久化存储的 Copy-on-Write 机制)可以实现对于数据库数据的快速克隆(仅克隆了元数据,数据库数据并未复制)。通过 COW 机制,构建在克隆数据库上的业务可以直接修改克隆的数据库系统中的数据。

如图 5-17 所示,云数据库系统可以对生产数据库系统进行克隆、复制等操作,对于克隆、复制出来的数据库系统可以用于非生产系统,并用于开发、测试流程或是参与到基准测试中。需要说明的是,用户非生产系统的数据库系统保持了和生产系统当前一致的数据,同时生产系统中更新的一部分数据也可以实时同步到非生产数据库系统中,进而保持这两部分数据之间的一致性。

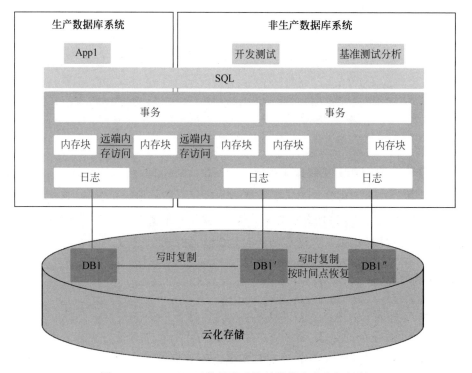

图 5-17　GaussDB 云数据库系统的数据库克隆与复制

通过上述分析可知,GaussDB 云数据库系统通过分层,实现了在存储层和计算层的弹性,以及这两者的任意组合,能够较好地适应大中型企业对云数据库系统的需求。另外,GaussDB 云数据库系统在此基础上又进一步实现了对现有数据库系统的高效克隆、复制,以满足中大型企业提升业务演进的速度和节奏。

5.6　GaussDB 多模数据库架构

从字面意思来理解,多模数据库系统主要用于实现对多种模型数据的管理与处理。它包括三个层面的内容:

(1) 多模数据的存储:一个统一的多模数据库系统需要提供多种数据模型,包括关系、时序、流、图、空间等的存储能力。

(2) 多模数据的处理:一个统一的多模数据库系统需要提供多种数据库模型,包括关系、时序、流、图、空间等的处理能力。

(3) 多模数据之间的相关转换:大多数情况下,客户的数据产生源只有一个,即数据产生源的数据模型是单一的,但是后续处理中可能需要使用多种数据库模型来表征物理世界,进而进行数据处理,或者需要通过多种模型之间相互协作来完成单一任务,因此不同模型之间的数据转换也是极为重要的。

5.6.1　设计思想与目标客户

多模数据库系统的设计与实现,主要是为了简化客户对数据管理、数据处理的复杂度,以及降低整体系统运维的复杂度。为此,在数据库系统之上提供统一的多模数据管理、处理能力和统一运维能力是多模数据库系统核心设计思想。经过近两年的设计与开发,我们总结出客户的需求,客户可以分成如下两大类,而不同类别的客户将影响到整个多模数据库系统的架构。

(1) 侧重多模数据一致性的客户:这类客户通常有比较单一的数据产生源,并以关系数据为主,重要关键性业务是强调数据之间的一致性,如银行类客户、政府类客户。在构建多模数据库系统时,需要重点考虑多模数据之间的一致性,以及多模数据之间的融合处理。

（2）侧重多模极致性能的客户：这类客户的需求通常无法通过简单的多模数据融合来达成。在他们苛刻的条件下，通常需要极致地优化性能，才能满足他们的需求。

5.6.2　面向数据强一致的多模数据库系统架构

GaussDB 用户除能使用关系数据库外，还有使用图数据库、时序等多模引擎的能力。如公共安全场景下，用户会将 MPPDB(Massively Parallel Processing DataBase，大规模并行处理数据库)的数据，导出到图数据库中，使用图引擎提供的图遍历算法，查找同航班、同乘火车等关系。在类似应用场景下，存在数据转换性能低，使用多套系统维护和开发成本高，数据导出安全性差等问题。引入多模数据库统一框架[Multi-Model Database (MMDB) Uniform Framework]，为用户提供关系数据库、图数据库、时序数据库等多模数据库统一数据访问和维护接口，减少运维和应用开发人员的学习和使用成本，提升数据使用安全性(数据无须在多个系统之间进行切换，减少了数据在网络上暴露的时间)，如图 5-18 所示。

1. 系统逻辑架构

多模数据库统一框架基于 GaussDB 开发，通过类似领养(Linked)机制，快速扩展图、时序数据库引擎，对外提供统一的 DML、DDL、DCL、Utilities、GUI 访问接口。运维和应用开发人员可以将扩展的多模数据库与 GaussDB 无缝衔接起来，当成一套系统，统一管理与运维通过统一接口使用扩展引擎提供的能力，减少对新的数据库引擎的学习和使用成本。具体介绍如下。

（1）扩展引擎(Extension Engine)包括图引擎、时序引擎、空间引擎，扩展采用统一机制、模块化设计，并提供类似领养机制，具有扩展快速、对原系统无影响的优点。

（2）统一(Uniform)DML 提供关系数据库 SQL、图数据库图遍历语言(Gremlin)、时序函数和操作等多语言的数据操作能力。用户可以使用统一的 ODBC、JDBC、GUI 接口访问 MPPDB 及扩展引擎。

（3）统一 DDL、DCL、Utilities 均使用存储过程，为各扩展引擎维护专属的虚拟系统表(Pseudo Catalog)，减少对 MPPDB 的影响和依赖。

（4）统一 DDL 为扩展引擎提供统一数据定义能力，包括扩展引擎创建、删除，扩展引擎对象的创建、销毁[如图 5-18 所示图引擎的图(graph)、顶点(vertex)、边(edge)的创建和删除]等 DDL 能力。

（5）统一 DCL 为扩展引擎提供统一数据控制能力，包括统一权限(Grant、Revoke)管理、性能统计能力。

图 5-18　多模数据库逻辑架构图［Multi-Model Database（MMDB）Uniform Framework］

（6）统一 Utilities 提供备份恢复、安装卸载、集群管理等功能。

（7）统一 GUI 在高斯 Data Studio IDE 基础上，扩展了对图数据库、时序数据库的支持，提供扩展引擎的基本数据访问接口及管理接口（备份、恢复等）。设计时尽量保持 Data Studio 原有系统设计及显示结构，减少对原有 Data Studio 的改动量。

在图 5-18 的多模数据库系统的逻辑架构中，除了统一的多模框架外，该系统架构使用了统一的数据存储，即关系型存储。据统计，当前大量客户的数据产生源主要包括两大类：①关系型交易数据系统；②传感器（周期性地产生比较规则的数据）。分布式关系数据库系统实现数据的统一存储与处理，可以大幅度简化客户的数据处理，最终实现数据的强一致。

为了简化用户对数据的管理与处理，我们在数据统一存储（即关系型存储）的基础上提供了多类数据处理引擎，包括图引擎、时序引擎、空间引擎等，不仅可以提高对多类数据模型的处理效率，同时也提供了多类数据处理引擎的处理语言。比如，对于图引擎，提供了 Gremlin 图处理语言的支持；对于时序引擎，提供了业界标准的时序处理语言。

为了适应不同用户对不同类型数据处理的需求，GaussDB 多模数据库系统提供了多种模型之间的任意组合。在整体架构上，将引擎的元数据独立出来，以实现任意时刻的启动和关闭新的多模引擎。

2．系统物理架构

多模数据库是处理包含图、时序等多种数据模型的统一的数据库。图 5-19 给出了多模数据库的物理设计架构。多模数据库提供统一的 DDL 和 DCL 管理，用户可以方便地把外部引擎交给多模数据库进行管理。

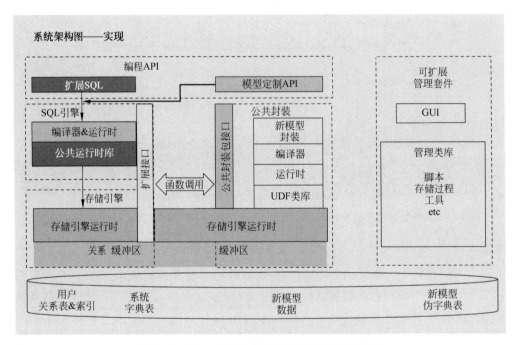

图 5-19　GaussDB 多模数据库的物理设计架构

多模数据库 DML 采用 UDF（User Defined Function，用户自定义函数）的方式，提供统一的 GUI、ODBC、JDBC 等外部接口，输入相应的 UDF 进行对外部数据的查询分析。多模数据库接收到查询请求后，发送给对应的外部引擎执行，并将执行结果返回，借助 GaussDB 原有的方式呈现给用户。

多模数据库的系统表采用虚拟系统表（Pseudo Catalog）的方式管理。虚拟系统表都是用户表。这样，用户可以方便地添加和删除多模的能力，对 MPPDB 的影响减到最小。

多模数据库在 GaussDB 基础上进行设计。GaussDB 引入多模框架后，需要在 GaussDB 内部进行扩展，用来适配多模数据的执行和管理流程。这里的扩展指的是 GaussDB 内部针对多模引擎所做的适配。它既可以是功能上的，包括多模数据对象和关系数据对象的相互依赖关系,对异常处理、事务管理所做的适配,还有针对多模数据的执行流程在 GaussDB 内部所做的适配工作,又可以是性能上的,例如优化器等组件上提供对多模引擎的支持。

公共模块(Common Envelope)介于这些扩展和外部引擎之间,关键组件——公共模块封装(Common Envelope Wrapper)打包提供了 GaussDB 扩展针对不同引擎的具体实现。也可以把这部分内容叫作外部引擎封装(Foreign Engine Wrapper),即针对不同的引擎,可以通过外部引擎封装打包不同的实现过程。

此外多模数据库还提供其他统一框架管理,包括连接管理、轻量解析(Shallow Parse)和多模缓存管理等。

5.6.3　面向极致性能的多模数据库系统架构

面向极致性能的场景,如极端的互联网场景,上述多模数据系统可能无法满足需求。如果需要处理的数据量,或者需要处理的响应时间包含有极致的要求,统一的关系存储可能无法满足要求。在这类业务场景下,通常需要面向特性数据模型的原生数据存取模型,进而加速数据的存取与处理。面向极致性能的多模数据库系统架构如图 5-20 所示。

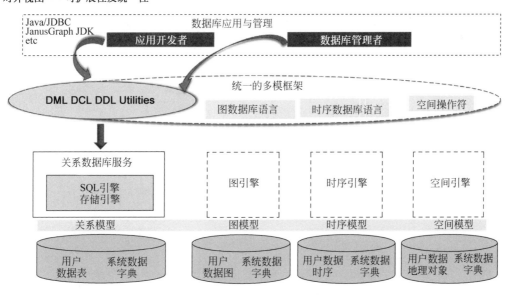

图 5-20　面向极致性能的多模数据库系统架构

5.7　小结

GaussDB 从华为公司内部开始应用,现在已经发展为多个数据库产品系列,包括了 GaussDB 100 OLTP 数据库、GaussDB 200 OLAP 数据库、GaussDB 云数据库、多模数据库等,形成了种类丰富、技术先进的数据库系列。随着处理器、存储介质等硬件的持续发展和软件技术的日益更新,新型应用不断产生,GaussDB 数据库也将提供更加丰富的产品。

习题

(1)(多选)下列哪些措施,有助于建立数据库生态?(　　　)

　　A. 通过云化,降低数据库维护成本

　　B. 通过 AI 算法替代 DBA 进行数据库优化

　　C. 进行周边产品的对接与认证

(2) 大中型企业对云数据库系统的需求有哪些特点?

(3) GaussDB 多模数据库分为哪两种类型? 它们在架构上有什么区别?

(4) GaussDB 的关键技术架构有哪些?

第 6 章

面向鲲鹏和昇腾的创新架构

随着数据库规模和用户群体的快速扩张,传统数据库越来越难以在并行处理多样查询和存储模式的同时保证高性能。从硬件使用的角度来看,传统数据库系统主要存在如下问题:

(1) 传统数据库系统主要使用通用芯片和传统 SMP(Symmetric Multi-Processor,对称多处理结构)架构(如 CPU x86 架构),不能很好地支持 NUMA(Non-Uniform Memory Access,非一致内存访问)架构,执行大规模 AI 算子操作的效率较低;特别是 ARM 的跨 DIE(芯片)访问延迟、线程调度、数据访问等操作导致 OLTP 系统由于资源争抢造成性能低下的问题,需要突破新型技术来解决。

(2) 传统数据库系统仅支持有限的算子操作(如连接操作、简单聚合操作等)。随着 AI 时代的来临,需要用更有效的方法融合多类 AI 算子(如标量运算、矩阵运算、张量计算等)。通过扩展 SQL 语句支持 AI 算子,从而让用户通过 SQL 使用 AI 能力,实现数据库内 AI 训练和推理。这一方面可以提升数据库能力,另一方面可以降低 AI 使用门槛。

为了解决以上问题,华为公司围绕三个方面提出一种面向鲲鹏和昇腾的创新架构。

(1) 支持基于 NUMA 架构的鲲鹏芯片,一方面提高对数据密集型操作的优化能力,另一方面更好地提供大规模的数据计算能力,实现数据库千核并发的能力。

(2) 部署昇腾 AI 芯片,支持和优化 AI 算法中不同类型的算子操作,并且通过 SQL 语句来支持数据库内 AI 算子。

(3) 利用内置的 AI 算法对基础芯片群进行组合和调度,进一步提高数据库的计算能力和效率。

对于本章所描述的面向鲲鹏和昇腾的创新架构的设计思路,目前华为公司数据库团队正在积极探索中,有部分内容已经实现。

6.1 鲲鹏和昇腾简介

鲲鹏和昇腾是华为公司推出的两款计算芯片。鲲鹏芯片主要面向通用计算领域，昇腾芯片主要面向智能计算领域。

面对多样化计算时代，华为正携手产业合作伙伴一起构建鲲鹏计算产业生态。鲲鹏计算产业是指基于鲲鹏处理器构建的全栈 IT 基础设施及行业应用，包括 PC、服务器、存储、操作系统、中间件、虚拟化、数据库、云服务及行业应用等。鲲鹏计算产业结构，如图 6-1 所示。

图 6-1 鲲鹏计算产业结构

华为将聚焦于鲲鹏和昇腾处理器、鲲鹏云服务和 AI 云服务等领域的技术创新，开放能力，使能伙伴，共同做大计算产业。

（1）以行业聚合应用。在政府、金融、运营商、电力、交通等关键行业，形成完整的产业生态链和具有竞争力的解决方案。

（2）以联盟孵化标准。通过绿色计算产业联盟、边缘计算产业联盟等构建基础软硬件的标准体系，促进产业的健康发展。

（3）以社区发展开发者。开发者是一个产业的灵魂，华为将把鲲鹏社区打造成计算产业的主流社区，力争通过 5 年时间，发展 100 万开发者。

> **多学两招:**
>
> 　　华为作为鲲鹏(Kunpeng)计算产业的成员,聚焦于发展鲲鹏处理器的核心能力,通过战略性、长周期的研发投入,吸纳全球计算产业的优秀人才和先进技术,构筑鲲鹏处理器的业界领先地位,为产业提供绿色节能、安全可靠、极致性能的算力底座。上下游厂商基于鲲鹏处理器发展自有品牌的产品和解决方案,和系统软件及行业应用厂商一起打造有竞争力的差异化解决方案。面向各行各业的应用发展牵引 ICT 技术的持续创新,各领域涌现出的新行业领先者将聚拢产业力量,主导行业发展方向,最终形成具有全球竞争力的计算产业集群。鲲鹏计算满足高性能、低功耗、低延时的绿色计算要求,有巨大的市场空间,同时又有中国电子技术标准化研究院、ARM 中国、华为等行业翘楚支持,发展鲲鹏计算产业已经具备了技术和商业基础。
>
> 　　　　　　　　　　　　　　　　　——摘自《鲲鹏计算产业发展白皮书》

　　华为是鲲鹏计算产业的主要成员,致力推动鲲鹏生态发展,并在市场上优先支持合作伙伴基于鲲鹏处理器的计算产品。华为持续在处理器、部件、操作系统、编译器及工具链、中间件等方面大力进行战略投入,同时也向业界开放板卡、操作系统、数据库等技术,积极发展鲲鹏产业生态。鲲鹏计算产业生态,如图 6-2 所示。

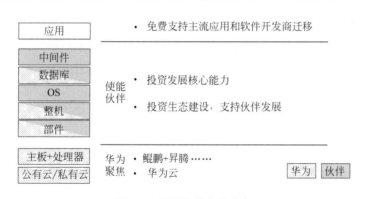

图 6-2　鲲鹏计算产业生态

　　华为构建了在线鲲鹏社区(https://www.huaweicloud.com/kunpeng/),提供加速库、编译器、工具链、开源操作系统等,帮助合作伙伴和开发者快速掌握操作系统、编译器以及应用的迁移调优等功能,共建、共享、共赢计算新时代。

　　华为将长期投入到数据库核心能力的研发中,在鲲鹏芯片上打造国产企业级数据库。华为数据库领域生态建设布局如图 6-3 所示。

2018 年 10 月 10 日,华为公司正式发布全栈全场景 AI 解决方案,为广大 AI 应用开发者提供强大、经济的算力以及低门槛的应用平台,覆盖端、边、云各种商业场景。全栈全场景 AI 解决方案的昇腾 310 芯片是业界面向边缘计算场景最强算力的 AI SoC(System on Chip,系统芯片),可以为各行各业提供触手可及的高效算力。昇腾系列 AI 芯片采用了华为的统一、可扩展的达芬奇架构,它实现

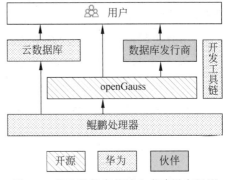

图 6-3　华为数据库领域生态建设布局图

了从极致的低功耗到极致的大算力场景的全覆盖。达芬奇架构能一次开发适用于所有场景的部署、迁移和协同,大大提升了软件开发的效率,加速了 AI 在各行业的应用。

2019 年 8 月,华为公司发布了 AI 芯片昇腾 910(Ascend 910)和全场景 AI 计算框架 MindSpore。昇腾 910 是一款具有超高算力的 AI 处理器,其最大功耗为 310W,华为自研的达芬奇架构大大提升了其能效比。昇腾 910 还集成了多个 CPU、DVPP(Digital Vision Process,数字视觉预处理)和任务调度器(Task Scheduler),因而具有自我管理能力,可以充分发挥其高算力的优势。昇腾 310 芯片用于推理,昇腾 910 芯片则用于训练。MindSpore 最大的特点就是能实现全场景支持,它能够针对不同的运行环境,进行适应全场景独立部署。除了昇腾处理器,MindSpore 同时也支持 GPU、CPU 等其他处理器。通过 MindSpore 可以高效地完成 AI 算子开发,缩短开发周期,减少开发工作量;同时 MindSpore 可以发挥出昇腾芯片最大计算潜能。这样软硬件协同能更好地利用芯片算力,有效解决 AI 应用过程中面临的"贵"和"难"的问题,降低 AI 计算的门槛,实现普惠 AI。

华为公司自 2018 年 10 月发布 AI 战略以来,稳步而有序地推进战略执行、产品研发及商用进程。昇腾 910、MindSpore 的推出,标志着华为已完成全栈全场景 AI 解决方案(Portfolio)的构建,也标志着华为 AI 战略的执行进入了新的阶段。

6.2　面向鲲鹏的创新架构

华为的鲲鹏 920 处理器以及后续的处理器系列,与传统的英特尔 x86 处理器相比,存在以下 3 方面的不同:

（1）具有更多计算核心，使得可以并行运行的算力大幅增加。

（2）具有更加显著的 NUMA 特性，将导致并行处理线程间同步代价的提高。

（3）处理器内部、跨处理器之间的核间通信能力（鲲鹏处理器提供 POE，Packet Order Enforcement 能力，实现核间通信消息包的保序能力），可以提升先前通过内存通信机制的通信效率。

为了提升数据库系统对处理器的有效利用率，保证数据库系统提供的面向客户的 SLA（服务水平协议），针对上述处理器之间的差异，面向鲲鹏处理器的数据库系统遇到很多挑战，特别是在面向事务处理的环境下。

（1）事务处理时锁冲突的比例会大幅增加。在事务处理环境下，由于有更多数量的处理线程同时在运行不同事务处理，对于系统中全局结构的修改将产生更大的冲突，而该冲突将导致处理器资源无法被充分使用，进而限制了数据库系统的可扩展能力和吞吐性能。

（2）事务处理的时延将在比较大的范围内波动，无法很好地满足面向客户的 SLA。由于在鲲鹏处理器环境下，NUMA 特性更加显著，导致内存访问的时延波动，特别是对一些原子操作（如 CAS、FAA 等），时延也会有较大的波动。最后导致单个事务处理的时延有较大波动，这给保证客户的 SLA 带来了一定的难度和挑战。

（3）处理器内部以及处理器之间的核间通信能力提供了新的线程间同步机制。为了有效使用核间通信能力（POE），需要重新架构数据库内部的通信机制，包括通信原语（如 spin lock、lock 等）的实现以及数据库内部线程间的协作机制。

面向鲲鹏处理器的数据库系统的创新架构，如图 6-4 所示。

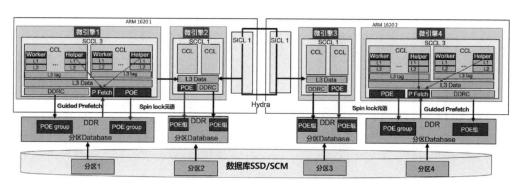

图 6-4　面向鲲鹏处理器的数据库系统的创新架构

在 openGauss 系统的创新架构中包含如下创新内容：

（1）基于核间通信能力实现了全新的并发原语机制，特别是自旋锁（spin lock）、读写锁(read/write lock)的实现。全新的并发原语操作与传统的使用原子操作(CAS、FAA 等)实现的自旋锁[包括票据锁(ticket lock)、MCS 锁(John M. Mellor-Crummey and Michael L. Scott lock 等]不同。全新的并发原语直接通过核间通信能力,而无须通过内存变量的原子性修改来达成协同一致,从而大幅提升了性能。

(2) 异步流水线机制。数据库系统在执行事务时,可以根据任务的特点,切分成很多个子任务,这些子任务可以由特定线程执行,并绑定在特定处理核上,另一方面,这些子任务之间的协同处理可以通过核间通信能力来实现。进而实现异步流水线的调度/执行机制。

但是在鲲鹏芯片中,CPU 访问本地内存的速度将远远高于访问远端内存(系统内其他节点的内存)的速度。由于这个特点,为了更好地发挥系统性能,开发应用程序时需要尽量减少不同 CPU 模块之间的信息交互。

为了高效发挥鲲鹏芯片的优势,openGauss 在设计时考虑以下特点:

(1) 类似于多节点并行计算,计算和存储会在特定核上执行,即数据划分到不同的 CPU 模块和对应的内存,并在一个模块内考虑负载均衡的问题。

(2) 为了支持共享数据结构的全局访问,例如 LSN(Log Sequence Number,日志序列号)、XID(Transaction ID,事务唯一标识)等数据类型,openGauss 指派单独的核来进行处理,减少数据访问冲突。

(3) 为了提高 CPU 模块内资源的利用率和多核的并发能力,设计新型的 NUMA 事务处理方法,如基于数据进行事务分发,减少核间冲突等。

6.3 面向异构 AI 昇腾芯片的创新架构

6.3.1 昇腾 AI 芯片介绍

为了原生支持人工智能技术,大量 AI 算法(如回归、聚类、深度学习等)和底层算子(如张量计算)在落地中普遍存在 3 个问题:

(1) 存在大量矩阵运算,CPU 计算粒度较低,处理这类运算的效率较差。

(2) AI 算法中存在较复杂的标量运算,需要更高性能的 CPU 来处理。

(3) 随着计算粒度要求的提升,芯片需要缓存更多的数据,数据宽度增加。传统数据库大多只是基于通用的 CPU 处理操作。

因此对于专门处理各类机器学习算法(如统计学习、深度学习、强化学习等)设计的昇腾芯片,能够为智能数据处理和计算提供硬件支撑。以华为开发的昇腾芯片 310/910 为例,其核心部件包括 AI Core、AI CPU(ARM)、SVM(Support Vector Machine,支持向量机)大规模缓存,因此需要从 5 个方面对不同机器学习算子的计算能力进行优化:

(1) 卷积、全连接操作:利用 3D Cube 引擎提供矩阵乘法的核心算力。

(2) 池化(Pooling)、ReLU、BatchNorm、Softmax、RPN 等张量运算:通过 Vector 运算单元覆盖剩下的向量运算操作。

(3) 标量运算:用 Scalar 运算单元完成控制和基础的标量运算,并集成专门的 AICPU,计算更复杂的标量运算。

(4) 数据宽度:数据宽度增加,丰富片上存储单元,用大数据通路保证 Cube/Vector 运算单元的数据供应。

(5) 协同运算:增加协同运算,对算法和软件进行协同优化。

此外,昇腾 AI Core 统一架构 Davinci Core 的核心部件包括:

(1) Cube 运算单元(矩阵乘);

(2) Vector 运算单元(向量运算);

(3) Scalar 运算单元(标量运算);

(4) MTE(数据传输管理);

(5) Buffer(高速数据存储);

(6) 指令和控制系统。

面对全场景中不同的企业和产品,这套架构能够提供丰富的接口,支持灵活扩展和多种形态下的 AI 加速板卡的设计,有效应对多样化客户数据中心侧的算力挑战,加速 AI 算法在数据库系统中的落地。昇腾 310 芯片架构,如图 6-5 所示。

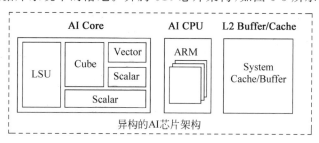

图 6-5　昇腾 310 芯片架构示意图

6.3.2 openGauss 在昇腾 AI 芯片下的技术创新

openGauss 内核除了具备传统数据库 SQL 能力,同时还能将 AI 推理、训练等操作集成到数据库内完成,通过扩展 SQL 语法来实现数据库内 AI 的训练和推理,结合昇腾 AI 芯片对训练和推理过程的加速释放昇腾 AI 计算能力,降低 AI 开发成本,实现训练、推理和管理数据一体化。DB4AI 有如下特点:

(1) 库内集成 TensorFlow/MindSpore 机器学习深度框架,在数据库内部实现 CNN(Convolutional Neural Network,卷积神经网络)、DNN(Deep Neural Network,深度神经网络)等算法,并探索基于昇腾芯片的对接与加速。

(2) 基于具体行业领域(如电信、智能驾驶业务场景)实现数据库的内置行业 AI 算法包,数据分析由"DB+BI"向"DB+AI"转变。探索数据库与机器学习算法的融合优化技术,利用数据库优化器索引、剪枝等技术实现机器学习模型训练与推理过程的加速。

(3) 数据库充分利用昇腾 AI 芯片对 Vector、Cube 等计算模型的加速能力,实现传统数据库内聚集操作(Aggregation)、关联操作(Join)的加速。

openGauss 与昇腾结合的 AI 加速与计算加速架构如图 6-6 所示。

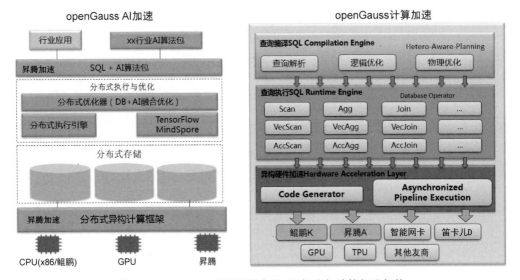

图 6-6　openGauss 与昇腾结合的 AI 加速与计算加速架构

6.4　智能芯片群调度模块

通过提供弹性的数据和系统资源访问接口,openGauss 同时支持通用 CPU(x86 架构,SMP)、鲲鹏(ARM 架构,NUMA)、昇腾(异构计算)等多类芯片。为了更好地发挥不同芯片群的优势,openGauss 可以根据业务类型智能调度指定的芯片处理不同事务。比如,对于常规数据库查询,openGauss 使用通用 CPU 组处理;对于大规模数据分析任务,openGauss 根据访问的数据分布情况使用指定的鲲鹏 CPU 组处理;对于数据库运行中使用的 AI 模型,昇腾芯片组分别负责逻辑判断(AICPU)、模型训练和大规模数据计算(Vector 计算单元)。

6.5　小结

新型硬件的不断发展推动了数据库技术的革新。本章先介绍鲲鹏、昇腾的概念和发展方向,然后介绍面向鲲鹏和昇腾两类新型硬件的数据库架构:利用 NUMA 架构的鲲鹏芯片,提高数据库分布式、并行地处理大规模数据的能力;利用异构的昇腾 AI 芯片,加速 AI 原生数据库的落地,提高基于 AI 的数据库技术和智能数据分析服务的执行效率。与此同时,可以看到,一方面数据库领域日益增长的需求(如分布式场景、大规模数据分析等)促进了新型芯片的研究和发展;另一方面数据库的智能调度能力进一步提高了新型硬件的使用价值和应用潜能。

习题

(1) 未来数据库的发展方向包括哪些?(举两个例子即可)

(2) 传统数据库中,一条查询语句的处理流程主要包括哪几步?

(3) 在数据库应用中,SMP 架构有哪些典型问题?

(4) 鲲鹏是华为的吗?与华为是什么关系?

（5）人们常说的鲲鹏只是指鲲鹏芯片吗？

（6）AI 算子和数据库算子有哪些典型差别？

（7）鲲鹏芯片在使用上有哪些可能的挑战？解决办法是什么？

（8）openGauss 使用的昇腾芯片包括哪几个核心组件？

（9）鲲鹏芯片采用的架构是（　　　　）。

    A. SMP
                                  B. NUMA

    C. MPP
                                     D. 以上架构都可能

（10）以下（　　　　）特点是鲲鹏芯片不具有的。

    A. 共享全局总线
                        B. 本地缓存利用率高

    C. 可扩展核数多
                          D. 存在多个芯片模块

（11）openGauss 采用下面（　　　　）数据库架构。

    A. 单机架构
                              B. Shared Everything 架构

    C. MPP 架构
                             D. 以上三种都不是

（12）在 openGauss 支持的芯片组中，下面主要负责大规模数据查询业务的是（　　　　）。

    A. 通用 x86 芯片
                      B. 鲲鹏芯片

    C. 昇腾芯片
                          D. 以上三种都不是

（13）在 openGauss 支持的芯片组中，下面主要负责处理 AI 算法的是（　　　　）。

    A. 通用 x86 芯片
                      B. 鲲鹏芯片

    C. 昇腾芯片
                          D. 以上三种都不是

（14）以下（　　　　）不是 openGauss 使用昇腾芯片的理由。

    A. 需要原生支持 AI 算法

    B. CPU 处理矩阵运算的效率较低

    C. AI 算法的操作单一

    D. AI 算法中存在多种不同类型的操作

（15）昇腾芯片中没有包含的组件是（　　　　）。

    A. AI Core
       B. AI CPU
       C. SVM
            D. EMC

（16）以下说法中错误的是（　　　　）。

    A. 新型硬件使数据库可以支持更加复杂的数据处理操作

    B. 云数据库上，用户查询的执行效率与数据分布紧密关联

    C. 如何合理调度多种异构芯片是 AI-Native openGauss 亟待解决的问题

    D. AI-Native 数据库的发展阻碍了新型芯片的研究

openGauss SQL 引擎

数据库的 SQL 引擎是数据库重要的子系统之一,它对上负责承接应用程序发送的 SQL 语句,对下负责指挥执行器运行执行计划。其中优化器作为 SQL 引擎中最重要、最复杂的模块,被称为数据库的"大脑",优化器产生的执行计划的优劣直接决定数据库的性能。

本章从 SQL 语句开始介绍,对 SQL 引擎的各个模块进行全面的说明。

7.1 SQL 引擎概览

SQL 引擎是数据库系统的重要组成部分,主要职责是将应用程序输入的 SQL 语句在当前负载场景下生成高效的执行计划,在 SQL 语句的高效执行上扮演重要角色。SQL 语句在 SQL 引擎中的执行过程如图 7-1 所示。

从图 7-1 中可以看出,应用程序的 SQL 语句需要经过 SQL 解析生成逻辑执行计划、经过查询优化生成物理执行计划,然后将物理执行计划转交给查询执行引擎做物理算子的执行操作。

SQL 解析通常包含词法分析、语法分析、语义分析几个子模块。SQL 是介于关系演算和关系代数之间的一种描述性语言,它吸取了关系代数中一部分逻辑算子的描述,而放弃了关系代数中"过程化"的部分。SQL 解析主要的作用就是将一个 SQL 语句编译成为一个由关系算子组成的逻辑执行计划。

描述语言的特点是规定了需要获取的 WHAT,而不关心 HOW,也就是只关注结果而不关注过程,因此 SQL 描述性的特点导致查询优化在数据库管理系统中具有非常重要的作用。

查询重写则是在逻辑执行计划的基础上进行等价的关系代数变换,这种优化也可以称为代数优化。虽然两个关系代数式获得的结果完全相同,但是它们的执行代价却

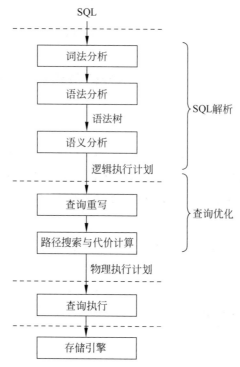

图 7-1　SQL 语句在 SQL 引擎中的执行流程

可能有很大的差异,这就构成了查询重写优化的基础。

在早期的数据库管理系统中,通常采用基于启发式规则的方法来生成最优的物理执行计划,但是这种基于规则的优化的灵活度不够,常常产生一些次优的执行计划,而代价估算的引入,则从根本上解决了基于规则优化的不足。

基于代价的优化器一方面生成"候选"的物理执行路径,另一方面计算这些执行路径执行代价,这样就建立了执行路径的筛选标准,从而能够通过比较代价而获得最优的物理执行计划。

7.2　SQL 解析

SQL 语句在数据库管理系统中的编译过程符合编译器实现的常规过程,需要进行词法分析、语法分析和语义分析。

（1）词法分析：从查询语句中识别出系统支持的关键字、标识符、运算符、终结符等，确定每个词固有的词性。

（2）语法分析：根据 SQL 的标准定义语法规则，使用词法分析中产生的词去匹配语法规则，如果一个 SQL 语句能够匹配一个语法规则，则生成对应的抽象语法树（Abstract Syntax Tree，AST）。

（3）语义分析：对语法树进行有效性检查，检查语法树中对应的表、列、函数、表达式是否有对应的元数据，将抽象语法树转换为逻辑执行计划（关系代数表达式）。

在 SQL 标准中，确定了 SQL 的关键字以及语法规则信息，SQL 解析器在做词法分析的过程中，会根据关键字信息以及间隔信息，将一个 SQL 语句划分为独立的原子单位，每个单位以一个词的方式展现，例如有 SQL 语句：

```
SELECT w_name FROM warehouse WHERE w_no = 1;
```

该 SQL 语句可以划分的关键字、标识符、运算符、常量等原子单位如表 7-1 所示。

表 7-1　词法分析的特征

词　　性	内　　容
关键字	SELECT、FROM、WHERE
标识符	w_name、warehouse、w_no
运算符	=
常量	1

语法分析会根据词法分析获得的词来匹配语法规则，最终生成一个抽象语法树，每个词作为语法树的叶子节点出现，如图 7-2 所示。

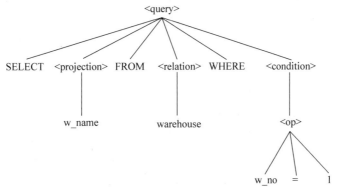

图 7-2　抽象语法树

抽象语法树表达的语义还仅仅限制在能够保证应用的 SQL 语句符合 SQL 标准的规范,但是对于 SQL 语句的内在含义还需要做有效性检查。

(1) 检查关系的使用:FROM 子句中出现的关系必须是该查询对应模式中的关系或视图。

(2) 检查与解析属性的使用:在 SELECT 语句中或者 WHERE 子句中出现的各个属性必须是 FROM 子句中某个关系或视图的属性。

(3) 检查数据类型:所有属性的数据类型必须是匹配的。

在有效性检查的同时,语义分析的过程还是有效性语义绑定(Bind)的过程,通过语义分析的检查,抽象语法树就转换成一个逻辑执行计划。逻辑执行计划可以通过关系代数表达式的形式来表现,如图 7-3 所示。

$$\sigma(w\_name)$$
$$|$$
$$\pi(w\_no=1)$$
$$|$$
$$warehouse$$

图 7-3　关系代数表达式

7.3　查询优化

在编写 SQL 语句的过程中,数据库应用开发人员通常会考虑以不同的形式编写 SQL 语句达到提升执行性能的目的。那么,为什么还需要查询优化器来对 SQL 进行优化呢? 这是因为一个应用程序可能会涉及大量的 SQL 语句,而且有些 SQL 语句的逻辑极为复杂,数据库开发人员很难面面俱到地写出高性能语句,而查询优化器则具有一些独特的优势:

(1) 查询优化器和数据库开发人员之间存在信息不对称。查询优化器在优化的过程中会参考数据库统计模块自动产生的统计信息,这些统计信息从各个角度来描述数据的分布情况,查询优化器会综合考虑统计信息中的各种数据,从而得到一个比较好的执行方案,而数据库开发人员一方面无法全面地了解数据的分布情况,另一方面也很难通过统计信息构建一个精确的代价模型对执行计划进行筛选。

(2) 查询优化器和数据库开发人员之间的时效性不同。数据库中的数据瞬息万变,一个在 A 时间点执行性能很高的执行计划,在 B 时间点由于数据内容发生了变化,它的性能可能就很低,查询优化器则随时都能根据数据的变化调整执行计划,而数据库应用程序开发人员则只能手动地调整 SQL 语句,和查询优化器相比,它的时效性比较低。

（3）查询优化器和数据库开发人员的计算能力不同。目前计算机的计算能力已经大幅提高,在执行数值计算方面和人脑相比具有巨大的优势,查询优化器对一个 SQL 语句进行优化时,可以从成百上千个执行方案中选择一个最优方案,而人脑要计算这几百种方案需要的时间要远远长于计算机。

因此,查询优化器是提升查询效率的非常重要的一个手段,虽然一些数据库也提供了人工干预执行计划生成的方法,但是通常而言,查询优化器的优化过程对数据库开发人员是透明的,它自动进行逻辑上的等价变换、自动进行物理执行计划的筛选,极大地提高了数据库应用程序开发人员的"生产力"。

依据优化方法的不同,优化器的优化技术可以分为:

（1）RBO(Rule Based Optimization,基于规则的查询优化):根据预定义的启发式规则对 SQL 语句进行优化。

（2）CBO(Cost Based Optimization,基于代价的查询优化):对 SQL 语句对应的待选执行路径进行代价估算,从待选路径中选择代价最低的执行路径作为最终的执行计划。

（3）ABO(AI Based Optimization,基于机器学习的查询优化):收集执行计划的特征信息,借助机器学习模型获得经验信息,进而对执行计划进行调优,获得最优的执行计划。

在早期的数据库中,查询优化器通常采用启发式规则进行优化,这种优化方式不够灵活,往往难以获得最优的执行代价,而基于代价的优化则能够针对大多数场景高效筛选出性能较好的执行计划,但面对千人千面的用户和日趋复杂的实际查询场景,普适性的查询优化难以捕捉到用户特定的查询需求、数据分布、硬件性能等特征,难以全方位满足实际的优化需求。

近年来 AI 技术发展迅速,特别是在深度学习领域。ABO 在建模效率、估算准确率和自适应性等方面都有很大优势,有望打破 RBO 和 CBO 基于静态模型的限制。通过对历史经验的不断学习,ABO 将目标场景的模式进行抽象化,形成动态的模型,自适应地针对用户的实际场景进行优化。openGauss 采用基于 CBO 的优化技术,另外在 ABO 方面也在进行积极探索。

7.3.1　查询重写

查询重写利用已有语句特征和关系代数运算来生成更高效的等价语句,在数据库优化器中扮演关键角色,尤其在复杂查询中,能够在性能上带来数量级的提升,可谓是

"立竿见影"的"黑科技"。本节介绍查询重写的基本概念、常见的查询重写技术、查询重写面临的挑战等内容。

1. 查询重写的概念

SQL 是丰富多样的,应用非常灵活,不同的开发人员依据不同的经验,编写的 SQL 语句也是各式各样,SQL 语句还可以通过工具自动生成。SQL 是一种描述性语言,数据库的使用者只是描述了想要的结果,而不关心数据的具体获取方式。输入数据库的 SQL 语句很难做到以最优形式表示,往往隐含了冗余信息,这些信息可以被挖掘以生成更加高效的 SQL 语句。查询重写就是把用户输入的 SQL 语句转换为更高效的等价 SQL。查询重写遵循两个基本原则:

(1) 等价性:原语句和重写后的语句输出结果相同。

(2) 高效性:重写后的语句比原语句执行时间短,且资源使用更高效。

2. 关系代数式等价变换

查询重写主要是基于关系代数式的等价变换,关系代数式变换通常满足交换律、结合律、分配律、串接律等,如表 7-2 所示。

表 7-2 关系代数式等价变换

等价变换	内　　容
交换律	$A \times B == B \times A$ $A \bowtie B == B \bowtie A$ $A \bowtie_F B == B \bowtie_F A$　　——F 是连接条件 $\pi_p(\sigma_F(B)) == \sigma_F(\pi_p(B))$　　——$F \in p$
结合律	$(A \times B) \times C == A \times (B \times C)$ $(A \bowtie B) \bowtie C == A \bowtie (B \bowtie C)$ $(A \bowtie_{F1} B) \bowtie_{F2} C == A \bowtie_{F1} (B \bowtie_{F2} C)$　　——$F1$ 和 $F2$ 是连接条件
分配律	$\sigma_F(A \times B) == \sigma_F(A) \times B$　　——$F \in A$ $\sigma_F(A \times B) == \sigma_{F1}(A) \times \sigma_{F2}(B)$　　——$F = F1 \cup F2, F1 \in A, F2 \in B$ $\sigma_F(A \times B) == \sigma_{FX}(\sigma_{F1}(A) \times \sigma_{F2}(B))$　　——$F = F1 \cup F2 \cup FX, F1 \in A, F2 \in B$ $\pi_{p,q}(A \times B) == \pi_p(A) \times \pi_q(B)$　　——$p \in A, q \in B$ $\sigma_F(A \times B) == \sigma_{F1}(A) \times \sigma_{F2}(B)$　　——$F = F1 \cup F2, F1 \in A, F2 \in B$ $\sigma_F(A \times B) == \sigma_{Fx}(\sigma_{F1}(A) \times \sigma_{F2}(B))$　　——其中 $F = F1 \cup F2 \cup Fx, F1 \in A, F2 \in B$
串接律	$\pi P = p1, p2, \cdots, pn(\pi Q = q1, q2, \cdots, qn(A)) == \pi P = p1, p2, \cdots, pn(A)$　　——$P \subseteq Q$ $\sigma_{F1}(\sigma_{F2}(A)) == \sigma_{F1 \wedge F2}(A)$

表 7-2 中的等价变换规则并不能把所有的情况都列举出来,例如,如果对 $\sigma_{F1}(\sigma_{F2}(A))==\sigma_{F1 \wedge F2}(A)$ 继续推导,那么就可以得到:

$$\sigma_{F1}(\sigma_{F2}(A))==\sigma_{F1 \wedge F2}(A)==\sigma_{F2 \wedge F1}(A)==\sigma_{F2}(\sigma_{F1}(A))$$

因此,在熟悉了关系代数的操作之后,就可以灵活地利用关系代数的等价关系进行推导,获得更多的等价式。这些等价的变换,一方面可以用来根据启发式的规则做优化,保证等价转换之后的关系代数表达式的执行效率提高而非降低,例如借助分配律可以将一个选择操作下推,降低上层节点的计算量;另一方面还可以用来生成候选的执行计划,再由优化器根据估算的代价进行筛选。

3. 常见的查询重写技术

下面介绍 openGauss 几个关键的查询重写技术:常量表达式化简、子查询优化、选择下推和等价推理、外连接消除、DISTINCT 消除、IN 谓词展开、视图展开等。

1) 常量表达式化简

常量表达式即用户输入的 SQL 语句中包含运算结果为常量的表达式,如算数表达式、逻辑运算表达式、函数表达式,查询重写可以对常量表达式预先计算以提升效率。例如:

示例 7-1:下面语句为典型的算术表达式查询重写,经过重写之后,避免了在执行时每条数据都需要进行 $1+1$ 运算。

```
  SELECT * FROM t1 WHERE c1 = 1 + 1;
⇨SELECT * FROM t1 WHERE c1 = 2;
```

示例 7-2:下面语句为典型的逻辑运算表达式查询重写,经过重写之后,条件永远为 false,可以直接返回 0 行结果,避免了整个语句的实际执行。

```
  SELECT * FROM t1 WHERE 1 = 0 AND a = 1;
⇨SELECT * FROM t1 WHERE false;
```

示例 7-3:下面语句包含函数表达式,由于函数的输入参数为常量,经过重写之后,直接把函数运算结果在优化阶段计算出来,避免了在执行过程中逐条数据的函数调用开销。

```
  SELECT * FROM t1 WHERE c1 = ADD(1,1);
⇨SELECT * FROM t1 WHERE c1 = 2;
```

2）子查询优化

由于子查询表示的结构更清晰，符合人们的阅读理解习惯，用户输入的 SQL 语句往往包含了大量的子查询。子查询有几种分类方法，根据子查询是否可以独立求解，分为相关子查询和非相关子查询。

① 相关子查询：相关子查询是指子查询中有依赖父查询的条件，例如：

```
SELECT * FROM t1 WHERE EXISTS (SELECT t2.c1 FROM t2
WHERE t1.c1 = t2.c1);
```

语句中子查询依赖父查询传入 t1.c1 的值。

② 非相关子查询：非相关子查询是指子查询不依赖父查询，可以独立求解，例如：

```
SELECT * FROM t1 WHERE EXISTS (SELECT t2.c1 FROM t2);
```

语句中子查询没有依赖父查询的条件。

其中，相关子查询需要父查询执行出一条结果，然后驱动子查询运算，这种嵌套循环的方式执行效率较低。如果能把子查询提升为与父查询同级别，那么子查询中的表就能和父查询中的表直接做 Join（连接）操作，由于 Join 操作可以有多种实现方法，优化器就可以从多种实现方法中选择最优的一种，就有可能提高查询的执行效率，另外优化器还能够应用 Join Reorder 优化规则对不同表的连接顺序进行交换，进而有可能产生更好的执行计划。

示例 7-4：下面语句为典型的子查询提升重写，重写之后利用 Semi Join 可以提升查询性能。

```
   SELECT * FROM t1 WHERE t1.c1 IN (SELECT t2.c1 FROM t2);
⇨ SELECT * FROM t1 Semi Join t2 ON t1.c1 = t2.c1;
```

3）选择下推和等价推理

选择下推能够极大降低上层算子的计算量，从而达到优化的效果，如果选择条件存在等值操作，那么还可以借助等值操作的特性来实现等价推理，从而获得新的选择条件。

例如，假设有两个表 t1、t2，它们分别包含 1,2,…,100 共 100 行数据，那么查询语句

```
SELECT t1.c1,t2.c1 FROM t1 JOIN t2 ON t1.c1 = t2.c1 WHERE t1.c1 = 1;
```

则可以通过选择下推和等价推理进行优化，如图 7-4 所示。

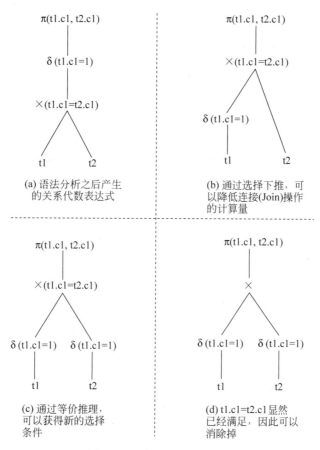

图 7-4　查询重写前后对比图

如图 7-4(a)所示,t1、t2 表都需要全表扫描 100 行数据,然后再做 Join 操作,生成 100 行数据的中间结果,最后再做选择操作,最终结果只有 1 行数据。如果利用等价推理,可以得到{t1.c1,t2.c1,1}是互相等价的,从而推导出新的 t2.c1＝1 的选择条件,并把这个条件下推到 t2 表上,从而得到图 7-4(d)重写之后的逻辑计划。可以看到,重写之后的逻辑计划,只需要从基表上获取 1 条数据即可,连接时内、外表的数据也只有 1 条,同时省去了在最终结果上的过滤条件,使性能大幅提升。

4) 外连接消除

外连接和内连接的主要区别是对于不能产生连接结果的元组需要补充 NULL 值,如果 SQL 语句中有过滤条件符合空值拒绝的条件(即会将补充的 NULL 值再过滤掉),则可以直接消除外连接。

示例 7-5:外连接转成内连接之后,便于优化器应用更多的优化规则,提高执行效率。SQL 语句如下：

```
SELECT * FROM t1 FULL JOIN t2 ON t1.c1 = t2.c1 WHERE t1.c2 > 5
AND t2.c3 < 10;
⇨ SELECT * FROM t1 INNER JOIN t2 ON t1.c1 = t2.c2 WHERE t1.c2 > 5
AND t2.c3 < 10;
```

5）DISTINCT 消除

DISTINCT 列上如果有主键约束，则此列不可能为空，且无重复值，因此可以不需要 DISTINCT 操作，减少计算量。

示例 7-6：c1 列上的主键属性决定了无须做 DISTINCT 操作。语句如下：

```
CREATE TABLE t1(c1 INT PRIMARY KEY,c2 INT);
SELECT DISTINCT(c1) FROM t1;
⇨ SELECT c1 FROM t1;
```

6）IN 谓词展开

示例 7-7：将 IN 运算符改写成等值的过滤条件，便于借助索引减少计算量。语句如下：

```
SELECT * FROM t1 WHERE c1 IN (10,20,30);
⇨ SELECT * FROM t1 WHERE c1 = 10 or c1 = 20 OR c1 = 30;
```

7）视图展开

视图从逻辑上可以简化书写 SQL 的难度，提高查询的易用性，而视图本身是虚拟的，因此在查询重写的过程中，需要展开视图。

示例 7-8：可以将视图查询重写成子查询的形式，然后再对子查询做简化。语句如下：

```
CREATE VIEW v1 AS (SELECT * FROM t1,t2 WHERE t1.c1 = t2.c2);
SELECT * FROM v1;
⇨ SELECT * FROM (SELECT * FROM t1,t2 WHERE t1.c1 = t2.c2) as v1;
⇨ SELECT * FROM t1,t2 WHERE t1.c1 = t2.c2;
```

7.3.2　路径搜索

优化器最核心的问题是针对某个 SQL 语句获得其最优解。这个过程通常需要枚举 SQL 语句对应的解空间，也就是枚举不同的候选执行路径。这些候选执行路径互相等价,但是执行效率不同,需要对它们计算执行代价,最终获得一个最优的执行路径。依据候选执行路径的搜索方法的不同,将优化器的结构划分为如下几种模式:

（1）自底向上模式。如图 7-5 所示,自底向上模式会对逻辑执行计划进行拆分,先建立对表的扫描算子,然后由扫描算子构成连接算子,最终生成一个物理执行计划。在这个过程中,由于物理扫描算子和物理连接算子有多种可能,因此会生成多个物理执行路径,优化器会根据各个执行路径的估算代价选择出代价最低的执行计划,然后转交执行器负责执行。

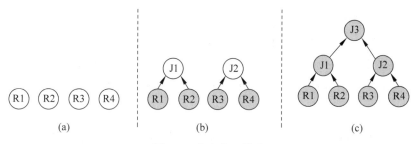

图 7-5　自底向上模式

（2）自顶向下模式。该模式总体是运用面向对象思路,将优化器核心功能对象化,在词法分析、语法分析、语义分析后生成逻辑计划。基于此逻辑计划,应用对象化的优化规则,产生多个待选的逻辑计划,通过自顶向下的方法遍历逻辑计划,结合动态规划、代价估算和分支限界技术,获得最优的执行路径,如图 7-6 所示。

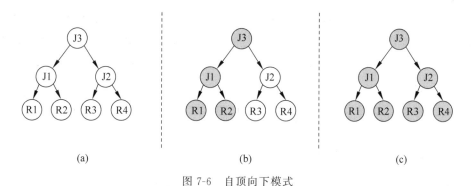

图 7-6　自顶向下模式

（3）随机搜索模式。无论是自底向上模式还是自顶向下模式,在参与连接的表的数量比较多的情况下,都会出现枚举时间过长的问题。优化器在表比较多的情况下通过随机枚举的方法对路径进行搜索,尝试在随机的解空间中获得次优的执行计划。

openGauss 采用的是自底向上模式和随机搜索模式相结合的方式。无论是自顶向下的搜索模式还是自底向上的搜索模式,搜索的过程也都是一个从逻辑执行计划向物理执行计划转变的过程,例如针对每个表可以有不同的扫描算子,而逻辑连接算子也可以转换为多种不同的物理连接算子。下面介绍具体的物理算子。

1. 单表扫描路径搜索

openGauss 采用的是自底向上的路径搜索方法,因此路径生成总是从单表访问路径开始。对于单表访问路径,一般有两种:

(1) 全表扫描:对表中的数据逐个访问。

(2) 索引扫描:借助索引来访问表中的数据,通常需要结合谓词一起使用。

优化器首先根据表的数据量、过滤条件、可用的索引结合代价模型来估算各种不同扫描路径的代价。

例如:给定表定义"CREATE TABLE t1(c1 int);",如果表中数据为 1,2,…,100 000 000 的连续整型数并且在 c1 列上有 B+树索引,那么对于"SELECT * FROM t1 WHERE c1=1;"语句来说,只要读取 1 个索引页面和 1 个表页面就可以获取到数据。然而对于全表扫描,需要读取 1 亿条数据才能获取同样的结果。在这种情况下索引扫描的路径胜出。

索引扫描并不是在所有情况下都优于全表扫描,它们的优劣取决于过滤条件能够过滤掉多少数据,通常数据库管理系统会采用 B+树来建立索引,如果在选择率比较高的情况下,B+树索引会带来大量的随机 IO,这会降低索引扫描算子的访问效率。比如"SELECT * FROM t1 WHERE c1>0;"这条语句,索引扫描需要访问索引中的全部数据和表中的全部数据,并且带来巨量的随机 IO,而全表扫描只需要顺序地访问表中的全部数据,因此在这种情况下,全表扫描的代价更低。

2. 多表连接路径搜索

多表路径生成的难点主要在于如何枚举所有的表连接顺序(Join Reorder)和连接算法(Join Algorithm)。

假设对 t1 和 t2 两个表做 Join 操作,根据关系代数中的交换律,可以枚举的连接顺序有 t1×t2 和 t2×t1 两种,Join 的物理连接算子有 HashJoin、NestLoop、MergeJoin 三种类型。这样一来,可供选择的路径有 6 种之多。这个数量随着表的增多呈指数级增长,因此高效的搜索算法显得至关重要。

openGauss 通常采用自底向上的路径搜索方法,首先生成每个表的扫描路径,这些扫描路径在执行计划的最底层(第一层),然后在第二层开始考虑两表连接的最优路径,即枚举计算出两表连接的可能性,再在第三层考虑三表连接的最优路径,即枚举计算出三表连接的可能性,直到最顶层为止,生成全局最优的执行计划。

假设有 4 个表做 Join 操作,它们的连接路径生成过程如下:

(1) 单表最优路径:依次生成{1},{2},{3},{4}单表的最优路径。

(2) 两表最优路径:依次生成{1 2},{1 3},{1 4},{2 3},{2 4},{3 4}的最优路径。

(3) 三表最优路径:依次生成{1 2 3},{1 2 4},{2 3 4},{1 3 4}的最优路径。

(4) 四表最优路径:生成{1 2 3 4}的最优路径(最终路径)。

多表路径问题的核心为 Join Order,这是 NP(Nondeterministic Polynomially,非确定性多项式)类问题。在多个关系连接中找出最优路径,比较常用的算法是基于代价的动态规划算法,随着关联表个数的增多,会发生表搜索空间膨胀的问题,影响优化器路径选择的效率,可以采用基于代价的遗传算法等随机搜索算法来解决。

另外为了防止搜索空间过大,openGauss 采用了下面三种剪枝策略:

(1) 尽可能先考虑有连接条件的路径,尽量推迟采用笛卡儿积运算。

(2) 在搜索的过程中基于代价估算对执行路径进行筛选,并基于分支限界技术和启发式规则进行剪枝,放弃一些代价较高的执行路径。

(3) 保留具有特殊物理属性的执行路径,例如有些执行路径的结果具有有序性,这些执行路径可能在后续的优化过程中避免被再次排序。

3. 分布式路径搜索

openGauss 优化引擎可以生成高效的分布式路径。在分布式架构下,同一个表的数据会分布到不同的 DN(数据节点)上,创建表的时候可以选择将数据在每个表上做哈希(Hash)分布或者随机分布,为了正确执行两表连接操作,可能需要将两个表的数据重新分布才能得到正确的连接结果,因此 openGauss 的分布式执行计划中增加了对数据进行重分布的两个算子:

(1) Redistribute:将一个表的数据按照执行的哈希值在所有的 DN 上做重分布。

(2) Broadcast:通过广播的方式重新分布一个表的数据,保证广播之后每个 DN 上都有这个表的数据的一份副本。

分布式路径生成时,会考虑两表及连接条件上的数据是否处于同一个数据节点,如果不是,那么会添加相应的数据分发算子。例如:

```
CREATE TABLE t1(c1 int, c2 int) DISTRIBUTE BY hash(c1);
CREATE TABLE t2(c1 int, c2 int) DISTRIBUTE BY hash(c2);
SELECT * FROM t1 JOIN t2 ON t1.c1 = t2.c1;
```

其中表 t1 采用的是哈希分布方法,其分布键为 c1 列,表 t2 采用的也是哈希分布方法,其分布键为 c2 列,由于 SELECT 查询中选择条件是在 t1.c1 和 t2.c2 上做连接操作,这两个列的分布不同,因此做连接操作之前需要添加数据重分布来确保连接的数据在同一数据节点上。那么有如下几种可供选择的路径,如图 7-7 所示。

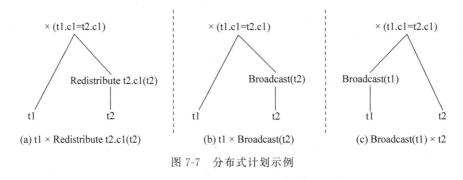

图 7-7　分布式计划示例

根据分发算子所需要处理的数据量以及网络通信所带来的消耗,可以计算这些路径的代价,openGauss 优化引擎会根据代价从中选出最优的路径。

4. 利用物理属性优化

关系的本身可以视为一个集合或者包,这种数据结构对数据的分布没有设定,为了提升计算的性能,需要借助一些数据结构或算法来对数据的分布做一些预处理,这些预处理方法或者利用了物理执行路径的物理属性(例如有序性),或者为物理执行路径创建物理属性,总之这些属性经常会在查询优化中发挥巨大的作用。

1)B+树

如果要查询一个表中的数据,最简单的办法自然是将表中的数据全部遍历一遍,但是随着当前数据量变得越来越大,遍历表中数据的代价也越来越高,而 B+树就成了高效查询数据的有力武器。

1970 年,R. Bayer 和 E. Mccreight 提出了一种适用于外查找的树,它是一种平衡的多叉树,称为 B 树,B 树就是在表的数据上建立一个"目录",类似于书中的目录,这样就能快速地定位到要查询的数据。

B+树作为一种数据结构,和查询优化器本身没有直接的关系,但是数据库管理系统通常会建立基于 B+树的索引,而在查询优化的过程中,可以通过索引扫描、位图扫描的方法提高查询效率,这都会涉及这种 B+树类型的索引的使用。

2) 哈希表

哈希表也是一种对数据进行预处理的方法。openGauss 数据库在多个地方使用了哈希表或借用了哈希表的思想来提升数据查询效率:

(1) 借用哈希可以实现分组操作,因为哈希表天然就有对数据分类的功能。

(2) 借用哈希可以建立哈希索引,这种索引适用于等值的约束条件。

(3) 物理连接路径中 Hash Join 是非常重要的一条路径。

3) 排序

排序也是一种对数据进行预处理的方法。它主要用在以下几个方面:

(1) 借用排序可以实现分组操作,因为经过排序之后,相同的数据都聚集在一起,因此可以用来实现分组。

(2) B 树索引的建立需要借助排序来实现。

(3) 物理连接路径 Merge Join 路径需要借助排序实现。

(4) SQL 中的 Order By 操作需要借助排序实现。

在数据量比较小时,数据可以全部加载到内存,这时候使用内排序就能完成排序的工作,而当数据量比较大时,则需要使用外排序才能完成排序的工作,因此在计算排序的代价时需要根据数据量的大小及可使用的内存的大小来决定排序的代价。

4) 物化

物化就是将扫描操作或者连接操作的中间结果保存起来,如果中间结果比较大可能需要将结果写入外存,这会产生 IO 代价,因此这种保存是有代价的。

物化的优点是如果内表的中间结果可以一次读取并多次使用,那么就可以将这个中间结果保存下来多次利用。例如有 t1 表和 t2 表做连接,如果 t2 表作为内表经过扫描之后,只有 5% 的数据作为中间结果,其他 95% 的数据都被过滤掉了,那么就可以考虑将这 5% 的数据物化起来,这样 t1 表的每条元组就只和这 5% 的数据进行连接就可以了。

中间结果是否物化主要取决于代价计算的模型,通常物理优化生成物理路径时对物化和不物化两条路径都会计算代价,最终选择代价较低的一个。

7.3.3 代价估算

优化器会根据生成的逻辑执行计划枚举出候选的执行路径,要确保执行的高效,就需要在这些路径中选择开销最小、执行效率最高的路径。那么如何评估这些计划路径的执行开销就变得非常关键。代价估算就是来完成这项任务的,基于收集的数据统计信息,对不同的计划路径建立代价估算模型,评估所给出的代价,为路径搜索提供输入。

1. 统计信息

统计信息是计算计划路径代价的基石,统计信息的准确度对代价估算模型中行数估算和代价估算起着至关重要的作用,直接影响查询计划的优劣。openGauss 支持使用 Analyze 命令完成对全库、单表、列、相关性多列进行统计信息收集。

由于统计信息直接影响代价计算的准确度,所以统计信息收集的频率就是一个非常敏感的参数,如果统计信息收集的频率太低,则会导致统计信息的滞后,相反,如果过于频繁地收集统计信息,则会间接影响查询的性能。

通常数据库管理系统会提供手动的收集统计信息的方法,openGauss 支持通过 Analyze 命令来收集统计信息,同时数据库管理系统也会根据数据变化的情况自动决定是否重新收集统计信息。例如当一个表中数据的频繁更新程度超过了一个阈值,那么就需要自动更新这个表的统计信息。在查询优化的过程中,如果优化器发现统计信息的数据已经严重滞后,也可以发起统计信息的收集工作。

表级的统计信息通常包括元组的数量(N)、表占有的页面数(B),而列级的统计信息则主要包括属性的宽度(W)、属性的最大值(Max)、最小值(Min)、高频值(MCV)等,通常针对每个列会建立一个直方图(H),将列中的数据按照范围以直方图的方式展示出来,可以更方便地计算选择率。

直方图通常包括等高直方图、等频直方图和多维直方图等,这些直方图可以从不同的角度来展现数据的分布情况。openGauss 采用的是等高直方图,直方图的每个柱状体都代表了相同的频率。

2. 选择率

通过统计信息,代价估算系统就可以了解一个表有多少行数据,用了多少个数据页面,某个值出现的频率等,然后根据这些信息就能计算出一个约束条件(例如 SQL 语句中的 WHERE 条件)能够过滤掉多少数据,这种约束条件过滤出的数据占总数据量的比例称为选择率。

$$选择率 = \frac{约束条件过滤后的元组数量}{约束条件过滤前的元组数量}$$

约束条件可以是由独立的表达式构成的,也可以是由多个表达式构成的合取范式或析取范式,其中独立的表达式需要根据统计信息计算选择率,合取范式和析取范式则借助计算概率的方法获得选择率。

合取范式:　　　　$P(A \text{ and } B) = P(A) + P(B) - P(AB)$

析取范式:　　　　$P(AB) = P(A) \times P(B)$

假设要对约束条件“$A>5 \text{ and } B<3$”计算选择率,那么首先需要对 $A>5$ 和 $B<3$ 分别计算选择率,由于已经有了 A 列和 B 列的统计信息,因此可以根据统计信息计算出 A 列中值大于 5 的数据比例,类似的,还可以计算出 B 列的选择率。假设 $A>5$ 的选择率为 0.3,$B<3$ 的选择率为 0.5,那么“$A>5 \text{ and } B<3$”的选择率为:

$$P(A > 5 \text{ and } B < 3)$$
$$= P(A > 5) + P(B < 3) - P(A > 5) \times P(B < 3)$$
$$= 0.3 + 0.5 - 0.3 \times 0.5$$
$$= 0.65$$

由于约束条件的多样性,选择率的计算通常会遇到一些困难,例如选择率在计算过程中通常假设多个表达式之间是相互“独立”的,但实际情况中不同的列之间可能存在函数依赖关系,因此这时候就可能导致选择率的计算不准确。

3. 代价估算方法

openGauss 的优化器是基于代价的优化器,对每条 SQL 语句,openGauss 都会生成多个候选计划,并且给每个计划计算一个执行代价,然后选择代价最小的计划。

当一个约束条件确定了选择率之后,就可以确定每个计划路径所需要处理的行数,并根据行数可以推算出所需要处理的页面数。当计划路径处理页面的时候,会产生 IO 代价,而当计划路径处理元组的时候(例如针对元组做表达式计算),会产生 CPU 代价,由于 openGauss 是分布式数据库,在 CN 和 DN 之间传输数据(元组)会产生通信的代价,因此一个计划的总体代价可以表示为:

$$总代价=IO 代价+CPU 代价+通信代价$$

openGauss 把所有顺序扫描一个页面的代价定义为单位 1,所有其他算子的代价都归一化到这个单位 1 上。比如把随机扫描一个页面的代价定义为 4,即认为随机扫描一个页面所需的代价是顺序扫描一个页面所需代价的 4 倍。又比如,把 CPU 处理一条元组的代价定义为 0.01,即认为 CPU 处理一条元组所需代价为顺序扫描一个页面所需代价的百分之一。

从另一个角度来看,openGauss 将代价又分成了启动代价和执行代价,其中:

$$总代价=启动代价+执行代价$$

1) 启动代价

从 SQL 语句开始执行算子,到该算子输出第一条元组为止,所需要的代价称为启动代价。有的算子启动代价很小,比如基表上的扫描算子,一旦开始读取数据页,就可以输出元组,因此启动代价为 0。有的算子的启动代价相对较大,比如排序算子,它需要把所有下层算子的输出全部读取,并且把这些元组排序之后,才能输出第一条元组,因此它的启动代价比较大。

2) 执行代价

从输出第一条元组开始至查询结束,所需要的代价称为执行代价。这个代价中又可以包含 CPU 代价、IO 代价和通信代价,执行代价的大小与算子需要处理的数据量有关,与每个算子完成的功能有关。处理的数据量越大、算子需要完成的任务越重,则执行代价越大。

3) 总代价

代价计算是一个自底向上的过程,首先计算扫描算子的代价,然后根据扫描算子的代价计算连接算子的代价以及 Non-SPJ 算子的代价。图 7-8 是代价计算示例。

如图 7-8 所示,SQL 查询中包含两张表,分别为 t1、t2,它的某个候选计划的计算过程如下:

(1) 扫描 t1 的启动代价为 0.00,总代价为 13.13。总代价中既包括了扫描表页面的 IO 代价,也包括了对元组进行处理的 CPU 代价,同理可以获得对 t2 表扫描的代价。

SELECT c1, sum(c2) FROM t1, t2 WHERE t1.c1=t2.c2 GROUP BY c1;

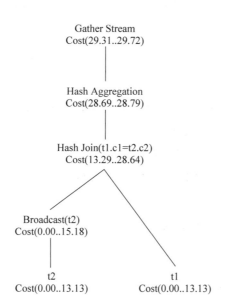

图 7-8　代价计算示例

（2）由于连接条件（t1.c1＝t2.c2）中的列与两表的分布列不同，因此该计划对 t2 进行了广播（Broadcast），广播算子的总代价为 15.18，此代价已经包括了顺序扫描 t2 的代价 13.13。

（3）使用 HashJoin 时，必须先为内表的数据建立 Hash 表，因此 HashJoin 具有启动代价，它的启动代价是 13.29，HashJoin 的总代价为 28.64。

（4）聚集算子的启动代价为 28.69，总代价为 28.79。

（5）以此类推，此计划最终的启动代价为 29.31，总代价为 29.72。

7.4　小结

本章主要从 SQL 解析器、查询重写、代价估算、路径搜索等方面讲解了 SQL 引擎各个模块的基本功能和原理，在此基础上读者可以结合具体的 SQL 优化案例分析进一步加深对优化器优化技术的理解。

习题

(1)（多选）依据优化方法的不同,优化器的优化技术可以分为(　　)。

    A. RBO   B. CBO   C. ABO

(2)业界优化器主流的两大架构模式是什么?

(3)openGauss 优化器在架构上属于(　　)模式。

    A. 自顶向下模式   B. 自底向上模式

(4)查询重写只要确保执行高效就行,对吗?

(5)如下 SQL 语句:

```
SELECT * FROM t t1 WHERE t1.a not in (SELECT b FROM t t2);
```

重写为:

```
SELECT * FROM t t1 (anti join) (SELECT b FROM t t2) t2 on t1.a = t2.b;
```

重写语句是否正确?

(6)由于统计信息"过时"的原因导致查询计划劣化,影响查询性能时,如何处理?

(7)如何在基于代价估算的路径上选择出最佳路径?

openGauss 执行器技术

执行器在数据库的整个体系结构中起承上(优化器)启下(存储)的作用。本章首先介绍执行器的基本框架,然后引申介绍执行引擎中的一些关键技术。通过本章的学习,读者能对执行器有个基本的认识。

8.1　openGauss 执行器概述

从客户端发出一条 SQL 语句到结果返回给客户端的整体执行流程如图 8-1 所示,从中可以看到执行器所处的位置。

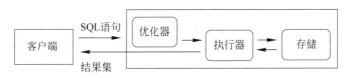

图 8-1　客户端发出 SQL 语句的执行流程示意图

如果把数据库看成一个组织,优化器位于组织的最上层,是这个组织的首脑,是发号施令的机构;执行器位于组织的中间,听从优化器的指挥,严格执行优化器给予的计划,将从存储空间中读取的数据进行加工处理最终返回给客户端。

第 3 章数据库设计中提到了 SQL、关系代数之间的联系和转换,同时提到了关系运算符。实际上,关系是元组(表中的每行,即数据库中的每条记录)的集合,而关系代数是集合上的一系列操作。

执行器接收到的指令就是由优化器应对 SQL 查询而翻译出来的关系代数运算符所组成的执行树。一棵形象的执行树如图 8-2 所示。

图中的每一个方块代表一个具体的关系代数运算符,称其为算子,而两种箭头代表流。其中,标注为①的流代表数据流,可以看到数据从叶节点流到根节点;标注为②

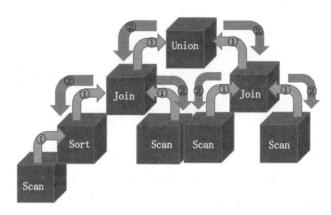

图 8-2　执行树示意图

的流代表控制流，从根节点向下驱动（指上层节点调用下层节点函数的数据传送函数，从下层节点请求数据）。

　　执行器的整体目标就是在每一个由优化器构建出来的执行树上，通过控制流驱动数据流在执行树上高效流动，其流动的速度决定了执行器的处理效率。

8.2　openGauss 执行引擎

　　下面具体介绍 openGauss 的执行引擎。

8.2.1　执行流程

　　执行器的整体执行流程如图 8-3 所示。

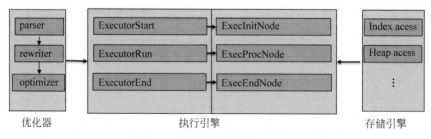

图 8-3　执行器整体执行流程图

8.1 节描述了执行器在整个数据库架构中所处的位置,执行引擎的执行流程非常清晰,分成三个阶段。

(1) 初始化阶段。在这个阶段执行器会完成一些初始化工作,通常的做法是遍历整个执行树,根据每个算子的不同特征进行初始化执行。比如 HashJoin 这个算子,在这个阶段会进行 Hash 表的初始化,主要是内存的分配。

(2) 执行阶段。这个阶段是执行器最重要的部分。在这个阶段,执行器完成对于执行树的迭代(Pipeline)遍历,通过从磁盘读取数据,根据执行树的具体逻辑完成查询语义。

(3) 清理阶段。因为执行器在初始化阶段向系统申请了资源,所以在这个阶段要完成对资源的清理。比如在 HashJoin 初始化时对 Hash 表内存申请的释放。

8.2.2　执行算子

8.1 节提到表达一个 SQL 语句需要很多不同的代数运算符进行组合。openGauss 为了完成这些代数运算符的功能,引入了算子(Operator)。算子是执行树的最基本的运算单元。按照不同的功能,算子划分为如下几种。

1. 控制算子

控制算子并不映射代数运算符,而是为使执行器完成一些特殊的流程所引入的,其主要类型及描述见表 8-1。

表 8-1　控制算子

类　　型	描　　述
Result	处理仅需要一次计算的条件表达式或 insert 语句中的 values 子句
Append	处理大于或等于 2 的子树流程
BitmapAnd	需要对两个或两个以上的位图进行并操作的流程
BitmapOr	需要对两个或两个以上的位图进行或操作的流程
RecursiveUnion	用于处理 with recursive 递归查询
Limit	用于处理下层数据的 limit 操作
VecToRow	用于普通执行器和向量化执行器之间数据传输的转换

2. 扫描算子

扫描算子负责从底层数据来源抽取数据,数据来源可能来自文件系统,也可能来自网络(分布式查询)。扫描节点(算子在执行树上称为节点)都位于执行树的叶子节点,作为执行数的数据输入来源。扫描算子的类型及描述见表 8-2。

表 8-2　扫描算子

类　型	描　述
SeqScan	顺序扫描行存储
CstoreScan	顺序扫描列存储
DfsScan	顺序扫描 HDFS 类文件系统
Stream	顺序扫描来自网络的数据流,数据流一般来自其他子树执行分发到网络中的数据
BitmapHeapScan	通过 Bitmap 结构获取元组
BitmapIndexScan	利用索引获取满足条件的 Bitmap 结构
TidScan	通过事先得到的 Tid 来扫描 Heap 上的数据
SubqueryScan	从子查询的输出来扫描数据
ValuesScan	扫描 Values 子句产生的数据源
CteScan	扫描 Cte 表达式
WorkTableScan	扫描 RecursiveUnion 产生的迭代数据
FunctionScan	扫描 Function 产生的批量数据
IndexScan	扫描索引得到 Tid,然后从 Heap 上扫描数据
IndexOnlyScan	在某些情况下,可以只用扫描索引就能得到查询想要的数据,因此不需要扫描 Heap
ForgeinScan	从用户定义的外表数据源扫描数据

3. 物化算子

物化算子指算子的处理无法全部在内存中完成,需要进行下盘(即写入磁盘)操作。因为物化算子算法要求,在做物化算子逻辑处理的时候,要求把下层的数据进行缓存处理。因为对于下层算子返回的数据量不可提前预知,所以需要在物化算子算法上考虑数据无法全部放置到内存的情况。物化算子的类型及描述见表 8-3。

表 8-3　物化算子

类　型	描　述
Sort	对下层数据进行排序,例如快速排序
Group	对下层已经排序的数据进行分组
Agg	对下层数据进行分组(无序)
Unique	对下层数据进行去重操作
Hash	对下层数据进行缓存,存储到一个 Hash 表里
SetOp	对下层数据进行缓存,用于处理 Intersect 等集合操作

4. 连接算子

连接算子是为了应对数据库中最常见的连接操作。根据处理算法和数据输入源的不同,连接算子分成以下几种类型,如表 8-4 所示。

表 8-4　连接算子

类　　型	描　　述
NestLoop	对下层两股数据流实现循环嵌套连接操作
MergeJoin	对下层两股排序数据流实现归并连接操作
HashJoin	对下层两股数据流实现哈希连接操作

同时为了应对不同的连接操作,openGauss 定义了如下的连接算子的连接类型。定义两股数据流,一股为 S1(左),一股为 S2(右),连接算子的连接类型如表 8-5 所示。

表 8-5　连接算子的连接类型

连接算子的连接类型	描　　述
Inner Join	内连接,对于 S1 和 S2 上满足条件的数据进行连接操作
Left Join	左连接,对于 S1 没有匹配 S2 的数据,进行补空输出
Right Join	右连接,对于 S2 没有匹配 S1 的数据,进行补空输出
Full Join	全连接,除了 Inner Join 的输出部分,对于 S1 和 S2 没有匹配的部分,进行各自补空输出
Semi Join	半连接,当 S1 能够在 S2 中找到一个匹配的,单独输出 S1
Anti Join	反连接,当 S1 能够在 S2 中找不到一个匹配的,单独输出 S1

表 8-4 中的 3 个连接算子都已经支持表 8-5 中 6 种不同的连接类型。

NestLoop 算子:对于左表中的每一行,扫描一次右表。算法简单,但非常耗时(计算笛卡儿乘积),如果可以用索引扫描右表,则可能是一个不错的策略。可以将左表的当前行中的值用作右索引扫描的键。

MergeJoin:在连接开始前,先对每个表按照连接属性(Join Attributes)进行排序,然后并行扫描两个表,组合匹配的行形成连接行。MergeJoin 只需扫描一次表。排序可以通过排序算法或使用连接键上的索引来实现。

HashJoin:先扫描内表,并根据其连接属性计算哈希值作为哈希键(Hash Key,也称散列键)存入哈希表中。然后扫描外表,计算哈希键,在哈希表中找到匹配的行。

对于连接的表无序的情况,MergeJoin 操作需要将两个表扫描并进行排序,复杂度

会达到 $O(n\log n)$，而 NestLoop 操作是一种嵌套循环的查询方式，复杂度达到 $O(n^2)$。HashJoin 操作借助哈希表来加速查询，复杂度基本在 $O(n)$。

不过，HashJoin 操作只适用于等值连接，对于 $>$、$<$、$<=$、$>=$ 这样的连接还需要 NestLoop 这种通用的连接方式来处理。如果连接键是索引列本来就有序，或者 SQL 本身需要排序，那么用 MergeJoin 操作的代价会比 HashJoin 操作更小。

下面简单介绍 HashJoin 操作的执行流程。

HashJoin，顾名思义，就是利用哈希表进行连接查询，哈希表的数据结构组织形式如图 8-4 所示。

可以看到，哈希表根据哈希值分成多个桶，相同的哈希键值的元组用链表的方式串联在一起，因为哈希算法的高效和哈希表的唯一指向性，HashJoin 操作的匹配效率非常高，但是 HashJoin 操作只能支持等值查询。

HashJoin 节点有两棵子树：一棵称为外表；另一棵称为内表。内表输出的数据用于生成哈希表，而外表生成的数据则在哈希表上进行探查并返回连接结果。

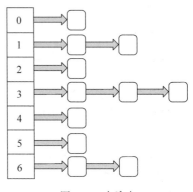

图 8-4　哈希表

在内、外表的选择上，优化器一般根据这两棵子树的代价进行分析选择。因为哈希表需要申请内存进行存放，因此优化器倾向于输出行数少的子树作为内表，这样数据能够被内存存放的概率比较大，如果存放不下，则需要进行下盘操作。

HashJoin 操作的主要执行流程如下：

（1）扫描内表元组，根据连接键计算哈希值，并插入到哈希表中根据哈希值计算出来的槽位上。在这个步骤中，系统会反复读取内表元组直到把内表读取完，并将哈希表构建出来。

（2）扫描外表元组，根据连接键计算哈希值，直接查找哈希表进行连接操作，并将结果输出，在这个步骤中，系统会反复读取外表直到外表读取完毕，这个时候连接的结果也将全部输出。

上面提到，如果当前的内表元组无法全部放在内存里，会进行下盘（写入磁盘）操作，HashJoin 对于下盘支持的设计思想非常精妙，采用了典型的分而治之的算法。

（3）根据内表和外表的键值的哈希值，对内表和外表进行分区，经过分区之后，内表和外表被划分成很多小的内、外表，这里的划分原则是以相同的哈希值分区之后数据要划分到相同下标的内、外表中,同时内表的数据要能够存放在内存里。

（4）取相同下标的内、外表,重复步骤（1）和（2）中的算法进行元组输出。

（5）重复步骤（4）的操作,直到处理完所有的经过分区后的内、外表。

8.2.3　表达式计算

除了算子,为了代数运算符的完备性,还需要有表达式的计算。根据 SQL 语句的不同,表达式的计算可能产生在每个算子上,用于进一步处理算子上的数据流。表达式的计算主要有以下两个功能。

（1）过滤：根据表达式的逻辑,过滤掉不符合规则的数据。

（2）投影：根据表达式的逻辑,对数据流进行表达式变换,产生新的数据。

表达式计算的核心是对表达式树的遍历和计算,前面说到算子也是用树来表达执行计划。树这个基础的数据结构在执行器的流程中扮演了非常重要的角色。

看下面这个 SQL 语句：

```
SQL2:select w_id from warehouse where 2 * w_tax + 0.9 > 1 and w_city != 'Beijing';
```

SQL 语句中 where 条件后面的就是 SQL 表达式,如果以树的形式展现,则如图 8-5 所示。

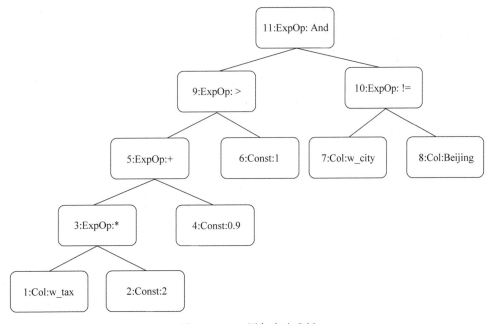

图 8-5　SQL 语句表达式树

表达式计算对算子上的数据流进行计算,通过遍历表达式计算树完成整体的表达式计算(为了便于说明,我们对上述表达式树中每个节点进行了编号,见节点前的数字),可以看到上面的图中有些节点中标注的是 Const,这代表这个节点是一个定值节点,存储了一个定值,有些节点中标注的是 ExpOp,这代表这个节点是一个计算节点,根据表达式的不同有不同的计算方法,有些节点标注的是 Col,代表从表中的某个列中读取的数据。上述的表达式计算的详细的流程如下:

(1) 根节点 11 代表一个 AND 运算符,AND 逻辑是只要有一个子树的结果为 false,则提前终止运算,否则进行下一个子树运算。下面有两个子表达式,先处理节点 9,首先递归遍历到其子节点 3。

(2) 节点 3 代表了一个乘法,有两个子节点 1、2,从节点 1 列中取得 w_tax 的值,从节点 2 中取得定值 2,然后进行乘法运算,计算数据存储到节点 3 引擎的暂存空间中。

(3) 节点 5 代表一个加法运算,有两个子节点 3、4,因此从节点 4 上取定值 0.9,表达式 3 的结果刚才在第(2)步中已经计算了,只需要读取出来,运算结果存储到节点 5 的暂存空间里。

(4) 节点 9 代表一个比较运算,其有两个子节点 5、6,因此将节点 5 存储的数据和节点 6 上的定值数据 1 进行大于比较,如果结果为 false,则提前终止当前的表达式运算,跳入下一行,重新从步骤(1)开始计算,如果为 true,则进行下一个子表达式的计算。

(5) 节点 9 已经处理完毕,接着处理节点 10。

(6) 节点 10 代表字符串不等于比较运算,有两个子节点 7、8,从节点 7 中取得 w_city 值,同时从节点 8 中取得定值字符串"Beijing",然后进行不等于字符串比较运算,如果为 true,输出元组(Tuple),否则重新从步骤(1)开始计算。

由此可见,通过遍历整个表达式树,根据表达式树的不同节点的类型做出相应的动作,有些是对数据的读取,有些是进行函数计算。表达式树中叶子节点都来自数据流中的数据或者栈上的定值,而非叶子节点都是计算函数。

8.3 openGauss 执行器的高级特性介绍

本节将介绍 openGauss 执行器的几个高级特性,在介绍高级特性之前,先简单介绍当前 CPU 体系架构中影响性能的几个关键因素。这些关键因素和其对应的技术构成了执行器中的两个高级特性：编译执行和向量化引擎。影响性能的关键因素如下：

（1）函数调用：函数调用过程中需要维护参数和返回地址在栈帧的管理，处理完成之后还要返回到之前的栈帧，因此在用户的函数调用过程中，CPU 要消耗额外的指令进行函数调用上下文的维护。

（2）分支预测：指令在现代 CPU 中以流水线运行，当处理器遇到分支条件跳转指令时，通常不能确定执行哪个分支，因此处理器采用分支预测来预测每条跳转指令是否会执行。如果猜测准确，那么流水线中就会充满指令；如果对跳转猜测错误，那么就要求处理器丢掉它这个跳转指令后的所有已做的操作，然后再开始用从正确位置起始的指令去填充流水线。可以看到，这种预测错误会导致很严重的性能惩罚，即会导致 20～40 个时钟周期的浪费，从而导致 CPU 性能严重下降。提速方式有两种：一种是更准确的智能预测，但是无论多么准确，总会存在误判；另一种就是从根本上消除分支。

（3）CPU 存取数据：CPU 对于数据的存取存在鲜明的层次关系，CPU 在寄存器、CPU 高速缓存（CACHE）、内存中的存取速度依次越来越慢，所承载的容量却越来越大。同时，CPU 在访问数据的时候也会遵循从快到慢的原则，比如缓存中找不到的数据才会从内存中找，而这两者的访问速度差距在两个数量级。如果 CPU 的访问模式是线性的（比如访问数组），CPU 会主动将后续的内存地址预加载到缓存，这就是 CPU 的数据预取。因此，如果程序能够充分利用这个特征，将大大提高程序的性能。

（4）SIMD（单指令多数据流）：对于计算密集型程序来说，可能经常需要对大量不同的数据进行同样的运算。SIMD 引入之前，执行流程为同样的指令重复执行，每次取一条数据进行运算。而 SIMD 可以一条指令执行多个位宽数据的计算。比如当前最新的体系结构已经支持 512 位宽的 SIMD 指令，那么对于 16 位整型的加法，可以并行执行 32 个整型对的加法。

8.3.1 编译执行

8.2.3 节介绍了基于遍历树的表达式计算框架。这种框架的好处是清晰明了，但在性能上却不是最优的，主要有以下几个原因：

（1）表达式计算框架的通用性决定了其执行模式要适配各种不同的运算符和数据类型，因此在运行时要根据表达式遍历的具体结果来确定执行的函数和类型，对这些类型的判断要引入非常多的分支判断。

（2）表达式计算在整体的执行过程中要进行多次的函数调用，其调用的深度取决于表达式树的深度，这也有着非常大的开销。

除了上述两个主要原因，分支判断和函数调用在执行算子中也是影响性能的关键因素。为了提升表达式计算的执行速度，openGauss 引入了业界著名的开源编译框架——LLVM(Low Level Virtual Machine)。LLVM 是一个通用的编译框架，能够支持不同的计算平台。

LLVM 提升整体表达式计算执行速度的核心要点如下。

（1）openGauss 内置的 LLVM 编译框架通过为每一个计算单元（表达式或者执行算子里面的热点函数）生成一段独特的执行代码，由于在编译的时候提前知道了表达式涉及的操作和数据类型，可将表达式生成的执行代码中所有的逻辑内联，完全去除函数调用。

比如对于 8.2.3 节提到的表达式计算过程，openGauss 内置的 LLVM 编译为这个表达式生成了下面这样一段特殊代码，其中已经没有任何函数调用，所有的函数都已经被内联在一起，同时去掉了关于数据类型的分支判断。

```
Bool qual()
{
  bool qual1res = 2 * w_tax + 0.9 > 1;
  bool qual2res = w_city != 'Beijing';
  Return qual1res && qual2res;
}
```

（2）LLVM 编译框架利用编译技术最大限度地让生成的代码将中间结果的数据存储在 CPU 寄存器里，以加快数据读取的速度。

8.3.2　向量化引擎

8.1 节提到了执行器的数据流动模式：控制流向下、数据流向上。传统的执行引擎数据流遵循一次一元组的传输模式，而向量化引擎将这个模型改成一次一批元组的模式，这种看似简单的修改却带来巨大的性能提升。单个元组与向量化元组的对比如图 8-6 所示。

其中的主要原因如下，这也与前面介绍的 CPU 架构中影响性能的几个关键因素对应。

（1）一次一元组的函数模型在控制流的调动下，每次都需要进行函数调用，调用次

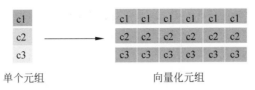

单个元组   向量化元组

图 8-6   单个元组与向量化元组对比

数随着数据的增长而增长，而一次一批元组的模式则大大降低了执行节点的函数调用开销，如果设定一次一批元组的数量为 1000，则函数调用相对于一次一元组能减少 3 个数量级。

（2）一次一批元组的模式在内部实现上是通过数组来表达的，CPU 对数组的存取非常友好，能够让数组在后续的数据处理过程中，大概率能够在缓存中被命中。

比如下面这个简单计算两个整型数据加法的函数（其代码仅为了展示，不代表真实实现），展示了一次一元组和一次一批元组的两种编写代码方法。

一次一元组的整型数据加法：

```
int int4addint4(int4 a, int b)
{
    Return a + b;
}
```

一次一批元组的整型数据加法：

```
void int4addint4(int4 a[], int b[], int res[])
{   for(int i = 0; i < N; i++)
      res[i] = a[i] + b[i];
}
```

一次一批元组的这个计算函数，因为 CPU 高速缓存的局部性原理，数据和指令的缓存命中率会非常好，可极大提升处理性能。

（3）一次一批元组的数据数组化的组织方式为利用 SIMD 特性带来了非常好的机会，使 SIMD 能够大大提升在元组上的计算性能。还是以上述整型数据加法的例子讲解，可以重写上述的函数如下。

```
void int4addint4SIMD(int4 a[], int b[], int res[])
{
for(int i = 0; i < N/SIMDLEN; i++)
   res[i..i + SIMDLEN] = SIMDADD(a[i..i + SIMDLEN], b[i..i + SIMDLEN];
}
```

可以看到,由于 SIMD 可以一次处理一批数据,使循环的次数衰减,因此性能可得到进一步提升。

8.4　小结

本章描述了 openGauss 执行引擎的基本构成和一些技术特点,执行器作为数据库查询的最终执行单元,其架构和技术决定了数据库执行查询的整体运行效率,openGauss 执行引擎采用了诸如向量化、编译执行等多种现代软件技术,并充分结合硬件技术的特征进行高效执行。

习题

(1) 执行器的主要执行单元是什么?

(2) openGauss 算子当前的类型有几种?

(3) 向量化引擎和普通执行引擎最大的区别是什么?

openGauss 存储技术

OLTP(联机事务处理)系统以高并发读写为主,数据实时性要求非常高,数据以行的形式组织,最适合面向外存设计的行存储引擎。随着内存逐渐变大,服务器上万亿字节(TB)的内存已经很常见,内存引擎面向大内存而设计,可提高系统的吞吐量和降低业务时延。OLAP(联机分析处理)系统主要面向大数据量分析场景,对数据存储效率、复杂计算效率的要求非常高。列存储引擎可以提供很高的压缩比,同时面向列的计算,CPU 指令高速缓存和数据高速缓存的命中率比较高,计算性能比较好,按需读取列数据,大大减少不必要的磁盘读取,非常适合数据分析场景。openGauss 整个系统设计是可插拔、自组装的,并支持多个存储引擎来满足不同场景的业务诉求,目前支持行存储引擎、列存储引擎和内存引擎。

9.1 openGauss 存储概览

早期计算机程序通过文件系统管理数据,到了 20 世纪 60 年代,这种方式就开始不能满足数据管理需求了,用户逐渐对数据并发写入的完整性、高效的检索提出更高的要求。由于机械磁盘的随机读写性能问题,从 20 世纪 80 年代开始,大多数数据库一直围绕着减少随机读写磁盘进行设计。主要思路是把对数据页面的随机写盘转化为对 WAL(Write Ahead Log,预写式日志)的顺序写盘,WAL 持久化完成,事务就算提交成功,数据页面异步将数据刷新到磁盘上。但是随着内存容量变大和保电内存、非易失性内存的发展,以及 SSD(Solid State Disk,固态硬盘)技术的逐渐成熟,磁盘的IO(输入输出)性能得到极大提高,经历了几十年发展的存储引擎需要调整架构来发挥SSD 的性能和充分利用大内存计算的优势。随着互联网、移动互联网的发展,数据量剧增,业务场景呈现多样化,一套固定不变的存储引擎不可能满足所有应用场景的诉求。因此现在的 DBMS 需要设计支持多种存储引擎,根据业务场景来选择合适的存储模型。

1. 数据库存储引擎要解决的问题

数据库存储引擎要解决的问题如下：

（1）存储的数据必须要保证原子性（A）、一致性（C）、隔离性（I）、持久性（D）。

（2）支持高并发读写，高性能。

（3）充分发挥硬件的性能，解决数据的高效存储和检索能力。

2. openGauss 存储引擎概述

openGauss 整个系统设计是可插拔、自组装的，支持多个存储引擎以满足不同场景的业务诉求。当前 openGauss 存储引擎有以下三种：

（1）行存储引擎，主要面向 OLTP 场景设计，例如订货、发货、银行交易系统。

（2）列存储引擎，主要面向 OLAP 场景设计，例如数据统计报表分析。

（3）内存引擎，主要面向极致性能场景设计，例如银行风控场景。

创建表的时候可以指定为行存储引擎表、列存储引擎表、内存引擎表，支持一个事务中包含对三种引擎表的 DML 操作，可以保证事务的 ACID 性质。

9.2 openGauss 行存储引擎

openGauss 行存储引擎采用原地更新（in-place update）设计，支持 MVCC（Multi-Version Concurrency Control，多版本并发控制），同时支持本地存储和存储与计算分离的部署方式。行存储引擎的特点是支持高并发读写，时延小，适合 OLTP 交易类业务场景。

9.2.1 行存储引擎总体架构

openGauss 的行存储引擎在设计上支持 MVCC，采用集中式垃圾版本回收机制，可以提供 OLTP 业务系统的高并发读写要求，支持存储、计算分离架构，存储层异步回放日志。行存储引擎架构如图 9-1 所示。

行存储引擎的关键技术有：

（1）基于事务 ID 以及 ctid（行号）的多版本管理。

（2）基于 CSN（Commit Sequence Number，待提交事务的序列号，它是一个 64 位递增无符号数）的多版本可见性判断以及 MVCC 机制。

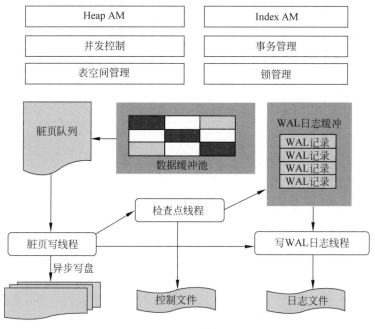

图 9-1　行存储引擎架构

注：数据页面缓冲池中缓存数据页面，在数据页面中存放元组以及元组的历史版本并集中管理，使用 Vacuum（垃圾清理）线程进行定期的空间回收。

（3）基于大内存设计的缓冲区管理。

（4）平滑无性能波动的增量检查点（checkpoint）。

（5）基于并行回放的快速故障实例恢复。

主要模块如图 9-2 所示。

9.2.2　行存储的基本模型与页面组织结构

行存储的元组结构以及页面组织，是行存储 DML 实现、可见性判断以及行存储各种功能与管理机制的基石。

由于行存储是基于磁盘的存储引擎，因此存储格式的设计遵从段页式设计，存储结构需要以页面（page）为单位，方便与操作系统内核以及文件系统的接口进行交互。也是由于这个原因，页面的大小需要和目标系统中一个 block（块）的大小对齐。在比较通用的 Linux 内核中，页面大小一般默认为 8192 字节（8KB）。一个基本的 Heap（堆）页面如图 9-3 所示。

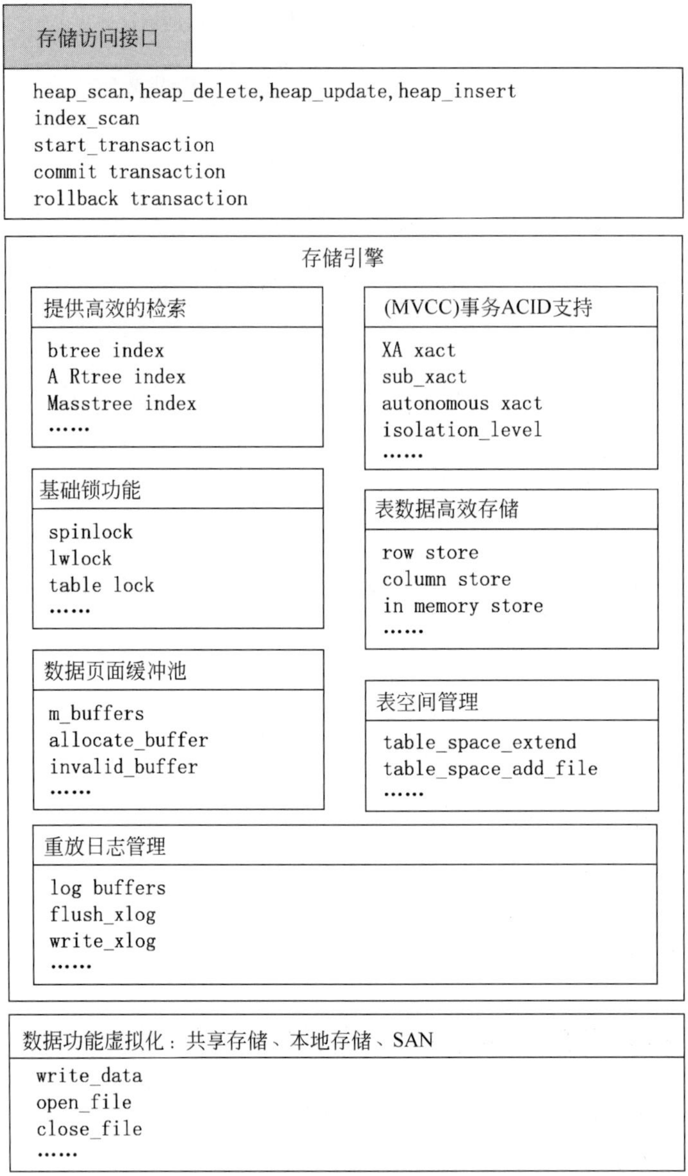

存储访问接口

```
heap_scan, heap_delete, heap_update, heap_insert
index_scan
start_transaction
commit transaction
rollback transaction
```

存储引擎

提供高效的检索

```
btree index
A Rtree index
Masstree index
......
```

(MVCC)事务ACID支持

```
XA xact
sub_xact
autonomous xact
isolation_level
......
```

基础锁功能

```
spinlock
lwlock
table lock
......
```

表数据高效存储

```
row store
column store
in memory store
......
```

数据页面缓冲池

```
m_buffers
allocate_buffer
invalid_buffer
......
```

表空间管理

```
table_space_extend
table_space_add_file
......
```

重放日志管理

```
log buffers
flush_xlog
write_xlog
......
```

数据功能虚拟化：共享存储、本地存储、SAN

```
write_data
open_file
close_file
......
```

图 9-2　行存储主要模块

　　页面开头的位置为整个页面的头部信息，记录了这个页面的公用信息以及一些关键标识。

　　line_pointer 为指向 Tuple 实际数据的一个指针，类似于行指针（sentinel）的作用。line_pointer 被放置于 Header 后面，并向页面尾部扩展。

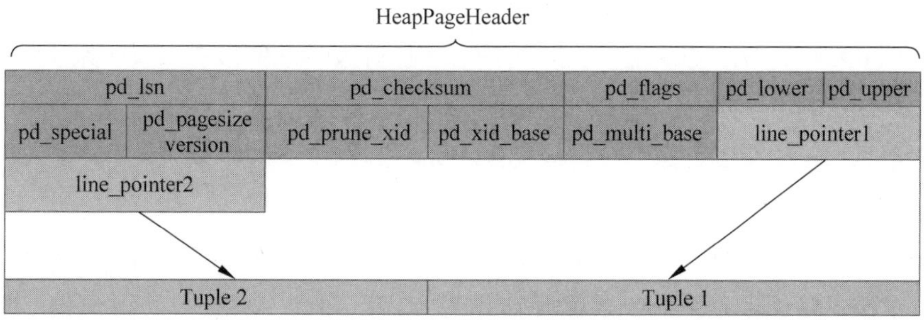

HeapPageHeader

图 9-3　Heap 页面示意图

这里需要一提的是,每个 Tuple 在系统中的唯一标识 ItemPointer,也被称为 ctid,存储的是这一行所在的页面号(block number)以及其对应的 line_pointer 的偏移量(offset),即这个页面中第几个 line_pointer。这样由一个系统内记录的 ctid,可以快速定位到这个 Tuple 的 line_pointer,也就可以根据 line_pointer 的指针快速定位到 Tuple 的实际数据。

line_pointer 的必要性也可以比较容易地总结出来。由于 Tuple 的数据内容本身可以是变长的,因此如果需要找到一个在页面中间的 Tuple,则需要按序遍历页面结构;而 line_pointer 结构本身为定长,因此可以直接以常数的复杂度找到数据所在内存位置。line_pointer sentinel 的效果也十分明显:line_pointer 的存在使得 Tuple 的对应改动局限于页面内部,而保持全局标识 ctid 不发生变化;如果没 line_pointer,行更新需要连带更新的元信息、索引以及系统各处信息,复杂度就不言而喻了。

被 line_pointer 指向的行记录本身,则是从页面结尾开始向页面头部延展,这样避免在页面填充过程中可能出现的数据移动以及空间浪费。

页面头部的 Header 中储存了如下信息:

(1) pd_lsn 为最后一次改动此页面事务写下的 WAL[系统中一般称为事务日志(transaction log),简称 xlog]的下一位,被 xlog 机制以及检查点机制所使用。

(2) pd_checksum 为页面中的 checksum,为了检查页面的完整性和一致性使用。

(3) pd_flags 是此页面的标识位,可以让上层通过对此页面进行处理的接口快速识别此页面的一些特征,比如页面是否有空行,页面是否写满,页面是否已经对所有事务全部可见,页面是否被压缩等。

(4) pd_lower 和 pd_upper 是指向页面空闲空间起止的指针,即 pd_lower 指向下一个 line_pointer 的位置,而 pd_upper 指向下一个行记录数据填充的位置,这样既可以快速进行页面的填充修改,也可以方便计算页面的空闲空间。

（5）pd_special 指针用于记录一些特殊的存储管理方式以及接口所需的内存区域。

（6）pd_prune_xid 记录上一次对此页面进行清理的 xid(事务 ID,事务号)。

（7）pd_xid_base 以及 pd_multi_base 为这个页面上 xid 的 base 基准,即该页面上所有的记录的 xid 都由页面自身记录的 xid(32 位)与 base(64 位)计算得到,是 64 位 xid 的实现方式。

每个记录(上文元组的数据部分)是数据库中最基本的数据存储单位,其自身的结构以及记录的信息也是系统中数据存储方式、DML、事务 ACID 特性的关键。数据部分结构如图 9-4 所示。

图 9-4 数据部分结构

（1）xmin 是最初始的事务 ID(Transaction ID,简称 xid),即插入此条记录的事务 ID。

（2）xmax 是删除或更新此条记录的 xid。如果此记录未被更改或删除,那么 xmax 为 0。

（3）t_cid 记录的是命令 ID(Command ID),命令 ID 用于一个事务内部多步操作的一种记录与跟踪。

（4）t_ctid 记录了此条记录的 ctid 值,或者是更新版本的 ctid 值。这个会在后面展开 DML 时讲到。

（5）两个 t-infomask 是事务以及存储数据状态的标识位,用于快速判断。

xmin、xmax 两个事务 ID,结合其映射的 Clog(提交日志)和 CSN Log,一同构成了可见性判断的核心关键要素。

9.2.3 行存储的多版本管理以及 DML 操作

openGauss 行存储的多版本机制与业界比较常见的关系数据库有较大的不同,核心区别为行存储的多版本在更新的时候并不是就地更新,而是在原有页面中保留上一个版本,转而在这个页面(如果空间不够会在新页面中)中创建一个新的版本进行历史版本的累积与更新。

相应的页面中会同时存有不同版本的同一行数据,拿到不同快照的事务,在读写这些不同版本时互不冲突,有着很好的并发性能。对历史版本的检索可以在页面本身或邻近页面进行,也不需要额外的 CPU 开销以及 IO 开销,有着非常高的效率。同时,事务管理以及持久化角度也变得非常清晰简洁,省去了类似于就地更新所需要的记录、执行以及持久化的 Undo(回退)等相关操作。

以下就以一个 DML 的例子简单介绍行存储结构以及 MVCC 的实现。

假设我们在一个 xid 为 10 的事务中,在一个只有一列 varchar(变长字符串类型)数据的表中插入一条数据'A',该行数据存入编号为 0 的数据页面上,则该行存储结构如图 9-5 所示。

xmin	xmax	t_cid	t_ctid	data
10	0	0	(0, 1)	'insert'

图 9-5　行存储结构示意图 1

可以看到 xmax 为 0,此时该记录为有效记录。

假设在此基础上,在事务 xid＝20 中做了删除此行的操作,则此记录的行存储结构如图 9-6 所示。

xmin	xmax	t_cid	t_ctid	data
10	**20**	0	(0, 1)	'insert'

图 9-6　行存储结构示意图 2

此时 xmax 被标记为 20,如果此事务提交,那么此行最终会被回收。

如果在之前插入(insert)操作的基础上,在事务 xid＝30 中连续对该行做两次更新。

第一次更新的行存储结构如图 9-7 所示。

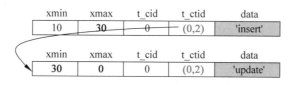

图 9-7　行存储结构示意图 3

原有行失效,通过 t-ctid 记录新版本的 ctid 值,进而指向下一行。

第二次更新的行存储结构如图 9-8 所示。

第二个版本也变为历史版本,通过 ctid 指向最新版本,不过值得注意的是,第二个版本的 xmin、xmax 都为 30,即此版本在同一事务中被删除,而最新版本 xmin 仍为 30,只是 t-cid 从 0 增加为 1[假设此事务连续执行了两次更新(update)操作]。

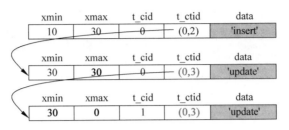

图 9-8　行存储结构示意图 4

更新后的页面如图 9-9 所示。

以上几个简单的例子比较直观地展示了行存储的基本存储结构、行存储的 DML 以及行存储的 MVCC 是如何结合在一起共同作用的。

存储引擎内部，索引也是重要的组成部分，索引本身指向存储的是 key（键）到 ctid（行号）的映射。上面也提到过了，ctid 实际上指向的是 line_pointer 的检索信息，因此索引的页面上存储的信息及其与数据页面的关系如图 9-10 所示。

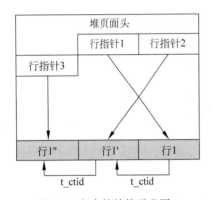

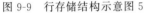

图 9-9　行存储结构示意图 5

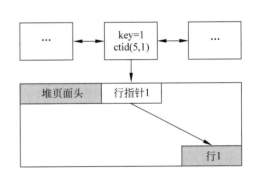

图 9-10　索引的页面上存储的信息及其与数据页面的关系

当然，可能会出现更新操作的新版本无法放入旧版本所在页面的情况，这种情况下页面和索引情况的对比如图 9-11 所示。

此种情况下，索引会有两条记录（entry），两条记录代表了 key 对应新旧版本的 ctid，这样方便从索引直接跨页面进行搜索。

9.2.4　基于 CSN 的 MVCC 机制

openGauss 采用行级 MVCC 机制，历史版本集中存储，垃圾清理代价低。每个事务有一个单独的事务状态存储区域，记录了该事务的状态信息和 CSN。CSN 在 openGauss

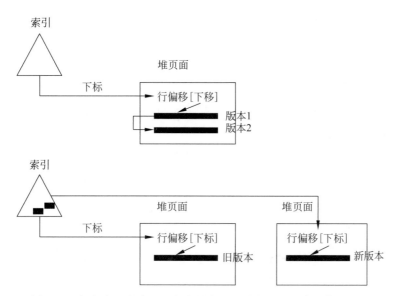

图 9-11　新版本无法放入旧版本所在页面时的页面和索引情况对比

内部使用一个全局自增的长整数作为逻辑的时间戳,模拟数据库内部的时序。

例如如图 9-12 所示,图中每个非只读事务在运行过程中会取得一个 xid(事务号),在事务提交时会推进 CSN,同时会将当前 CSN 与事务的 xid 映射关系保存起来。

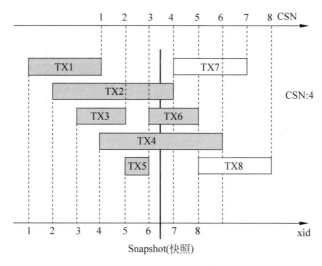

图 9-12　CSN-xid 映射

因此当一个事务拿到的快照为 CSN＝3 时,事务 TX2、TX4、TX6、TX7、TX8 的 CSN 分别为 4、6、5、7、8,对于该事务的快照而言,这几个事务的修改都不可见。

MVCC 解决的是读写并发冲突问题。更新数据的时候，原地更新，把老版本放到历史版本区页面里，同时维护新版本元组到老元组的指针。读元组的时候，根据快照Snapshot.CSN 来判断应该读到哪个版本。

数据库在执行 SQL 的时候，首先会获取一个快照时间戳 Snapshot，当扫描数据页面的时候，根据 Snapshot.CSN 和事务状态来判断哪个元组版本可见或者都不可见。主要分以下 3 种场景：

（1）元组的事务状态区中是回滚状态或者运行中状态，不可见。

（2）元组的事务状态区中是提交状态，如果 Snapshot.CSN 比事务区里的 CSN小，当前元组不可见，读取前一个版本继续比较 CSN。反之可见。

（3）元组的事务状态区中是待提交状态，需要等待提交。

CSN 本身与 xid 也会留存一个映射关系，以便将事务本身及其对应的可见性进行关联，这个映射关系会留存在 CSN Log 中，如图 9-13 所示。

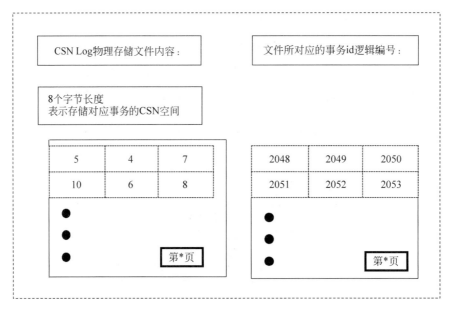

图 9-13　CSN Log 中映射关系

此映射机制类似于 Clog 本身，只不过不同的是，Clog 记录的是事务 ID 的相关运行状态（运行中/提交/回滚），如图 9-14 所示。

进一步结合前面讲过的行头的结构（其中的 xmin、xmax）、Clog 以及上述 CSN Log 的映射机制，MVCC 的大致判断流程如图 9-15 所示。

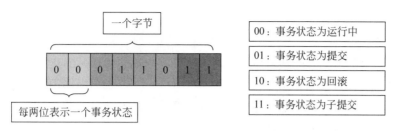

图 9-14　Clog 记录的事务 ID 的相关运行状态

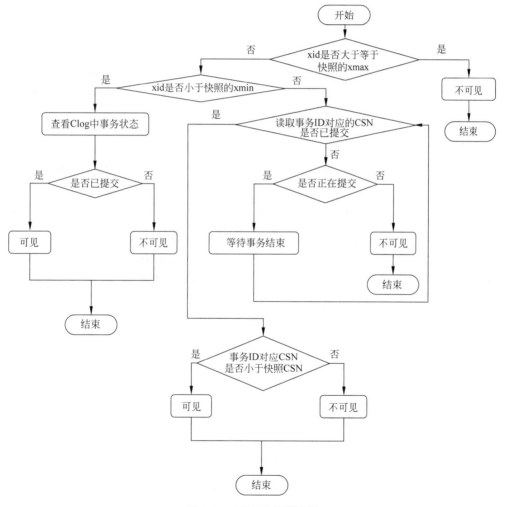

图 9-15　MVCC 判断流程

简单地总结如下：

（1）如果当前事务 ID 小于一行的 xmin,那么就需要检索 xmin 对应的 Clog,读取此事务状态,以此来判断此行数据是否对当前事务可见。

（2）如果当前事务 ID 大于一行中的 xmax,那么说明此行数据的更新/删除发生于本事务开始之前,此行数据对本事务一定不可见(但不排除此行数据的新版本对本事务可见,因为新旧版本是单独进行判断的)。

（3）如果 xid 落在了 xmin、xmax 中间,就需要依据 CSN 来判断本事务的快照下对应数据是否应该被看到,需要检索 CSN Log 来进行对比判断。

9.2.5 行存储的空间回收

通过上面所介绍的行存储的多版本并发控制机制,可以发现由于更新和删除并不实际在页面中删除页面本身,数据库长时间运行后,会有大量的历史版本残存在存储空间中,造成了空间的膨胀。为了解决这一问题,存储引擎内部需要定期对历史数据进行清理,以保证数据库的健康运行。

行存储对于存储空间的清理存在于多个层面,有多种方式。其中在页面一级的机制,称为 heap_page_prune。顾名思义,就是在页面内部进行空间的清理。这种清理模式能够比较好地解决更新多版本带来的同一个数据记录关联的长长的历史版本堆叠、标记删除的记录以及无效的记录。这种 pruning(空间回收)的手段在对页面进行读取的过程中由页面的空闲空间阈值触发,仅改动 heap 页面本身,不对索引页面进行改动。因此 heap_page_prune 是一种较为轻量化的清理方式。举例如下：

如有一个记录 a,被前后更新,导致同时有 6 个历史版本保存于两个不同的页面中,如图 9-16 所示。

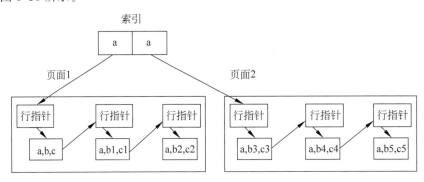

图 9-16　记录 a 的 6 个历史版本

页面级别的自我清理效果为图 9-17 所示。

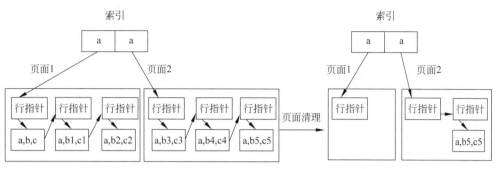

图 9-17　页面级别的自我清理

可以看到,清理过程中分别对页面 1 和页面 2 中的内容进行了回收,但是由于之前的跨页面导致的两个索引记录指向不同页面,却被保留了下来。

在页面级别的清理之外,还有表级别、数据库级别的整体清理,这个机制称之为 Vacuum 操作。Vacuum 操作在整个数据库级别进行废旧元组的清理,同时也会清理索引。Vacuum 操作可以由数据库用户对数据库或数据库内对象主动调起,同时数据库后台也会有工作线程在满足阈值时或者定期进行数据库自动的 Vacuum 操作,如图 9-18 所示。

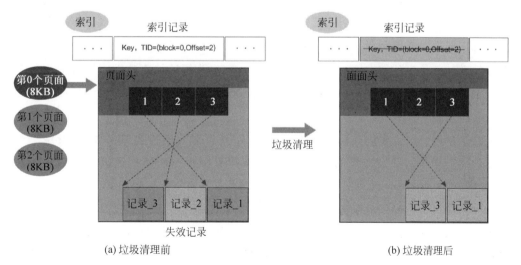

图 9-18　Vacuum 操作

Vacuum 自身除了清理空间外,也顺带承担了更新统计信息的功能,以便优化器能更准确地进行代价估算。

在 Vacuum 操作过程中,还会对整个数据库级别都可见的元组进行 freeze 操作。举例来说,当一个元组被插入并提交,而后续没有更新操作,数据库系统上也不再有早于这个提交的事务时间点,需要对这条元组做可见性判断的事务,此时认为此元组就可以被任何人看见了,那么其相关的事务 ID 就可以被转化为一个特殊的事务 ID——Freeze xid,以表示这种状态。当 Vacuum 操作清理整个系统时,系统中最小活跃事务之前的提交日志(Clog),也同上面说到的,不再被需要,因此 Vacuum 操作也会对这部分提交日志进行清理和回收。

当然,Vacuum 操作本身是一个相对高成本的操作,因此,每个表文件会有一个对应的可见性映射(visibility map),来记录这个表数据文件中对应的页面是否已经处于全部可见状态,这种情况下 Vacuum 操作在执行过程中就可以跳过这部分页面,节省开销。由于一般系统中存储的绝大部分数据都不与当前活跃事务相关,因此此优化可以大大提升 Vacuum 操作的效率。

9.2.6 行存储的共享缓存管理

前面提到,行存储是一个基于磁盘的存储引擎。为了避免磁盘的 IO 的高昂开销,存储引擎会缓存一部分页面在内存中,便于随时对其进行检索和更改。存储引擎会对缓存的页面进行筛选、替换和淘汰,保证留存在缓存的页面能够提高整个引擎的执行效率。

行存储中也有着种类较多的缓存,除去正常数据页面的缓存之外,还存在用于缓存各类表的元信息的数据表缓存(relation cache),以及用于加速数据库系统信息以及系统表操作的系统表缓存(catalog cache)。这些种类的缓存都以页面的形式归共享缓冲区结构管理。

共享缓冲区由大量的页面槽位构成,槽位本身有对应的描述结构体,以及用于管理处于这个操作的并发操作的页面级别锁,并配有一个空闲链表来进行空闲空间管理,如图 9-19 所示。

行存储引擎中操作对事务的读写请求,都会先传递至共享缓冲区。对一个页面的请求会先在缓冲区内进行搜索,如果未命中,则获取一个空的槽位(可能需要淘汰掉已经在缓冲区中不常用的页面),再与文件系统进行交互将所需页面读到槽位中,加锁并使用。根据业务的特征和负载及共享缓冲区的大小,已经在缓冲区内的数据页面会被反复命中,避免了与磁盘的 IO 开销,从而加速整个事务处理流程。

对页面的更改也会放在缓存中并被标为脏页面。此时后台写线程(background

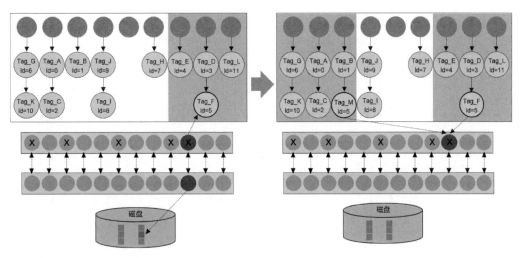

图 9-19　共享缓冲区

writer)会定期对脏页面进行清理和刷盘操作,把空间返还给缓冲区。另一方面,检查点操作在进行时也会将所有的页面刷盘,确保数据的持久化。这里需要注意的一个概念是,当一个事务提交后,这个事务执行过程中更改的页面并不一定被刷盘至磁盘,事务本身的持久化机制实际上是由事务强制刷盘的 WAL,也就是 xlog 来保证的。在检查点操作后,因为相关页面都已经持久化至磁盘,因此检查点操作时间点之前的 xlog,就可以被回收了。这个机制会在后续的章节继续展开。

共享缓冲区实际上是内存与持久化存储中协调管理调度的核心机制,对数据库管理系统的效率有着很大的影响。为了进一步提升缓冲区中页面的命中率,一些可能会影响缓冲区内页面与业务关联性的操作,都会使用一个专门单独开辟的缓冲区,即环状缓冲区(ring buffer)。批量的读/写及 Vacuum 页面清理,都属于这类操作。

9.2.7　并行日志系统设计

数据库的日志系统非常关键,它是数据持久化的关键保证。传统数据库一般都采用串行刷日志的设计,因为日志有顺序依赖关系。例如:一个由事务产生的 Redo/Undo 日志是有前后依赖关系的。openGauss 的日志系统采用多个 Log Writer(日志写盘)线程并行写的机制,充分发挥 SSD 的多通道 IO 能力,如图 9-20 所示。

关键设计如下:

(1)整个事务的 WAL 日志不能拆分到多个事务日志共享缓冲区,必须写到一个

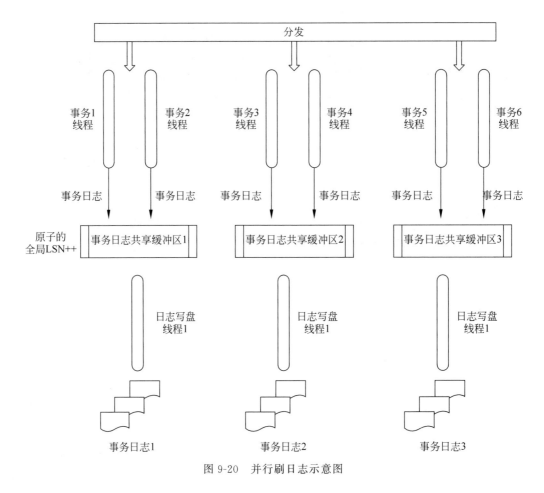

图 9-20　并行刷日志示意图

事务日志共享缓冲区。

（2）故障恢复 WAL，并行恢复，必须按照 LSN（日志序列号）大小顺序恢复。

（3）每个事务结束前需要保证对应的事务日志 LSN 已经刷盘完成。

（4）事务分配事务日志共享缓冲区考虑 NUMA 架构适配。

9.2.8　持久化及故障恢复系统设计

数据库的日志系统非常关键，它是数据持久化的关键保证。基于事务 ID 的多版本管理及历史版本的累积及清理方式，行存储引擎主要以 Redo 日志（也就是上文提到的 XLog）作为主要的持久化手段，配以增量的检查点及日志的并行回放，支持数据库实例的快速故障恢复。

1. 事务的 Redo 日志机制

Redo 日志在事务对数据进行修改时产生,用来记录事务修改后的数据或是事务对数据做的具体操作。比如,简单的 INSERT/UPDATE/DELETE 操作会产生如图 9-21 所示的 Redo 日志。

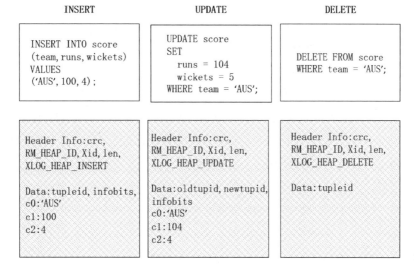

图 9-21　Redo 日志

一些非事务直接修改的关键操作也会记录到 Redo 日志,比如新页面的申请、显式的事务提交、检查点等。记录 Redo 日志的原则,就是在数据库发生故障后,可以从最后一个检查点开始,通过 Redo 日志的回放,恢复到与数据库实例发生故障前的状态一致。

Redo 日志除了应用于数据恢复、数据备份与还原以及数据库主备实例之间的主备同步、不同数据库实例/集群间的同步都需要依赖 Redo 日志的机制。为了保障数据的一致性,在事务修改的相关页面刷盘之前,需要先把对应的 Redo 日志刷盘,也就是遵循 WAL 的原则。

因为事务的提交以及操作之间的顺序对于数据一致性是至关重要的,因此 Redo 日志也必须将此顺序记录下来。每条 Redo 日志都配有一个日志序列号,即 Log Sequence Number (LSN)。在行存储的系统中,LSN 为一个递增的 64 位无符号整数。系统中各类机制,如检查点及主备实例之间的同步机制、仲裁机制,都需要依靠系统中推进的 LSN 或是恢复出来的 LSN 作为重要的标记或判断依据。

2．全量与增量检查点

在上述对事务日志以及共享缓冲区的描述中，有一个关键的信息，那就是事务日志的持久化与事务提交是同步的，但事务内对页面相关修改的持久化与事务提交不是同步的；也就是说，事务提交需要与这个事务相关的 Redo 日志被强制刷盘，但是并不强制要求相关的页面也被强制刷盘。当一个数据库实例故障重启后，实例在启动过程中，之前没有能够及时刷盘的改动需要使用事务日志进行恢复。但是日志回放的代价是很高的，性能也相对比较慢。为了避免每次数据库都需要从头恢复事务日志，数据库自身会定期创建检查点，用户也可以通过命令手动创建检查点。

创建检查点的过程中，存储引擎会将数据缓冲区中脏页写到磁盘中，并记录日志文件和控制文件。记录信息中的 recLSN 代表着此次检查点中，在此 LSN 之前的日志对应的所有改动均已被持久化，下次的数据恢复可以直接从此 LSN 开始；同时在此 LSN 之前的事务日志，在其他用途（主备实例同步、数据备份等）时，也可以被回收重新使用。

由于检查点本身需要将缓冲区内所有的脏页面刷盘（全量检查点），因此每次检查点从性能角度会对数据库实例所在物理环境引入大量的 IO，磁盘的峰值往往意味着性能的波动。同时因为存在大量的 IO 开销，因此检查点的打点不能过于频繁，recLSN 推进较慢，那么重启数据库时也就会存在较多的 Redo 日志需要回放，存在重启恢复时间过长的问题。为了解决这一问题，行存储引擎引入了增量检查点的概念。

在增量检查点机制下，会维护一个脏页面队列（dirty page queue）。脏页是按照 LSN 递增的顺序放到队列中的，定期由一个专门刷脏页面的后台线程页面刷盘线程（pagewriter）进行定期定量的刷脏页下盘操作，脏页面队列如图 9-22 所示。

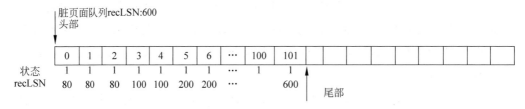

图 9-22　脏页面队列

队列中维护一个 recLSN，记录目前已经被刷盘的脏页对应的 LSN 大小，即在队列中脏页对应的事务提交、其相对的事务日志下盘后，此 recLSN 标记会被更新。在触发增量检查点时,并不需要等待脏页刷盘,而是可以使用当前脏页队列的 recLSN 作为检查点的 recLSN 记录。增量检查点的存在使得整个系统中的 IO 更加平滑,并且系统的故障恢复时间更短,可用性更高。

3. 并行回放

Redo 日志的回放指的是将 Redo 日志中记录的改动重新应用到系统/页面中的过程,这个过程通常发生在实例故障恢复抑或是主备实例之间的数据同步过程中的备机实例上(即主实例的改动,备机实例也需要回放完成,以达到与主实例状态一致的效果)。当前数据库所在物理实例往往有较多的 CPU 核,而日志回放却往往还是单线程进行运作,在日志回放的过程中数据库实例无法充分利用物理环境资源。

为了能够充分利用 CPU 多核的特点,显著加快数据库异常后恢复及备机实例日志回放的速度,行存储引擎采用了多线程并行方式回放日志,如图 9-23 所示。

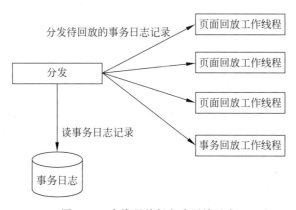

图 9-23　多线程并行方式回放日志

整个并行回放系统的设计采用生产者-消费者模型,分配模块负责解析、分配日志到回放模块,回放模块负责消费、回放日志。

为了达成这一设计,实现中采用了带阻塞功能的无锁 SPSC(Single Producer Single Consumer)队列。分配线程作为生产者将解析后的日志放入回放线程的列队中,回放线程从队列中消费日志进行回放。无锁 SPSC 队列如图 9-24 所示。

为了提升整体并行回放机制的可靠性,会在对一个页面的回放动作中,对事务日志中的 LSN 和页面结构中的 last_LSN[详见前面章节中描述的 HeapPageHeader(堆页面头)结构体]进行校验,以保证回放过程中数据库系统的一致性。

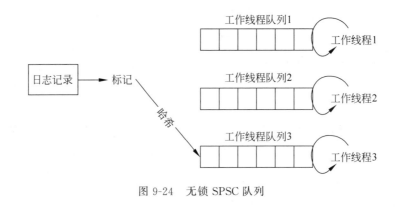

图 9-24　无锁 SPSC 队列

9.3　openGauss 列存储引擎

　　传统行存储数据压缩率低,必须按行读取,即使读取一列也必须读取整行。在分析性的作业以及业务负载的情况下,数据库往往会遇到针对大量表的复杂查询,而这种复杂查询中往往仅涉及一个较宽(表列数较多)的表中个别列。此类场景下,行存储以行作为操作单位,会引入与业务目标数据无关的数据列的读取与缓存,造成了大量IO 的浪费,性能较差。因此 openGauss 提供了列存储引擎的相关功能。创建表的时候,可以指定行存储还是列存储。

　　总体来说,列存储有以下优势:

　　(1) 列的数据特征比较相似,适合压缩,压缩比很高,在数据量较大(如数据仓库)场景下会节省大量磁盘空间,同时也会提高单位作业下的 IO 效率。

　　(2) 当表中列数比较多,但是访问的列数比较少时,列存储可以按需读取列数据,大大减少不必要的读 IO,提高查询性能。

　　(3) 基于列批量数据向量运算,结合向量化执行引擎,CPU 的缓存命中率比较高,性能比较好,更适合 OLAP 大数据统计分析的场景。

　　(4) 列存储表同样支持 DML 操作和 MVCC,功能完备,且在使用角度上做了良好的兼容,基本是对用户透明的,方便使用。

9.3.1　列存储引擎的总体架构

列存储引擎的存储基本单位是 CU(Compression Unit,压缩单元),即表中一列的一部分数据组成的压缩数据块。行存储引擎中是以行作为单位来管理,而当使用列存储时,整个表整体按照不同列划分为若干个 CU,划分方式如图 9-25 所示。

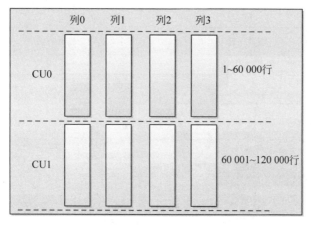

图 9-25　CU 划分方式

如图 9-25 所示,假设以 6 万行作为一个单位,则一个 12 万行、4 列宽的表被划分为 8 个 CU,每个 CU 对应一个列上的 6 万个列数据。图中有列 0、列 1、列 2、列 3 四列,数据按照行切分了两个行组(Row Group),每个行组有固定的行数。针对每个行组按照列做数据压缩,形成 CU。每个行组内部各个列的 CU 的行边界是完全对齐的。当然,大部分时候,CU 在经过压缩后,因为数据特征与压缩率的不同,文件大小会完全不同,如图 9-26 所示。

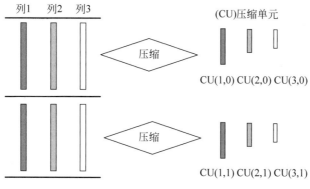

图 9-26　CU 示意图

为了管理表对应的 CU,与执行器层进行对接来提供各种功能,列存储引擎使用了 CUDesc(压缩单元描述符)表来记录一个列存储表中 CU 对应的元信息,如图 9-27 所示。

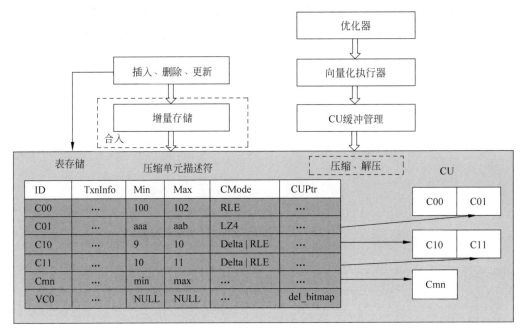

图 9-27　列存储引擎整体架构图

注:Cmn 表示第 m 列的、CUid 是 n(第 n 个)的压缩单元。

每个 CU 对应一个 CUDesc 的记录,在 CUDesc 里记录了整个 CU 的事务时间戳信息、CU 的大小、存储位置、magic 校验码、min/max 等信息。

与此同时,每张列存储表还配有一张 Delta 表,Delta 表自身为行存储表。当有少量的数据插入到一张列存储表时,数据会被暂时放入 Delta 表,等到到达阈值或满足一定条件或操作时再行整合为 CU 文件。Delta 表可以帮助避免单点数据操作带来的加重的 CU 操作与开销。

设计采用级别的多版本并发控制,删除通过引入虚拟列映射(Virtual Column Bitmap)来标记删除。映射(Bitmap)是多版本的。

9.3.2　列存储的页面组织结构

9.3.1 节讲到了 CUDesc 表及其用来记录元信息的目的。CUDesc 的典型结构如图 9-28 所示。

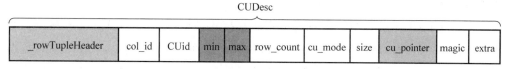

图 9-28　CUDesc 的典型结构

其中：

（1）_rowTupleHeader 为传统行存储记录的行头，其中包含了前面提到过的事务及位置信息等，用来进行可见性判断等。

（2）cu_mode 实际为此 CUDesc 对应 CU 的 infomask，记录了一些 CU 的特征信息（比如是否为 Full，是否有 NULL 等）。

（3）magic 是 CUDesc 与 CU 文件之间校验的关键信息。

（4）min/max（最小值/最大值）为稀疏索引，后续会进一步展开介绍。

而 CU 文件结构如图 9-29 所示。

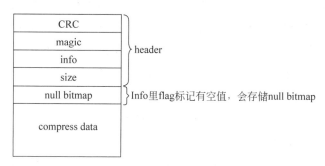

图 9-29　CU 文件结构

列存储在 CUDesc 表的存储信息基础上设计了一套与上层交互的操作 API。除了上面列存储的页面组织结构以及文件管理中天然可以展示出的结构机制之外，列存储还有如下一些关键的技术特征：

（1）列存储的 CU 中数据的删除，实际上是标记的删除。删除操作，相当于更新了 CUDesc 表中 CU 对应 CUDesc 记录的删除位图（delete bitmap）结构，标记列中某行对应数据已被删除，而 CU 文件数据不会被更改。这样可以避免删除操作带来大量的 IO 开销及压缩、解压的高额 CPU 开销。这样的设计，也可以使得对于同一个 CU 的查询（select）和删除（delete）互不阻塞，提升并发能力。

（2）列存储 CU 中数据更新，则是遵循仅允许追加（append-only）原则的，即 CU 文件仅会向后进行延展扩充，抑或是启用新的 CU 文件，而不是就对应行在 CU 中的位置就地更新。

（3）由于 CU 以及 CUDesc 的元数据管理模式，原有系统中的 Vacuum 机制实际上并不会非常有效地清除 CU 中已经失效的存储空间，因为 Lazy Vacuum（清理数据时，只是标识无用行的状态，使得空间可以复用，不会影响对表数据的操作）仅能在 CUDesc 级别进行操作，在多数场景下无法对 CU 文件本身进行清理。列存储内部如果要对列存储数据表进行清理，需要执行 Vacuum Full（除了清理无用行，还会合并数据块，整个过程会锁定表）操作。

9.3.3 列存储的 MVCC 设计

理解了 CU、CUDesc 的基本结构，以及 CUDesc 的管理，或者说是其"代理"角色，列存储的 MVCC 设计以及管理，实际上就非常好理解了。

由于列存储的操作基本单位 CU 是由 CUDesc 表中的行进行管理的，因此列存储表的 CU 可见性判断也是由 CUDesc 的行头信息，按照传统的行存储可见性进行判断的。

同样的，列存储可见性的单位也是 CU 级别（CUDesc），不同于行存储的 Tuple 级别。

列存储表的并发控制是 CU 文件级别的，实际上也等同于其 CUDesc 代理表的 CUDesc 行之间的并发控制。多个事务之间在一个 CU 上的并发管控，实际上取决于其在对应的 CUDesc 记录上是否冲突。例如：

（1）两个事务并发去读一个 CU 是可行的，两个事务都可以拿到此 CU 对应 CUDesc 行级别的共享锁（share lock）。

（2）两个事务并发去更新一个 CU，会因为在 CUDesc 上的锁冲突而触发一个事务回滚［当然，如果是读已提交（read committed）隔离级别并打开允许并发更新的开关，这里会做的事情是拿到此 CUDesc 最新版本的 ctid，然后重运行一部分查询树（queryTree）来进行更新操作。此部分内容，详见第 10 章相关章节］。

（3）两个事务并行执行，一个事务对一个 CU 执行了删除操作并先行提交，则另一个事务在可重读（repeatable read）的隔离级别下，其获取的快照只能看到这个 CUDesc 在操作发生前的版本，这个版本的 CUDesc 中的删除位图（delete_bitmap）对应数据没有被标记删除，也由于 CU 的行删除是标记删除的机制，因此数据在原有 CU 的数据文件中依旧可用，此事务依旧可以在其对应的快照下读到对应行。

删除 CU 中部分数据所进行的实际操作如图 9-30 所示。

从上面的几个例子可以看出，列存储对于更新的仅允许追加策略以及对于删除操作的标记删除方式，对于列存储事务 ACID 的支持，是至关重要的。

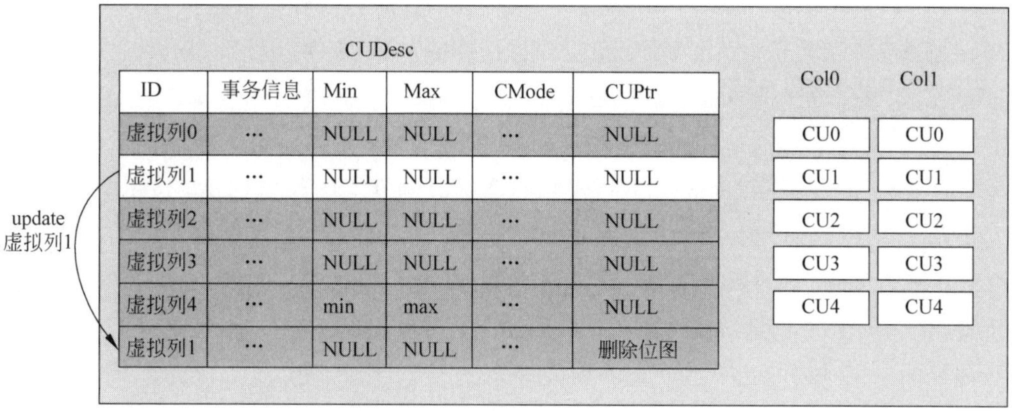

图 9-30　删除 CU 中部分数据所进行的实际操作

9.3.4　列存储的索引设计

列存储支持的索引设计有：

- B 树索引；
- 稀疏索引；
- 聚簇索引。

1. 列存储的 B 树索引

列存储引擎在 B 树索引的支持角度，与传统的行存储引擎无本质差别。对于一般用于应对大数据批量分析性负载的列存储引擎来说，B 树索引有助于帮助列存储大大提升自身的点查效率，更好地适应混合负载。

行存储相关 B 树索引的索引页面上，存储的是 key→ctid（键→行号）的映射，在列存储的场景下，这个映射依旧为 key→ctid，但列存储的结构并不能像行存储一样，通过 ctid 中的块号（block number）和偏移量（offset）直接找到此行数据在数据文件页面中的位置。列存储 ctid 中记录的是（cu_id, offset），要通过 CUDesc 结构来进行查找。

在基于 B 树索引的扫描中，从索引中拿到 ctid 后，需要在对应的 CUDesc 表中，根据 CUDesc 在 cu_id 列的索引找到对应的 CUDesc 记录，并由此打开对应的 CU 文件，根据偏移量找到数据。

如果此操作设计大量的存储层性能开销，因此列存储的 B 树索引，与列存储的其他操作一样，统一都为批量操作，会根据 B 树索引找到 ctid 的集合，然后对此集合进行排序,再批量地对排序后的 ctid 进行 CU 文件级别的查找与操作。这样可以做到顺序单调地进行索引遍历,大大减少了反复操作文件带来的 CPU 以及 IO 开销。

2. 列存储的稀疏索引

列存储引擎每个列自带 min/max 稀疏索引,每个 CUDesc 存储该 CU 的最小值和最大值。

那么在查询的时候,可以根据查询条件做简单的 min/max 判断,如果查询条件不在(min,max)范围内,肯定不需要读取这个 CU,可以大大地减少 IO 读取的开销,稀疏索引如图 9-31 所示。

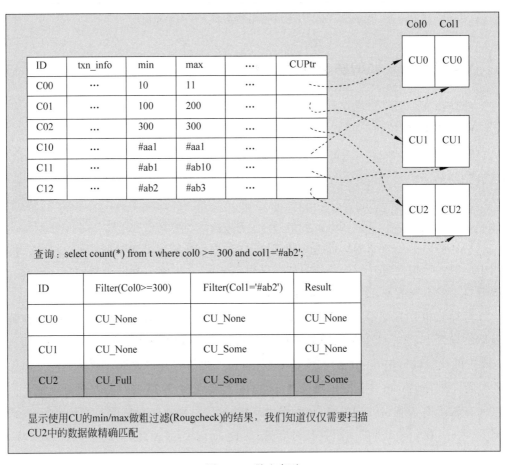

图 9-31　稀疏索引

注:txn_info 表示事务信息;CUPtr 表示压缩单元的指针;CU-None 表示肯定不命中;CU-Some 表示可能有数据匹配;CU_Full 表示压缩单元数据全命中。

3. 列存储的聚簇索引

列存储表在建立时可以选择在列上建立聚簇索引(partial sort index)。

如果业务的初始数据模型较为离散,那么稀疏索引在不同 CU 之间的 min、max 会有大量交集,这种情况下在给定谓词对列存储表进行检索的过程中,会出现大量的 CU 误读取,甚至可能导致其查询效率与全表扫描近似。如图 9-32 所示,查询 2 基本命中了所有 CU,min/max 索引没有能够有效筛选。

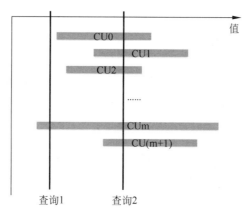

图 9-32 数据模型较为离散时的查询效果图

聚簇索引可以对部分区间内的数据做相应的排序(一般区间会包含多个 CU 所覆盖的行数),可以保证 CU 之前交集尽量少,可以极大地提升在数据离散场景下稀疏索引的效率。

其示意图如图 9-33 和图 9-34 所示。

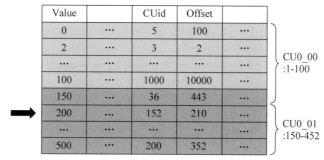

图 9-33 聚簇索引生效前

同时,聚簇索引会使得 CU 内部的数据临近有序,提升 CU 文件本身的压缩比以及压缩效率。

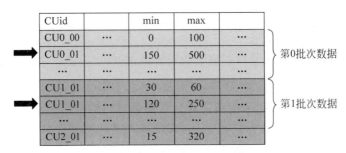

图 9-34　聚簇索引生效后

9.3.5　列存储自适应压缩

每个列自适应选择压缩，支持差分编码（delta value encoding）、游程编码（Run length encoding）、字典编码（dictionary encoding）、LZ4、zlib 等混合压缩。根据数据特性的不同，压缩比一般可以有 3X～20X。

列存储引擎支持低、中、高三种压缩级别，用户在创建表的时候可以指定压缩级别。

导入 1TB 原始数据量，分别测试低、中、高三种压缩级别，入库后数据大小分别是 100GB、73GB、61GB，如图 9-35 所示。

```
postgres=# \dt+ t_compression_low;
                                     List of relations
 Schema |       Name        | Type  |  Owner   | Size  |              Storage                 | Description
--------+-------------------+-------+----------+-------+--------------------------------------+-------------
 public | t_compression_low | table | zhangsan | 100GB | {orientation=column,compression=low} |
(1 row)


postgres=# \dt+ t_compression_middle;
                                        List of relations
 Schema |         Name         | Type  |  Owner   | Size |                Storage                  | Description
--------+----------------------+-------+----------+------+-----------------------------------------+-------------
 public | t_compression_middle | table | zhangsan | 73GB | {orientation=column,compression=middle} |
(1 row)


postgres=# \dt+ t_compression_high;
                                      List of relations
 Schema |        Name        | Type  |  Owner   | Size |               Storage                 | Description
--------+--------------------+-------+----------+------+---------------------------------------+-------------
 public | t_compression_high | table | zhangsan | 61GB | {orientation=column,compression=high} |
(1 row)
```

图 9-35　压缩比示意图

每次数据导入,首先对每列的数据按照向量组装,对前几批数据做采样压缩,根据数值类型和字符串类型,选择尝试不同的压缩算法。一旦采样压缩完成后,接下来的数据就选择优选的压缩算法了。如图 9-36 所示,面向列的自适应压缩主要分为数值压缩和字符压缩。其中对 Numeric 小数类型,会转换为整数后,再进行数值压缩。对数值型字符串,也会尝试转换为整数再进行数值压缩。

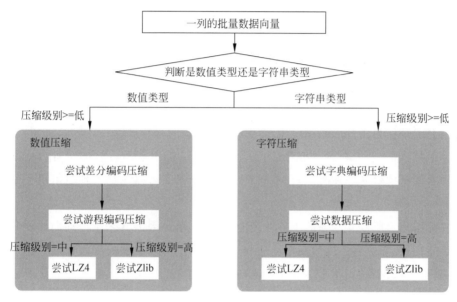

图 9-36　面向列的自适应压缩

9.3.6　列存储的持久化设计

在列存储的组织结构与 MVCC 机制的介绍中提到,列存储的存储单位由 CUDesc 和 CU 文件共同组成,其中 CUDesc 记录了 CU 相关的元信息,控制其可见性,实际上充当了一个"代理"的角色。但是 CUDesc 和 CU,实质上还是分离的文件状态。CUDesc 表本质上还是行存储表,其持久化流程遵从行存储的共享缓冲区脏页与 Redo 日志的持久化流程,在事务提交前,CUDesc 的改动会被记录在 Redo 日志中进行持久化。单个 CU 文件本身,由于含有大量的数据,使用正常的事务日志进行持久化需要消耗大量的事务日志,引入非常大的性能开销,并且恢复也十分缓慢。因此根据其应用场景,仅允许追加(append-only)的属性及与 CUDesc 的对应关系,列存储的 CU 文件,为了确保 CUDesc 和 CU 持久化状态的一致,在事务提交、CUDesc 对应事务日志持久化前,会先行强制刷盘(Fsync),来确保事务改动的持久化。

由于数据库主备实例的同步也依赖事务日志,而 CU 文件并不包含在事务日志内,因此在与列存储同步时,主备实例之间除去正常的日志通道外,还有连接的数据通道,用于传输列存储文件。CUDesc 的改动会通过日志进行同步,而 CU 文件则会被直接通过数据通道传输到备机实例,并通过 BCM(bit change map)文件来记录主备实例之间文件的同步状态。

9.4　openGauss 内存引擎

内存引擎作为在 openGauss 中与传统基于磁盘的行存储、列存储并存的一种高性能存储引擎,基于全内存态数据存储,为 openGauss 提供了高吞吐的实时数据处理分析能力及极低的事务处理时延,在不同业务负载场景下可以达到其他引擎事务处理能力的 3～10 倍。

内存引擎之所以有较强的事务处理能力,并不单是因为其基于内存而非磁盘所带来的性能提升,而更多是因为其全面地利用了内存中可以实现的无锁化的数据及索引结构、高效的数据管控、基于 NUMA 架构的内存管控、优化的数据处理算法及事务管理机制。

值得一提的是,虽然是全内存态存储,但是并不代表着内存引擎中的处理数据会因为系统故障而丢失。相反,内存引擎有着与 openGauss 的原有机制相兼容的并行持久化、检查点能力,使得内存引擎有着与其他存储引擎相同的容灾能力以及主备副本带来的高可靠能力。

内存引擎总体架构如图 9-37 所示。

可以看到,内存引擎通过原有的 FDW(Foreign Data Wrapper,外部数据封装器)扩展能力与 openGauss 的优化执行流程相交互,通过事务机制的回调以及与 openGauss 相兼容的 WAL 机制,保证了与其他存储引擎在这一体系架构内的共存,保证了整体对外的一致表现;同时通过维护内部的内存管理结构、无锁化索引、乐观事务机制来为系统提供极致的事务吞吐能力。

以下将逐步展开讲解相关关键技术点与设计。

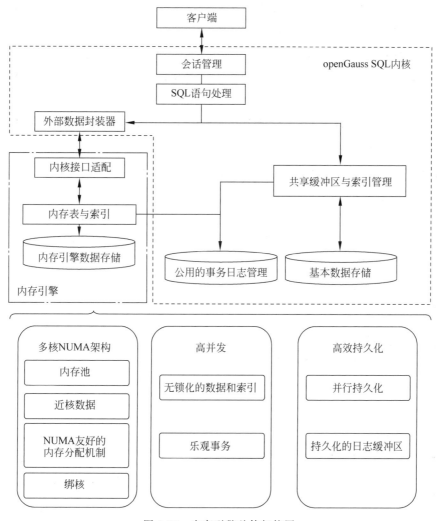

图 9-37　内存引擎总体架构图

9.4.1　内存引擎的兼容性设计

由于数据形态的不同以及底层事务机制的差别,此处如何与一个以段页式为基础的系统对接是内存引擎存在于 openGauss 中的重点问题之一。

此处 openGauss 原有的 FDW 机制为内存引擎提供了一个很好的对接接口,优化器可以通过 FDW 来获取内存引擎内部的元信息,内存引擎的内存计算处理机制可以直接通过 FDW 的执行器接口算子实现直接调起,并通过相同的结构将结果以符合执行器预期的方式[比如扫描(Scan)操作的流水线(pipelining)]将结果反馈回执行器进行进一步处理[如排序、分组(Group by)]后返回给客户端应用。

与此同时内存引擎自身的错误处理机制(Error Handling),也可以通过与 FDW 的交互,提交给上次的系统,以此同步触发上层逻辑的相应错误处理(如回滚事务、线程退出等)。

内存引擎借助 FDW 的方式接近无缝地工作在整个系统架构下,与以磁盘为基础的行、列存储引擎实现共存。

在内存引擎中创建表(Create Table)的实际操作流程如图 9-38 所示。

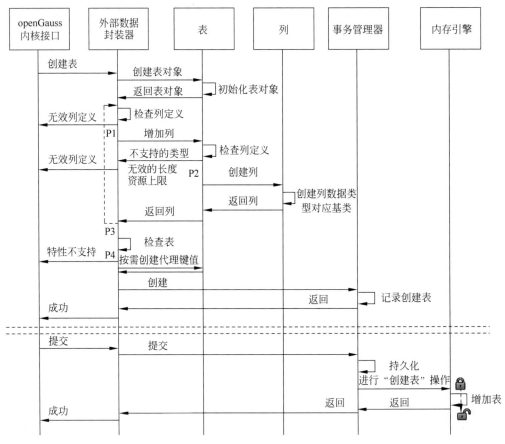

图 9-38 内存引擎创建表的操作流程图

从图中可以看到,FDW 充当了一个整体交互 API 的作用。实现中同时扩展了 FDW 的机制,使其具有更完备的交互功能,具体包括:

（1）支持 DDL 接口；

（2）完整的事务生命周期对接；

（3）支持检查点操作；

（4）支持持久化 WAL；

（5）支持故障恢复（Redo）；

（6）支持 Vacuum 操作。

借由 FDW 机制，内存引擎可以作为一个与原有 openGauss 代码框架异构的存储引擎存在于整个体系中。

9.4.2　内存引擎索引

内存引擎的索引结构以及整体的数据组织都是基于 Masstree 实现的。其主体结构如图 9-39 所示。

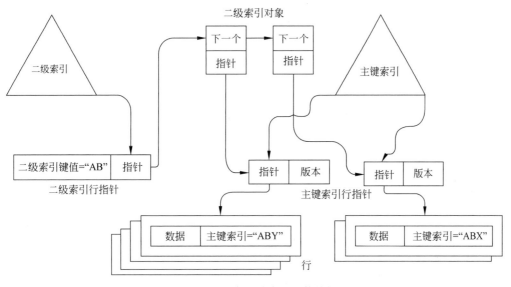

图 9-39　内存引擎索引主体结构

图 9-39 很好地呈现了内存引擎索引的组织架构。主键索引（primary index）在内存引擎的一个表中是必须存在的要素，因此要求表在组织时尽量存在主键索引；如果不存在，内存引擎也会额外生成代理键（surrogate key）用于生成主键索引。主键索引指向各个代表各个行记录的行指针（sentinel），由行指针来对行记录数据进行内存地址的记录以及引用。二级索引（secondary index）索引后指向一对键值，键的值（value）

部分为到对应数据行指针的指针。

Masstree 作为并行 B＋树(Concurrent B＋tree)，集成了大量 B＋树的优化策略，并在此基础上做了进一步的改良和优化，其大致实现方式如图 9-40 所示。

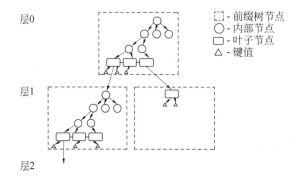

Masstree是多层B+树堆叠的前缀树结构
➤ 每一个前缀树节点对应的键值都有着相同的前缀
　(8×节点所在层高)
➤ 每个内部节点包含至多16个指向叶子节点的连接
➤ 每个叶子节点包含至多15个完整/部分键值，并基于键值匹配指向下一层的指针

图 9-40　Masstree 实现方式

相比于传统的 B 树，Masstree 实际上是一个类似于诸多 B＋树以前缀树(trie)的组织形式堆叠的基数树(radix tree)模式，以键(key)的前缀作为索引，每 k 个字节形成一层 B＋树结构，在每层中处理键中这 k 个字节对应所需的 INSERT/LOOKUP/UPDATE/DELETE 流程。图 9-41 为 $k=8$ 时情况。

Masstree 中的读操作使用了类 OCC(Optimistic Concurrency Control，乐观并发控制)的实现，而所有的更新(update)锁仅为本地锁。在树的结构上，每层的内部节点(interior node)和叶子节点(leaf node)都会带有版本，因此可以借助版本检查(version validation)来避免细粒度锁(fine-grained lock)的使用。

Masstree 除了无锁化(lockless)之外，最大的亮点是缓存块(cache line)的高效利用。无锁化本身在一定程度避免了 LOOKUP/INSERT/UPDATE 操作互相失效共享缓存块(invalidate cache line)的情况。而基于前缀(prefix)的分层，辅以合适的每层中 B＋树扇出(fan out)的设置，可以最大限度地利用 CPU 预取(prefetch)的结果(尤其是在树的深度遍历过程中)，减少了与 DRAM 交互所带来的额外时延。

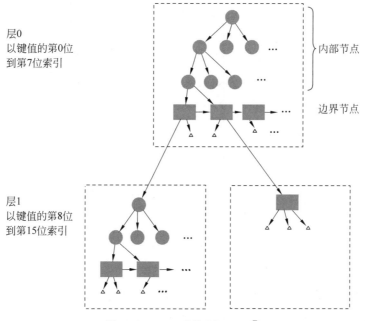

图 9-41　$k=8$ 时的 Masstree[①]

预取在 Masstree 的设计中显得尤为关键,尤其是在 Masstree 从根节点(tree root)向叶子节点遍历,也就是树的下降过程中。此过程中的执行时延大部分由于内存交互的时延组成,因此预取可以有效地提高遍历(masstree traverse)操作的执行效率以及缓存块的使用效率(命中)。

9.4.3　内存引擎的并发控制

内存引擎的并发控制机制采用 OCC,在操作数据冲突少的场景下,并发性能很好。内存引擎的事务周期及并发管控组件结构,如图 9-42 所示。

这里需要解释一下,内存引擎的数据组织为什么整体是一个接近无锁化的设计。

除去以上提到的 Masstree 本身的无锁化机制外,内存引擎的流程机制也进一步最小化了并发冲突的存在。

每个工作线程会将事务处理过程中所有需要读取的记录,复制一份至本地内存,保存在读数据集(read set)中,并在事务的全程基于这些本地数据进行相应计算。相应的运算结果保存在工作线程本地的写数据集(write set)中。直至事务运行完毕,工

---

① 图来自于 Eddie Kohler et al. Cache craftiness for fast multicore key-value storage.

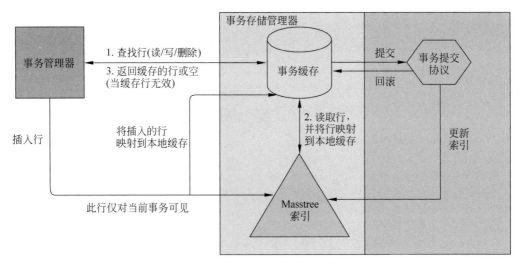

图 9-42　内存引擎的事务周期及并发管控组件结构

作线程会进入尝试提交流程,对读数据集和写数据集进行检查验证(validate)操作并在允许的情况下对写数据集中数据对应的全局版本进行更新。

这样的流程,是把事务流程中对于全局版本的影响缩小到检查验证的过程,而在事务进行其他任何操作的过程中都不会影响到其他的并发事务,并且在仅有的检查验证过程中,所需要的也并不是传统意义上的锁,而仅是记录头部信息中的代表锁的数位(lock bit)。相应的这些考虑,都是为了最小化并发中可能出现的资源争抢以及冲突,并更有效地使用 CPU 缓存。

同时读数据集和写数据集的存在可以良好地支持各个隔离级别,不同隔离级别可以通过在检查验证阶段对读数据集和写数据集进行不同的审查机制来获得。通过检查两个数据集(set)中行记录在全局版本中对应的锁定位(lock bit)以及行头中的 TID 结构,可以判断自己的读、写与其他事务的冲突情况,进而判断自己在不同隔离级别下是否可以提交(commit)或是终止(abort)。同时由于 Masstree 的 Trie 节点(node)中存在版本记录,Masstree 的结构性改动(insert/delete,插入/删除)操作会更改相关 Trie 节点上面的版本号。因此维护一个范围查询(Range query)涉及的节点集(node set),并在检查验证(validation)阶段对其进行对比校验,可以比较容易地在事务提交阶段检查此范围查询所涉及的子集是否有过变化,从而能够检测到幻读(Phantom)的存在,这是一个时间复杂度很低的操作。

9.4.4　内存引擎的内存管控

由于内存引擎的数据是全内存态的,因此可以按照记录来组织数据,不需要遵从页面的数据组织形式,从而从数据操作的冲突粒度这一点上有着很大优势。摆脱了段页式的限制,不再需要共享缓存区进行缓存以及与磁盘间的交互淘汰,设计上不需要考虑 IO 以及磁盘性能的优化[比如索引 B＋树的高度以及 HDD(Hard Disk Drive,磁盘)对应的随机读写问题],数据读取和运算就可以进行大量的优化和并发改良。

由于是全内存的数据形态,内存资源的管控就显得尤为重要,内存分配机制及实现会在很大程度上影响内存引擎的计算吞吐能力。内存引擎的内存管理主要分为 3 层,如图 9-43 所示。

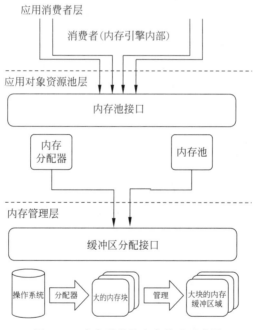

图 9-43　内存引擎的内存管理示意图

下面分别对 3 层设计进行介绍:

(1) 第一层为应用消费者层,为内存引擎自身,包含了临时的内存使用以及长期的内存使用(数据存储)。

(2) 第二层为应用对象资源池层,主要负责为第一层对象,如表、索引、行记录、键值以及行指针提供内存。该层从底层索取大块内存,再进行细粒度的分配。

（3）第三层为内存管理层，主要负责与操作系统之间的交互及实际的内存申请。为降低内存申请的调用开销，交互单位一般在 2MB 左右。此层同时也有内存预取和预占用的功能。

第三层实际上是非常重要的，主要因为：

（1）内存预取可以非常有效地降低内存分配开销，提高吞吐量。

（2）与 NUMA 库进行交互的性能成本非常高，如果直接放在交互层会对性能产生很大影响。

内存引擎对短期与长期的内存使用针对 NUMA 结构适配的角度也是不同的。短期使用，一般为事务或会话（session）本身，那么此时一般需要在处理该会话的 CPU 核对应的 NUMA 节点上获取本地内存，使得交易（transaction）本身的内存使用有着较小的开销；而长期的内存使用，如表、索引、记录的存储，则需要用到 NUMA 概念中类似全局分布（interleaved）内存，并且要尽量将其平均分配在各个 NUMA 节点上，以防止单个 NUMA 节点内存消耗过多所带来的性能下降。

短期的内存使用，也就是 NUMA 角度的本地内存，也有一个很重要的特性，就是这部分内存仅供本事务自身使用（比如复制的读取数据及做出的更新数据），因此也就避免了这部分内存上的并发管控。

9.4.5　内存引擎的持久化

内存引擎基于同步的 WAL 机制以及检查点来保证数据的持久化，并且此处通过兼容 openGauss 的 WAL 机制（即 Transaction log，事务日志），在数据持久化的同时，也可以保证数据能够在主备节点之间进行同步，从而提供 RPO＝0 的高可靠以及较小 RTO 的高可用能力。

内存引擎的持久化机制如图 9-44 所示。

可以看到，openGauss 的 Xlog 模块被内存引擎对应的管理器（manager）所调用，持久化日志通过 WAL 的写线程（刷新磁盘线程）写至磁盘，同时被 wal_sender（事务日志发送线程）调起发往备机，并在备机 wal_receiver（事务日志接收线程）处接收、落盘与恢复。

内存引擎的检查点也是根据 openGauss 自身的检查点机制被调起。openGauss 中的检查点机制是通过在做检查点时进行 shared_buffer（共享缓冲区）中脏页的刷盘，以及一条特殊检查点日志来实现的。内存引擎由于是全内存存储，没有脏页的概念，因此实现了基于 CALC 的检查点机制。

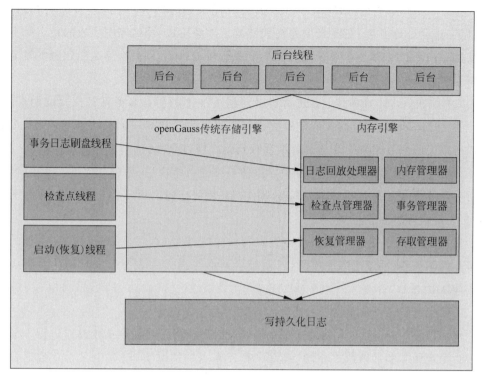

图 9-44　内存引擎的持久化机制

这里主要涉及一个部分多版本（partial multi-versioning）的概念：当一个检查点指令被下发时，使用两个版本来追踪一个记录：活跃（live）版本，也就是该记录的最新版本；稳定（stable）版本，也就是在检查点被下发且形成虚拟一致性点时此记录对应的版本。在一致性点之前提交的事务需要更新活跃和稳定两个版本，而在一致性点之后的事务仅更新活跃版本，保持稳定版本不变。在无检查点状态的时候，实际上稳定版本是空的，代表稳定与活跃版本在此时实际上其值是相同的；仅有在检查点过程中，在一致性点后有事务对记录进行更新时，才需要根据双版本来保证检查点与其他正常事务流程的并行运作。

CALC（Checkpointing Asynchronously using Logical Consistency，逻辑一致性异步检查点）的实现有下面 5 个阶段：

（1）休息（rest）阶段：这个阶段内，没有检查点的流程，每个记录仅存储活跃版本。

（2）准备（prepare）阶段：整个系统触发检查点后，会马上进入这个阶段。在这个阶段中事务对读写的更改，也会更新活跃版本；但是在更新前，如果稳定版本不存在，那么在更新活跃版本前,活跃版本的数据会被存入稳定版本。在此事务的更新结束,在放锁前,会进行检查:如果此时系统仍然处于准备阶段,那么刚刚生成的稳定版本可以被移除;反之,如果整个系统已经脱离准备阶段进入下一阶段,那么稳定版本就会被保留下来。

(3) 解析(resolve)阶段:在进入准备阶段前发生的所有事务都已提交或回滚后,系统就会进入解析阶段,进入这个阶段也就代表着一个虚拟一致性点已经产生,在此阶段前提交的事务相关的改动都会被反映到此次检查点中。

(4) 捕获(capture)阶段:在准备阶段所有事务都结束后,系统就会进入捕获阶段。此时后台线程会开始将检查点对应的版本(如果没有稳定版本的记录即则为活跃版本)写入磁盘,并删除稳定版本。

(5) 完成(complete)阶段:在检查点写入过程结束后,并且捕获阶段中进行的所有事务都结束后,系统进入完成阶段,系统事务的写操作的表现会恢复和休息阶段相同的默认状态。

CALC 有着以下优点:

(1) 低内存消耗:每个记录至多在检查点时形成两份数据。在检查点进行中如果该记录稳定版本和活跃版本相同,或在没有检查点的情况下,内存中只会有数据自身的物理存储。

(2) 较低的实现代价:相对其他内存库检查点机制,对整个系统的影响较小。

(3) 使用虚拟一致性点:不需要阻断整个数据库的业务以及处理流程来达到物理一致性点,而是通过部分多版本来达到一个虚拟一致性点。

9.5　小结

openGauss 的整个系统设计是可插拔、自组装的,openGauss 通过支持多个存储引擎来满足不同场景的业务诉求,目前支持行存储引擎、列存储引擎和内存引擎。其中面向 OLTP 不同的时延要求,需要的存储引擎技术是不同的。例如在银行的风控场景里,对时延的要求是非常苛刻的,传统的行存储引擎的时延很难满足业务要求。openGauss 除了支持传统行存储引擎外,还支持内存引擎。在 OLAP(联机分析处理)上 openGauss 提供了列存储引擎,有极高的压缩比和计算效率。另外一个事务里可以同时包含三种引擎的 DML 操作,且可以保证 ACID 特性。

习题

(1) 哪些场景下应该使用列存储引擎,哪些场景下应该使用行存储引擎?

(2) openGauss 的列存储引擎的关键技术有哪些?

(3) openGauss 的行存储引擎的关键技术有哪些?

openGauss 事务机制

事务是为用户提供的最核心、最具吸引力的数据库功能之一。简单地说,事务是用户定义的一系列数据库操作(如查询、插入、修改或删除等)的集合,从数据库内部保证了该操作集合(作为一个整体)的原子性(Atomicity)、一致性(Consistency)、隔离性(Isolation)和持久性(Durability),这些特性统称事务的 ACID 特性。其中:

(1) A:原子性是指事务中的所有操作要么全部执行成功,要么全部执行失败。一个事务执行以后,数据库只可能处于上述两种状态之一,即使数据库在这些操作执行过程中发生故障,也不会出现只有部分操作执行成功的状态。

(2) C:一致性是指事务的执行会导致数据从一个一致的状态转移到另一个一致的状态,事务的执行不会违反一致性约束、触发器等定义的规则。

(3) I:隔离性是指在事务的执行过程中,所看到的数据库状态受并发事务的影响程度。根据该影响程度的轻重,一般将事务的隔离级别分为读未提交、读已提交、可重复读和可串行化四个级别(受并发事务影响由重到轻)。

(4) D:持久性是指一旦事务提交以后,即使数据库发生故障重启,该事务的执行结果不会丢失,仍然对后续事务可见。

本章主要结合 openGauss 的事务机制和实现原理,阐述 openGauss 是如何保证事务的 ACID 特性的。

10.1 openGauss 事务概览

经过前面几个章节的介绍,大家已经知道 openGauss 是一个分布式的数据库。同样的,openGauss 的事务机制也是一个从单机到分布式的双层构架。图 10-1 为 openGauss 集群事务组件构成示意图。

如图 10-1 所示,在 openGauss 集群中,事务的执行和管理主要涉及 GTM、CN 和

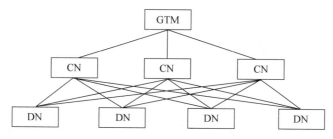

图 10-1　openGauss 集群事务组件构成示意图

DN 三种组件,其中:

(1) GTM(Global Transaction Manager,全局事务管理器),负责全局事务号的分发、事务提交时间戳的分发以及全局事务运行状态的登记。对于采用多版本并发控制(Multi-Version Concurrency Control,MVCC)的事务模型,GTM 本质上可以简化为一个递增序列号(或时间戳)生成器,其为集群的所有事务进行了全局的统一排序,以确定快照(Snapshot)内容并由此决定事务可见性。在本章 10.3 节 openGauss 并发控制中,将进一步详述 GTM 的作用。

(2) CN(Coordinator Node,协调者节点),负责管理和推进一个具体事务的执行流程,维护和推进事务执行的事务块状态机。

(3) DN(Data Node,数据节点),负责一个具体事务在某一个数据分片内的所有读写操作。

本节主要介绍显式事务和隐式事务执行流程中,CN 和 DN 上事务块状态机的推演,以及单机事务和分布式事务的异同。

10.1.1　显式事务和隐式事务

显式事务是指用户在所执行的一条或多条 SQL 语句的前后,显式添加了开启事务 START TRANSACTION 语句和提交事务 COMMIT 语句。

隐式事务是指用户在所执行的一条或多条 SQL 语句的前后,没有显式添加开启事务和提交事务的语句。在这种情况下,每一条 SQL 语句在开始执行时,openGauss 内部都会为其开启一个事务,并且在该语句执行完成之后,自动提交该事务。

以一条 SELECT 语句和一条 INSERT 语句为例,简要描述显式事务和隐式事务在 openGauss 集群中的主要执行流程。

显式事务的 SQL 语句如下(假设表 t 只包含一个整数类型字段 a,且为分布列):

```
START TRANSACTION;
SELECT * FROM t;
INSERT INTO t(a) VALUES(100);
COMMIT;
```

(1) START TRANSACTION

该 SQL 语句只在 CN 上执行,CN 显式开启一个事务,并将 CN 本地事务块状态机从空闲状态设置为进行中状态,然后返回客户端,等待下一条 SQL 命令。

(2) SELECT * FROM t

该 SQL 语句首先在 CN 上执行,由于 openGauss 分片采用一致性哈希算法,因此对于不带分布列上谓词条件的查询语句,CN 需要将该 SQL 语句发送到所有 DN 上执行。对于每一个分片对应的 DN,由于采用了显式事务,CN 会先发送一条 START TRANSACTION 命令给该 DN,让该 DN 显式开启事务(DN 上的事务块状态机从空闲状态变为进行中状态),然后 CN 将 SELECT 语句发送给该 DN。此后,CN 在收到所有 DN 的查询结果之后,返回客户端,等待下一条 SQL 命令。

(3) INSERT INTO t(a) VALUES(100)

该 SQL 语句首先在 CN 上执行,由于 a 为表 t 的分布列,因此 CN 可以根据被插入记录中 a 的具体取值,决定应该由哪个数据分片对应的 DN 执行实际的插入操作(这里假设该分片为 DN1)。由于采用了显式事务,CN 先发送一条 START TRANSACTION 命令给 DN1,由于经过第(2)步,DN1 的事务块状态机已经处于进行中状态,因此对于该语句,DN1 并不会执行什么实际的操作,然后,CN 将具体的 INSERT 语句发送给 DN1,并等待 DN1 执行插入成功之后,返回客户端,等待下一条 SQL 命令。

(4) COMMIT

该 SQL 语句首先在 CN 上执行,CN 进入提交事务阶段后,将 COMMIT 语句发送给所有参与第(2)步和第(3)步的 DN,让这些 DN 结束该事务,并将 DN 本地的事务块状态机从进行中状态置为空闲状态。CN 在收到所有 DN 的事务提交结果之后,再将 CN 本地的事务块状态机从进行中状态置为空闲状态。然后,CN 返回客户端,该事务执行完成。

上述操作的隐式事务语句如下(假设表 t 只包含一个整数类型字段 a,且为分布列):

```
SELECT * FROM t;
INSERT INTO t(a) VALUES(1);
```

（1）SELECT * FROM t

该 SQL 语句首先在 CN 上执行,CN 隐式开启一个事务,将 CN 本地的事务块状态机从空闲状态置为开启状态(注意不同于显式事务中的进行中状态)。然后,CN 需要将该语句发送到所有 DN 上执行。对于每一个分片对应的 DN,由于采用了隐式事务且该语句为只读查询,CN 直接将 SELECT 语句发送给该 DN。

DN 收到该 SELECT 语句之后,亦采用隐式事务:第一步,隐式开启事务,将 DN 本地的事务块状态机从空闲状态置为开启状态;第二步,执行该查询语句,将查询结果返回给 CN;第三步,隐式提交事务,将 DN 本地的事务块状态机从开启状态置为空闲状态。

CN 在收到所有 DN 的查询结果之后,返回客户端,并隐式提交事务,将 CN 本地的事务块状态机从开启状态置为空闲状态。

（2）INSERT INTO t(a) VALUES(1)

该 SQL 语句首先在 CN 上执行,CN 隐式开启一个事务,将 CN 本地的事务块状态机从空闲状态置为开启状态。然后,CN 需要将该 INSERT 语句发送到目的分片的DN 上执行(这里假设该分片为 DN1)。

虽然该语句采用了隐式事务,但是由于该语句为写操作,因此在 DN1 上会采取显式事务:CN 会先发送一条 START TRANSACTION 命令给 DN1,让 DN1 显式开启事务(DN1 上的事务块状态机从空闲状态变为进行中状态),然后 CN 将 INSERT 语句发送给 DN1,DN1 执行完成后,返回执行结果给 CN。

CN 收到执行结果之后,进入提交事务阶段。先发送 COMMIT 语句到 DN1。DN1 收到 COMMIT 语句后,进行显式提交,将 DN1 本地的事务块状态机从进行中状态置为空闲状态。CN 在收到 DN1 的事务提交结果之后,本地再进行隐式提交事务,将 CN 本地的事务块状态机从开启状态置为空闲状态,返回客户端,该事务执行完成。

综上,对于 CN 来说,使用显式事务还是隐式事务,完全取决于用户输入的 SQL 语句;对于 DN 来说,只有当 SQL 为隐式只读事务时,才会使用隐式事务,当 SQL 为显式事务或者隐式写事务时,都会使用显式事务。

10.1.2　单机事务和分布式事务

在 openGauss 这样的分布式集群中,单机事务(亦称单分片事务)是指一个事务中所有的操作都发生在同一个分片(即 DN)上,分布式事务是指一个事务中有两个或以上的分片参与了该事务的执行。

对于单机事务,其写操作的原子性和读操作的一致性由该 DN 自身的事务机制就能保证;对于分布式事务,不同分片之间写操作的原子性和不同分片之间读操作的一致性,需要额外的机制来保障。下面结合 SQL 语句简要介绍分布式事务的原子性和一致性要求,具体的原理机制在 10.4 节中说明。

首先,考虑涉及多分片的写操作事务,以如下事务 T1 为例(假设表 t 只包含一个整数类型字段 a,且为分布列):

```
START TRANSACTION;
INSERT INTO t(a) VALUES(v1);
INSERT INTO t(a) VALUES(v2);
COMMIT;
```

上面事务 T1 的两条 INSERT 语句均为只涉及一个分片的写(插入)事务,如果 v1 和 v2 分布在同一个分片内,那么该事务为单机事务,如果 v1 和 v2 分布在两个不同的分片内,那么该事务为分布式事务。

对于只涉及一个 DN 分片的单机事务,其对于数据库的修改和影响全部发生在同一个分片内,因此该分片的事务提交结果即是该事务在整个集群的提交结果,该分片事务提交的原子性就能够保证整个事务的原子性。在事务 T1 示例中,如果 v1 和 v2 全分布在 DN1 上,那么在 DN1 上,如果事务提交,那么这两条记录就全部插入成功;如果 DN1 上事务回滚,那么这两条记录的插入就全部失败。

对于分布式事务,为了保证事务在整个集群范围内的原子性,必须保证所有参与写操作的分片要么全部提交,要么全部回滚,不能出现部分分片提交,部分分片回滚的"中间态"。如图 10-2 所示,如果 v1 插入到 DN1 上,且 DN1 提交成功,同时,v2 插入到 DN2 上,且 DN2 最终回滚,那么最终该事务只有一部分操作成功,破坏了事务的原子性要求。为了避免这种情况的发生,openGauss 采用两阶段提交(Two Phase Commit,2PC)协议,来保证分布式事务的原子性,在 10.4.1 节中会对两阶段提交相关内容进行更详细的介绍。

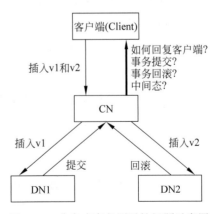

图 10-2　分布式事务原子性问题示意图

其次,考虑涉及多分片的读操作事务 T2,以如下 SQL 语句为例(假设表 t 只包含一个整数类型字段 a,且为分布列):

```
START TRANSACTION;
SELECT * FROM t where a = v1 or a = v2;
COMMIT;
```

上面查询事务 T2 中,如果 v1 和 v2 分布在同一个分片内,那么该事务为单机事务,如果 v1 和 v2 分布在两个不同的分片内,那么该事务为分布式事务。对于单机事务,其查询的数据完全来自于同一个分片内,因此该分片事务的可见性和一致性就能够保证整个事务的一致性。

在事务 T1 和 T2 示例中,考虑 T1 和 T2 并发执行的场景(假设 T1 提交成功),如果 v1 和 v2 全分布在 DN1 上,那么,在 DN1 上,如果 T1 对 T2 可见,那么 T2 就能查询到所有的两条记录,如果 T1 对 T2 不可见,那么 T2 不会查询到两条记录中的任何一条。

对于分布式事务,其查询的数据来自不同的分片,单个分片的可见性和一致性无法完全保证整个事务的一致性,不同分片之间事务提交的先后顺序和可见性判断会导致查询结果存在某种“不确定性”。

仍考虑 T1 和 T2 并发执行的场景(假设 T1 提交成功)。如图 10-3 所示,如果 v1 和 v2 分别分布在 DN1 和 DN2 上,若在 DN1 上,T1 事务提交先于 T2 的查询执行,且对于 T2 可见,而在 DN2 上,T2 的查询执行先于 T1 事务提交(或 T1 事务提交先于 T2 查询执行,但对 T2 不可见),那么 T2 最终只会查询到 v1 这一条记录。对于以银行为代表的传统数据库用户来说,这种现象破坏了事务作为一个整体的一致性要求。在分布式事务中,亦称为强一致性要求。

另一方面,如果 T1 先完成提交,并等待足够长的时间以后(保证所有分片均完成 T1 的提交,并保证提交结果对 T2 可见),再执行 T2,那么 T2 将可以看到 T1 插入的所有两条记录。在分布式事务中,这种一致性表现被称为最终一致性。与传统数据库用户不同,在互联网等新兴业务中,最终一致性是被广泛接受的。

openGauss 通过全局一致性的时间戳(快照)技术(10.2.3 节)和本地两阶段事务补偿技术(10.4.2 节),提供分布式强一致事务的能力,同时,对于追求性能的新兴数据库业务,也支持可选的最终一致性事务的能力。

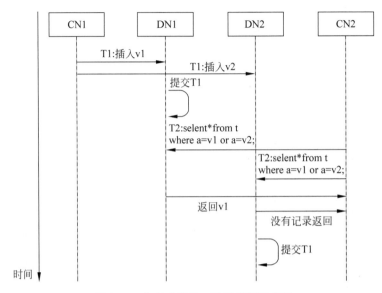

图 10-3　分布式事务一致性问题示意图

10.2　openGauss 事务 ACID 特性介绍

本节主要介绍 openGauss 中如何保证单机事务的 ACID 特性,在此基础上,在 10.4 节中将说明如何保证分布式事务的 ACID 特性。

10.2.1　openGauss 中的事务持久性

和业界几乎所有的数据库一样,openGauss 通过将事务对于数据库的修改写入可永久(长时间)保存的存储介质中,来保证事务的持久性。这个过程称为事务的持久化过程。持久化过程是保证事务持久性所必不可少的环节,其效率对于数据库整体性能影响很大,常常成为数据库的性能瓶颈所在。

最常用的存储介质是磁盘。对于磁盘来说,其每次读写操作都有一个“启动”代价,因此在单位时间内(每秒内),一个磁盘可以进行的读写操作次数(Input/Output Operations Per Second,IOPS)是有上限的。HDD 磁盘的 IOPS 一般在 1000 次/秒以下,SSD 磁盘的 IOPS 可以达到 10 000 次/秒。另一方面,如果多个磁盘读写请求的数据在磁盘上是相邻的,那么可以被合并为一次读写操作,这导致磁盘顺序读写的性能通常要远优于随机读写。

　　一般来说,尤其是在 OLTP 场景下,用户对于数据库数据的修改是比较分散随机的。如果在持久化过程中,直接将这些分散的数据写入磁盘,那么这个随机写入的性能是比较差的。因此,数据库通常都采用 WAL(Write Ahead Log,预写日志)来避免持久化过程中的随机 IO,如图 10-4(a)所示。所谓预写日志,是指在事务提交的时候,先将事务对于数据库的修改写入一个顺序追加的 WAL 文件中。由于 WAL 的写操作是顺序 IO,因此其可以达到一个比较高的性能。另一方面,对于真正修改的物理数据文件,再等待合适的时机写入磁盘,以尽可能合并该数据文件上的 IO 操作。

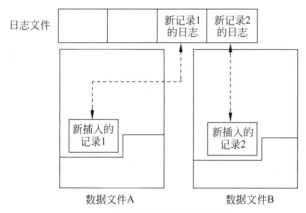

(a) WAL和数据页面的关系示意图

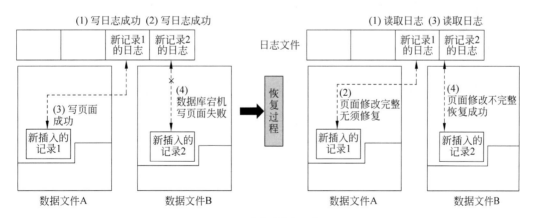

(b) WAL和故障恢复示意图

图 10-4　WAL 和事务持久性示意图

在一个事务完成日志的下盘操作(即写入磁盘)以后,该事务就可以完成提交动作。如果在此之后数据库发生宕机,那么数据库会首先从已经写入磁盘的 WAL 文件中恢复出该事务对于数据库的修改操作,从而保证事务一旦提交即具备持久性的特点。

下面结合图 10-4(b)中的例子,简单说明数据库故障恢复的原理。假设一个事务需要在表 A(对应数据文件 A)和表 B(对应数据文件 B)中各插入一行新记录,在数据库内部,其执行的顺序如下:①记录修改数据文件 A 的日志;②记录修改数据文件 B 的日志;③在数据文件 A 中写入新记录;④在数据文件 B 中写入新记录。在上述过程中,如果在第④步执行时数据库发生宕机,那么该事务对于数据文件 B 的修改可能全部或部分丢失。当数据库再次启动以后,在其能够接受新的业务之前,需要将这些可能丢失的修改从日志中找回来(该操作被称为日志回放操作)。

在日志回放过程中,数据库会根据日志记录的先后顺序,依次读取每个日志的内容,然后判断该日志记录的事务对数据库数据文件的修改是否和当前相关数据文件的内容一致。如果一致,说明上次数据库停机之前修改已经写入数据文件中,该日志修改无须回放;如果不一致,说明上次数据库停机之前修改还未写入数据文件中,上次数据库停机可能是异常宕机导致,该日志对应的事务操作需要重新在相关数据文件中再次执行,才能保证恢复成功。

对于本例,在数据库恢复过程中,首先读取到在数据文件 A 中插入记录的日志,将数据文件 A 读取上来之后,发现数据文件 A 中已经包含该记录,因此该日志无须回放;然后读取到在数据文件 B 中插入记录的日志,将数据文件 B 读取上来之后,发现数据文件 B 中未包含新插入的记录,因此需要将日志中的记录再次写入到数据文件 B 中,从而完成恢复。最终,该事务对于数据库所有的修改都得以恢复出来,事务的持久性得到了保证。

10.2.2 openGauss 中的事务原子性

如图 10-5 所示,openGauss 通过 WAL、事务提交信息日志以及更新记录的多版本来保证写事务的原子性。

(1) 插入事务是原子性的,例如以下插入事务:

```
START TRANSACTION;
INSERT INTO t(a) VALUES(v1);
INSERT INTO t(a) VALUES(v2);
COMMIT;
```

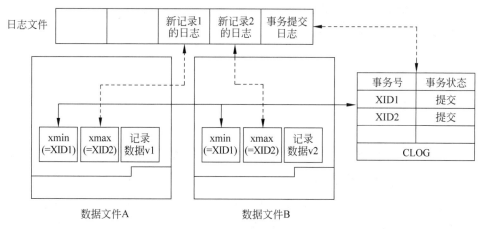

图 10-5　openGauss 事务的原子性示意图

通常将一条记录在数据库内部的物理组织方式称为元组,其在形式上类似一个结构体。在上述插入事务的执行过程中,对于每一条新插入的记录,在它们元组结构体头部的 xmin 成员处都附加了插入事务的唯一标识,即一个全局递增的事务号(Transaction ID,XID)。如 10.2.1 节所述,这两条插入的记录(元组)连同它们的头部会被顺序写入 WAL 中。

在该事务的提交阶段,在 WAL 中,会插入一条事务提交日志,以持久化该事务的提交结果,并会在专门的 CLOG(Commit LOG,事务提交信息日志)中记录该事务号对应的事务提交结果(提交还是回滚)。此后,如果有查询事务读到这两条记录,会首先去 CLOG 中查询记录头部事务号对应的提交信息,如果为提交,并且通过可见性判断,那么这两条记录会在查询结果中返回;如果 CLOG 中事务号为回滚状态,或者 CLOG 中事务号为提交状态但是该事务号对该查询不可见,那么这两条记录不会在查询结果中返回。如上,在没有故障发生的情况下,上述插入两行记录的事务是原子的,不会发生只看到插入一条记录的“中间状态”。

下面考虑故障场景。

① 如果在事务写下提交日志之前,数据库发生宕机,那么数据库恢复过程中虽然会把这两条记录插入到数据页面中,但是并不会在 CLOG 中将该插入事务号标识为提交状态,后续查询也不会返回这两条记录。

② 如果在事务写下提交日志之后,数据库发生宕机,那么数据库恢复过程中,不仅会把这两条记录插入到数据页面中。同时,还会在 CLOG 中将该插入事务号标识为提交状态,后续查询可以同时看见这两条插入的记录。如上,在故障场景下,上述插入两

行记录的事务操作亦是原子性的。

（2）删除事务是原子性的，例如：

```
START TRANSACTION;
DELETE FROM t WHERE a = v1;
DELETE FROM t WHERE a = v2;
COMMIT;
```

在该删除事务的执行过程中，对于上面每一条被删除的记录，在它们元组头部的 xmax 成员处都附加了删除事务的事务号。同时，与插入操作相同，该删除事务的提交状态通过事务提交日志物化，并记录到 CLOG 中。从而，无论在正常场景还是故障场景下，如果后续查询涉及上述被删除的那些记录，它们的可见性均取决于统一的、在 CLOG 中记录的删除事务的状态，不会发生部分记录能查询到、部分记录不能查询到的"中间状态"。

（3）更新事务是原子性的，例如：

```
START TRANSACTION;
UPDATE t set a = v1' WHERE a = v1;
UPDATE t set a = v2' WHERE a = v2;
COMMIT;
```

在 openGauss 中，上述更新事务等同于先删除 v1 和 v2 这两行老版本记录，再插入 v1'和 v2'这两行新版本记录，删除和插入事务的原子性已经在上面说明，因此更新事务亦是原子性的。

10.2.3　openGauss 中的事务一致性

在图 10-3 分布式事务一致性问题示意图中，对于并发执行的事务，如果没有一种机制来保障，那么其中的读事务，可能会只读到并发写事务的部分数据。事实上，对于并发的单机事务，也可能存在类似的现象。

仍考虑图 10-3 的例子，只是插入事务 T1 和查询事务 T2 都发生在同一个 DN 上。如图 10-6 所示，首先 T1 在表 t 中插入 v1 和 v2 两条记录，在其提交之前，查询事务 T2 开始执行。在 T2 顺序扫描表 t 的过程中，首先扫描到 v1 记录，但是由于此时 v1 记录的 xmin 对应的 XID1（T1 的事务号）还没有提交，因此 v1 不可见。然后 T1 完成提交，T2 继续扫描，并扫描到 v2 记录，此时 v2 记录的 xmin 对应的 XID1 已经提交，因此 v2

可见。这样,查询事务 T2 只看到了 T1 的部分插入数据,破坏了事务的一致性要求。

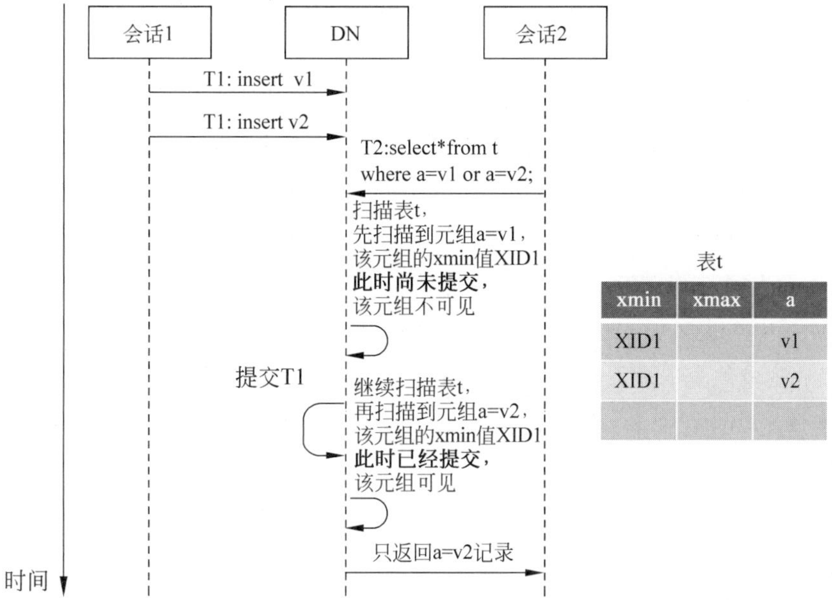

图 10-6 单机事务一致性问题示意图

为了解决上面这个问题,openGauss 采用 MVCC(多版本并发控制)机制来保证与写事务并发执行的查询事务的一致性。

MVCC 的基本机制是:写事务不会原地修改元组内容,而是将被修改的元组标记为这条记录的一个旧版本(标记 xmax),同时插入一条修改后的元组,从而产生这条记录的一个新版本;对于在一个查询事务开始时还没有提交的写事务,那么这个查询事务始终认为该写事务没有提交。

在上面的例子中,在 T2 开始的时候,T1 还没有提交,那么对于 T2 扫描上来的 v1 和 v2 记录,T2 会认为它们 xmin 对应的 XID1 均为未提交的,即这两个新版本对于 T1 均不可见,因此不会返回任何一条记录,也就不会发生读到部分事务内容的异常情况了。

在 MVCC 中,最关键的技术点有两个:①元组版本号的实现;②快照的实现。下面详细说明这两个技术点在 openGauss 中的实现,在 10.3.2 节中将结合具体示例说明基于 MVCC 机制的读-写并发控制实现方式。

在 openGauss 中,采用全局递增的事务号来作为一个元组的版本号,每个写事务都会获得一个新的事务号。如上所述,一个元组的头部会记录两个事务号 xmin 和 xmax,分别对应元组的插入事务和删除(更新)事务。xmin 和 xmax 决定了元组的生命期,亦即该版本的可见性窗口。

相比之下,快照的实现要更为复杂。在 openGauss 中,有两种方式来实现快照。

（1）活跃事务数组方法。

在数据库进程中,维护一个全局的数组,其中的成员为正在执行的事务信息,包括事务的事务号,该数组即活跃事务数组。在每个事务开始的时候,复制一份该数组内容。当事务执行过程中扫描到某个元组时,需要通过判断元组 xmin 和 xmax 这两个事务（即元组的插入事务和删除事务）对于查询事务的可见性,来决定该元组是否对查询事务可见。以 xmin 为例,首先查询 CLOG,判断该事务是否提交,如果未提交,则不可见;如果提交,则进一步判断该 xmin 是否在查询事务的活跃事务数组中。如果 xmin 在该数组中,或者 xmin 的值大于该数组中事务号的最大值（事务号是全局递增发放的）,那么该 xmin 事务一定在该查询事务开始之后才会提交,因此对于查询事务不可见;如果 xmin 不在该数组中,或者小于该数组中事务号的最小值,那么该 xmin 事务一定在该查询事务开始之前就已经提交,因此对于查询事务可见。上述判断逻辑如图 10-7 所示。

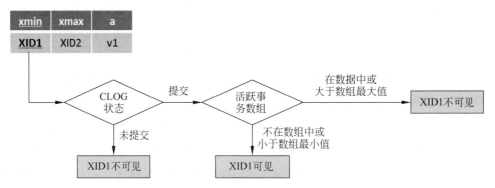

图 10-7　基于活跃事务数组方法的事务可见性判断示意图

判断元组 xmax 事务对查询事务的可见性与此类似。最终,xmin（元组的插入事务事务号）和 xmax（元组的删除事务事务号）的不同组合,决定了该元组是否对于查询事务可见,如表 10-1 所示。

表 10-1　事务可见性判断

xmin 状态	xmax 状态	
	xmax 对于查询可见	xmax 对于查询不可见
xmin 对于查询可见	记录不可见（先插入,后删除）	记录可见（先插入,未删除）
xmin 对于查询不可见	不可能发生	记录不可见（未插入,未删除）

（2）时间戳方法。

使用活跃事务数组方法，由于该数组一般比较大，无法使用原子操作，因此在其上的读-写并发操作需要加锁互斥，写-写并发操作亦需要加锁互斥。其中，读操作是指事务开始时复制数组内容获取快照的操作，写操作是指事务开始时将事务信息加入到该数组中以及事务结束时将事务信息从该数组中移除的操作。在高并发的场景下，活跃事务数组会成为加锁的热点和性能瓶颈。

获取快照，本质上是要获取事务运行状态与时间的映射关系 $f(t)$。对每一个事务来说，该 $f(t)$ 函数为一个阶梯函数，如图 10-8 所示，在该事务的提交时刻点 t_{commit} 之前，$f(t)$ 为未提交状态，在 t_{commit} 之后，$f(t)$ 为提交状态。

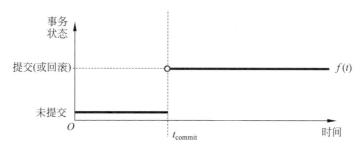

图 10-8　事务运行状态与时间函数关系的示意图

由此，某一个事务 T 的快照内容，即是其他所有事务 T^{other} 的事务状态函数 $f^{other}(t)$ 在该事务开始时刻点 t_{start} 的取值状态。根据 f^{other} 的定义，可知，若 $t_{start}<=t_{commit}^{other}$，则该事务 T^{other} 在 T 的快照中为未提交状态，其对数据库的写操作对事务 T 不可见；若 $t_{start}>t_{commit}^{other}$，则该事务 T^{other} 在 T 的快照中为提交状态，其对数据库的写操作对事务 T 可见。

在 openGauss 内部，使用一个全局自增的长整数作为逻辑的时间戳，模拟数据库内部的时序，该逻辑时间戳被称为提交序列号（Commit Sequence Number，CSN）。每当一个事务提交的时候，在提交序列号日志中（Commit Sequence Number Log，CSN 日志）会记录该事务号 XID（事务的全局唯一标识）对应的逻辑时间戳 CSN 值。CSN 日志中记录的 XID 值与 CSN 值的对应关系，即决定了所有事务的状态函数 $f(t)$。

如图 10-9 所示，在一个事务的实际执行过程中，并不会在一开始就加载全部的 CSN 日志，而是在扫描到某条记录以后，才会去 CSN 日志中查询该条记录头部 xmin 和 xmax 这两个事务号对应的 CSN 值，并基于此进行可见性判断。

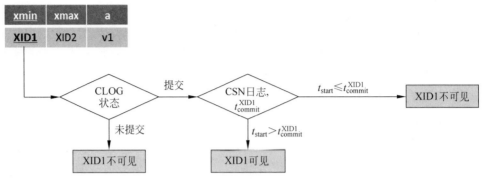

图 10-9　基于时间戳方法的事务可见性判断示意图

10.2.4　openGauss 中的事务隔离性

在 10.2.3 节中,事务的一致性反映的是某一个事务在其他并发事务"眼中"的状态。本节要介绍的事务隔离性,是某一个事务在执行过程中,它"眼中"其他所有并发事务的状态。一致性和隔离性,两者相互联系,在 openGauss 中两者均是基于 MVCC 和快照实现的;同时,两者又有一定区别,对于较高的隔离级别,除了 MVCC 和快照之外,还需要辅以其他的机制来实现。

如表 10-2 所示,在数据库业界,一般按由低到高将隔离性分为以下四个隔离级别:读未提交、读已提交、可重复读、可串行化。每个隔离级别按照在该级别下禁止发生的异常现象来定义。这些异常现象包括:

(1) 脏读,指一个事务在执行过程中读到并发的、还没有提交的写事务的修改内容。

(2) 不可重复读,指在同一个事务内,先后两次读到的同一条记录的内容发生了变化(被并发的写事务修改)。

(3) 幻读,指在同一个事务内,先后两次执行的、谓词条件相同的范围查询,返回的结果不同(并发写事务插入了新记录)。

表 10-2　事务隔离级别

隔 离 级 别	脏　　读	不可重复读	幻　　读
读未提交	允许	允许	允许
读已提交	不允许	允许	允许
可重复读	不允许	不允许	允许
可串行化	不允许	不允许	不允许

隔离级别越高,在一个事务执行过程中,它能"感知"到的并发事务的影响越小。在最高的可串行化隔离级别下,任意一个事务的执行,均"感知"不到有任何其他并发事务执行的影响,并且所有事务执行的效果就和一个个顺序执行的效果完全相同。

在 openGauss 中,隔离级别的实现基于 MVCC 和快照机制,因此这种隔离方式被称为快照隔离(Snapshot Isolation, SI)。目前,openGauss 支持读已提交(Read Committed)和可重复读(Repeatable Read)这两种隔离级别。两者实现上的差别在于在一个事务中获取快照的次数。

如果采用读已提交的隔离级别,那么在一个事务块中每条语句的执行开始阶段,都会去获取一次最新的快照,从而可以看到那些在本事务块开始以后、在前面语句执行过程中提交的并发事务的效果。如果采用可重复读的隔离级别,那么在一个事务块中,只会在第一条语句的执行开始阶段,获取一次快照,后面执行的所有语句都会采用这个快照,整个事务块中的所有语句均不会看到该快照之后提交的并发事务的效果。

下面通过具体的例子说明读已提交和可重复读的隔离级别的区别。

考虑三个并发执行的事务(表 t 包含一个整型字段 a):

T1:

```
START TRANSACTION;
INSERT INTO t VALUES(v1);
COMMIT;
```

T2:

```
START TRANSACTION;
INSERT INTO t VALUES(v2);
COMMIT;
```

T3:

```
START TRANSACTION;
SELECT * FROM t;
SELECT * FROM t;
SELECT * FROM t;
COMMIT;
```

这三个事务的并发执行顺序如图 10-10 所示。考虑 T3 事务三条查询的返回结果。如果采用"读已提交"的隔离级别,那么在第一条查询开始时,首次获取快照,T1和 T2 均没有提交,因此它们都在快照中,查询结果不会包含它们插入的新记录;在第二条查询开始时,第二次获取快照,T1 已经提交,在第二条查询语句的快照中,只有T2,因此可以查询到 T1 插入的记录 v1;同理,在第三条查询开始时,第三次获取快照,T1 和 T2 均已经提交,它们都不在第三条语句的快照中,因此可以查询到它们插入的记录 v1 和 v2。

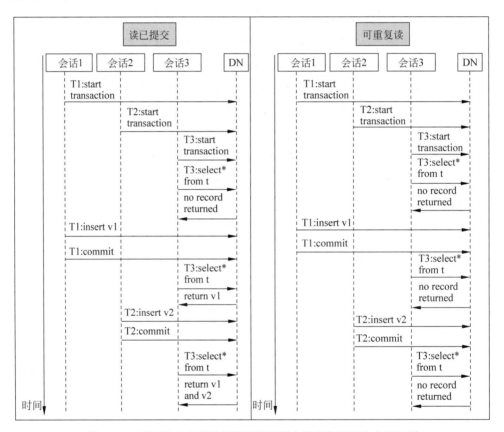

图 10-10　读已提交和可重复读隔离级别在并发事务下的表现区别

另一方面,如果采用可重复读的隔离级别,对于 T3 中的三条查询语句,均会采用第一条语句执行开始时的快照,而 T1 和 T2 均在该快照中,因此在该隔离级别下,T3的三条查询语句均不会返回 v1 和 v2。

10.3　openGauss 并发控制

———

在 10.2 节的介绍中,已经了解当数据库中存在并发执行事务的情况下,要保证
ACID 特性,需要一些特殊的机制来支持。并发控制就是这样的一种控制机制,能够保
证并发事务同时访问同一个对象或数据下的 ACID 特性。

openGauss 并发控制是十分高效的,其核心是 MVCC 和快照机制。如 10.2.4 节
所述,通过使用 MVCC 和快照,可以有效解决读写冲突,使得并发的读事务和写事务
工作在同一条元组的不同版本上,彼此不会相互阻塞。对于并发的两个写事务,
openGauss 通过事务级别的锁机制(事务执行过程中持锁,事务提交时释放锁),来保
证写事务的一致性和隔离性。

另一方面,对于底层数据的访问和修改,如物理页面和元组,为了保证读、写操作
的原子性,需要在每次的读、写操作期间加上共享锁或排他锁。当每次读、写操作完成
之后,即可释放上述锁资源,无须等待事务提交,持锁窗口相对较短。

10.3.1　读-读并发控制

在绝大多数情况下,并发的读-读事务是不会也没有必要相互阻塞的。由于没有
修改数据库,因此每个读事务使用自己的快照,就能保证查询结果的一致性和隔离性;
同时,对于表的底层的物理页面和元组,如果只涉及读操作,只需要对它们加共享锁即
可,不会发生锁等待的情况。

一个比较特殊的情况是执行 SELECT FOR UPDATE 查询。该查询会对所查到
的每条记录在元组层面加排他锁,以防止在查询完成之后,查询结果集被后续其他写
事务修改。该语句获取到的元组排他锁,在事务提交时才会释放。对于并发的
SELECT FOR UPDATE 事务,如果它们的查询结果集有交集,那么在交集中的元组
上会发生锁冲突和锁等待。

10.3.2　读-写并发控制

如 10.2.4 节中图 10-10 的例子所示,openGauss 中对于读、写事务的并发控制是
基于 MVCC 和快照机制的,彼此之间不会存在事务级的长时间阻塞。相比之下,采用

两阶段锁协议(Two-Phase Locking Protocol,2PL 协议)的并发控制(如 IBM DB2 数据库),由于读、写均在记录的同一个版本上操作,因此排他锁等待队列后面的事务至少要阻塞到持锁者事务提交之后才能继续执行。

另一方面,为了保证底层物理页面和元组的读、写的原子性,在实际操作页面和元组时,需要暂时加上相应对象的共享锁或排他锁,在完成对象的读、写操作之后,就可以放锁。

对于所有可能的三种读-写并发场景,即查询-插入并发、查询-删除并发和查询-更新并发,在图 10-11、图 10-12 和图 10-13 中分别给出了它们的并发控制示意图。

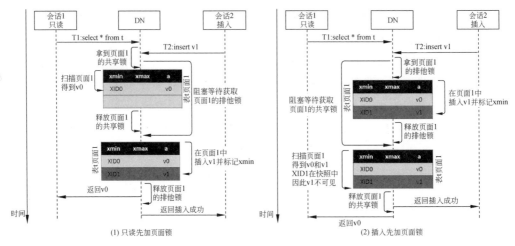

图 10-11　查询-插入并发控制示意图

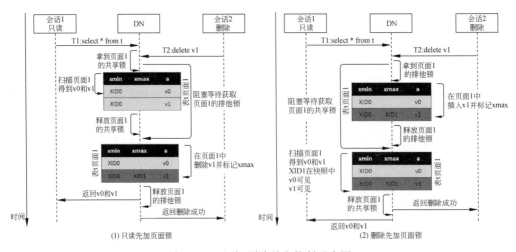

图 10-12　查询-删除并发控制示意图

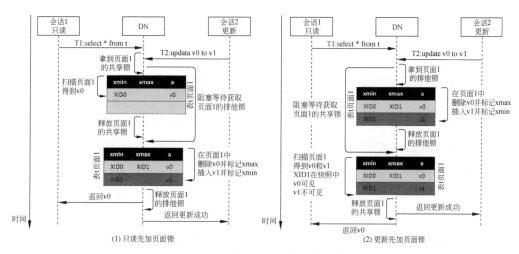

图 10-13　查询-更新并发控制示意图

10.3.3　写-写并发控制

虽然通过 MVCC,可以让并发的读-写事务工作在同一条记录的不同版本上(读老版本,写新版本),从而互不阻塞,但是对于并发的写-写事务,它们都必须工作在最新版本的元组上,因此如果并发的写-写事务涉及同一条记录的写操作,那么必然导致事务级的阻塞。

写-写并发的场景有以下 6 种:插入-插入并发、插入-删除并发、插入-更新并发、删除-删除并发、删除-更新并发、更新-更新并发。下面就插入-插入并发、删除-删除并发和更新-更新并发的控制流程做简要描述,另外三种并发场景下的控制流程读者可自行思考。

图 10-14 为插入-插入事务的并发控制流程图。每个插入事务都会在表的物理页面中插入一条新元组,因此并不会在同一条元组上发生并发写冲突。然而,当表具有唯一索引时,为了避免违反唯一性约束,若并发插入-插入事务在唯一键上有冲突(即键值重复),后来的插入事务必须等待先来的插入事务提交以后,再根据先来插入事务的提交结果,才能进一步判断是否能够继续执行插入操作。如果先来插入事务提交了,那么后来插入事务必须回滚,以防止唯一键重复;如果先来插入事务回滚了,那么后来插入事务可以继续插入该键值的记录。

图 10-15 为删除-删除事务的并发控制流程图。对于并发的删除-删除事务,它们都会尝试去修改同一条元组的 xmax 值。一般通过页面排他锁来控制该冲突。对于后

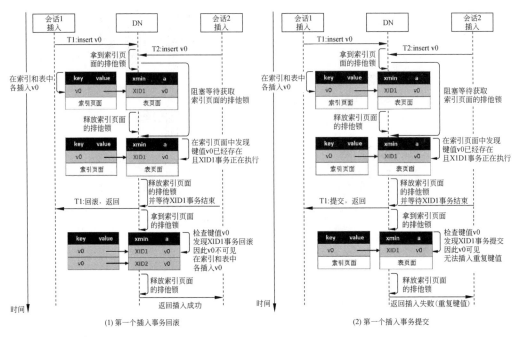

图 10-14　插入-插入并发控制示意图

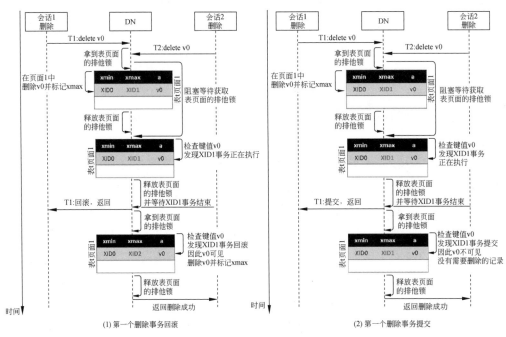

图 10-15　删除-删除并发控制示意图

加上锁的删除事务,它在再次标记元组 xmax 值之前,首先需要判断先来删除事务(即
元组当前 xmax 事务号对应的事务)的提交结果。如果先来删除事务提交了,那么该
元组对后来删除事务不可见,后来删除事务无元组需要删除;如果先来删除事务回滚
了,那么该元组对后来删除事务依然可见,后来删除事务可以继续执行对该元组的删
除操作。

图 10-16 为更新-更新事务的并发控制流程图。并发的更新-更新事务与并发删除-
删除事务类似,它们首先都会尝试去修改同一条元组的 xmax 值。一般通过页面排他
锁来控制该冲突。对于后加上锁的更新事务,它在再次标记元组 xmax 值之前,首先
需要判断先来更新事务(即元组当前 xmax 事务号对应的事务)的提交结果。如果先
来更新事务提交了,那么该元组对后来更新事务不可见,此时,后来更新事务会去判断
该元组更新后的值(先来更新事务插入)是否还符合后来更新事务的谓词条件(即删除
范围),如果符合,那么后来的更新事务会在这条新的元组上进行更新操作,如果不符
合,那么后来的更新事务无元组需要更新;如果先来更新事务回滚了,那么该元组对后
来更新事务依然可见,后来更新事务可以继续在该元组上进行更新操作。

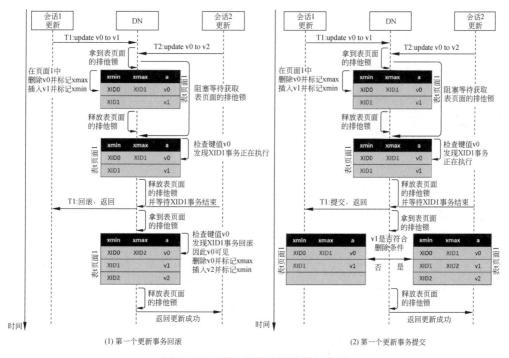

图 10-16　更新-更新并发控制示意图

10.3.4　并发控制和隔离级别

在 10.3.3 节介绍写-写并发控制的机制时,其实默认了使用读已提交的隔离级别。回顾图 10-14、图 10-15 和图 10-16,可以发现,当在某条元组上发生并发写-写冲突时,原本先来事务是在后来事务的快照中的,后来事务是不应该看到先来事务的提交结果的,但是为了解决上述冲突,后来事务会等待先来事务提交之后,再去校验先来事务对元组的操作结果。这种方式是符合读已提交隔离级别要求的,但是显然后来事务在等待之后,又刷新了自己的快照内容(将先来事务从快照中移除)。

基于上述原因,在 MVCC 和快照隔离的并发控制策略下,若使用可重复读的隔离级别,当发生上述写-写冲突时,后来事务不会再等待先来事务的提交结果,而是将直接报错回滚。这也是 openGauss 在可重复读隔离级别下,对于写-写冲突的处理模式。

进一步来说,如果要支持可串行化的隔离级别,对于使用 MVCC 和快照隔离的并发控制策略,需要解决写偏序(Write Skew)的异常现象,有兴趣的读者可以参考 2008 年 SIGMOD 最佳论文 *Serializable Isolation for Snapshot Databases*。

10.3.5　对象属性的并发控制

在上面并发控制的介绍中,覆盖了 DML 和查询事务的并发控制机制。对于 DDL 语句,其虽然不涉及表数据元组的修改,但是其会修改表的结构(Schema),因此很多场景下不能和 DML、查询并发执行。

以增加字段的 DDL 事务和插入事务并发执行为例,它们的并发执行流程如图 10-17 所示。首先,DDL 事务会获取表级的排他锁,而 DML 事务在执行之前,需要获取表级的共享锁。DDL 事务持锁之后,会执行新增字段操作。然后,DDL 事务会给其他所有并发事务发送表结构失效消息,告诉其他并发事务,这个表的结构被修改了。最后,DDL 事务释放表级排他锁,提交返回。

DDL 事务放锁之后,DML 事务可以获取到该表的共享锁。加锁之后,DML 事务首先需要处理所有在等锁过程中可能收到的表结构失效消息,并加载新的表结构信息。然后,DML 才可以执行增删改操作,并提交返回。

10.3.6　表级锁、轻量锁和死锁检测

在前几节,已经向读者初步介绍了在事务并发控制中,需要有锁机制的参与。事

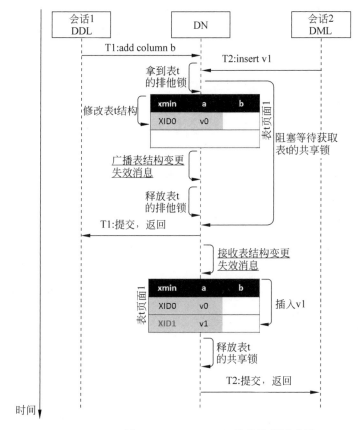

图 10-17　DDL-DML 并发控制示意图

实上,在 openGauss 中,主要有两种类型的锁:表级锁和轻量锁。

　　表级锁主要用于提供各种类型语句对于表的上层访问控制。根据访问控制的排他性级别,表级锁分为 1 级到 8 级锁。对于两个表级锁(同一张表)的持有者,如果他们持有的表级锁的级别之和大于等于 8 级,那么这两个持有者的表级锁会相互阻塞。

　　在典型的数据库操作中,查询语句需要获取 1 级锁,DML 语句需要获取 3 级锁,因此这两个操作在表级层面不会相互阻塞(这得益于 10.3.2 节中介绍 MVCC 和快照机制)。相比之下,DDL 语句通常需要获取 8 级锁,因此对同一张表的 DDL 操作会和查询语句、DML 语句相互阻塞。正如 10.3.5 节中图 10-17 的例子所示,以修改表结构类型的 DDL 语句为代表,如果允许在该 DDL 执行过程中同时插入多条数据,那么前后插入的数据的字段个数可能不一致,甚至相同字段的类型亦可能出现不一致。

　　另一方面,在创建一个表的索引过程中,一般不允许有并发的 DML 操作,否则可能会导致索引不正确,或者需要引入复杂的并发索引修正机制。在 openGauss 中,创建索引语句需要对目标表获取 5 级锁,该锁级别和 DML 的 3 级锁会相互阻塞。

在 openGauss 中,为表级锁的所有等待者维护了等待队列信息。基于该等待队列,openGauss 对于表级锁提供了死锁检测。死锁检测的基本原理是尝试在所有表级锁的等待队列中寻找是否存在能够构成环形等待队列的情况,如果存在环形等待队列,那么就表示可能发生了死锁,需要让其中某个等待者回滚事务退出队列,从而打破该环形等待队列。

在 openGauss 中,第二种广泛使用的锁是轻量锁。轻量锁只有共享和排他两种级别,并且没有等待队列和死锁检测。一般轻量锁并不对数据库用户提供,仅供数据库开发人员使用,需要开发人员自己来保证并发情况下不会发生死锁的场景。在本章中曾经介绍过的页面锁即是一种轻量锁,表级锁也是基于轻量锁来实现的。

10.4　openGauss 分布式事务

10.1.2 节简要介绍了单机事务和分布式事务的区别,也指出了在分布式情况下,可能存在特有的原子性和一致性问题。本节主要介绍在 openGauss 中,如何保证分布式事务的原子性和强一致性。

10.4.1　分布式事务的原子性和两阶段提交协议

为了保证分布式事务的原子性,防止出现如图 10-2 所示的部分 DN 提交、部分 DN 回滚的"中间态"事务,openGauss 采用两阶段提交(2PC)协议。

如图 10-18 所示,两阶段提交协议将事务的提交操作分为两个阶段:

(1) 准备阶段(prepare phase),在这个阶段,将所有提交操作所需要用到的信息和资源全部写入磁盘,完成持久化;

(2) 提交阶段(commit phase),根据之前准备好的提交信息和资源,执行提交或回滚操作。

两阶段提交协议之所以能够保证分布式事务原子性的关键在于:一旦准备阶段执行成功,那么提交需要的所有信息都完成持久化下盘(写入磁盘),即使后续提交阶段

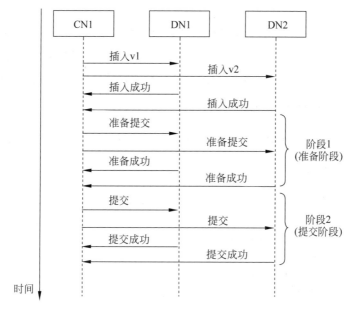

图 10-18 两阶段提交流程示意图

某个 DN 发生执行错误,该 DN 可以再次从持久化的提交信息中尝试提交,直至提交成功。最终该分布式事务在所有 DN 上的状态一定是相同的,要么所有 DN 都提交,要么所有 DN 都回滚。因此,对外来说,该事务的状态变化是原子性的。

表 10-3 总结了在 openGauss 分布式事务中的不同阶段,如果发生故障或执行失败,分布式事务的最终提交/回滚状态,读者可自行推演,本文不再赘述。

表 10-3 发生故障或执行失败时事务的最终状态

故障或执行失败阶段	事务最终状态
SQL 语句执行阶段	回滚
准备阶段	回滚
准备阶段和提交阶段之间	可回滚,亦可提交
提交阶段	提交

10.4.2 分布式事务一致性和全局事务管理

为了防止图 10-3 中的瞬时不一致现象,支持分布式事务的强一致性,一般需要全局范围内的事务号和快照,以保证全局 MVCC 和快照的一致性。在 openGauss 中,GTM 负责提供和分发全局的事务号和快照。任何一个读事务都需要到 GTM 上获取全局快照；任何一个写事务都需要到 GTM 上获取全局事务号。

在图 10-3 中加入 GTM，并考虑两阶段提交流程之后，分布式读-写并发事务的流程如图 10-19 所示。对于读事务来说，由于写事务在其从 GTM 获取的快照中，因此即使写事务在不同 DN 上的提交顺序和读事务的执行顺序不同，也不会造成不一致的可见性判断和不一致的读取结果。

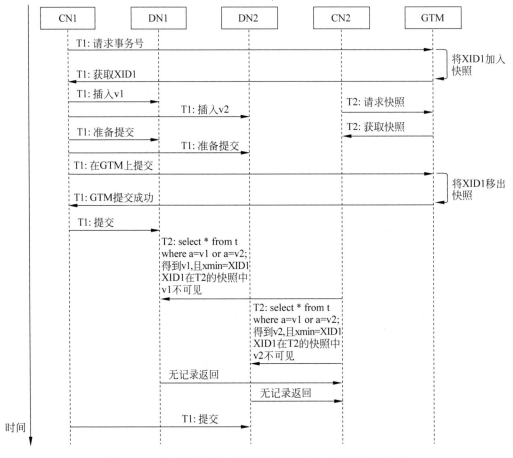

图 10-19　读-写并发下全局事务号和快照的分发流程示意图

细心的读者会发现，在图 10-19 的两阶段提交流程中，写事务 T1 在各个 DN 上完成准备之后，首先第一步是到 GTM 上结束 T1 事务（将 T1 从全局快照中移除），然后第二步到各个 DN 上进行提交。在这种情况下，如果查询事务 T2 是在第一步和第二步之间在 GTM 上获取快照，并到各个 DN 上执行查询，那么 T2 事务读到的 T1 事务插入的记录 v1 和 v2，它们 xmin 对应的 XID1 已经不在 T2 事务获取到的全局快照中，因此 v1 和 v2 的可见性判断会完全基于 T1 事务的提交状态。然而,此时 XID1 对应的 T1 事务在各个 DN 上可能还没有全部或部分完成提交,那么就会出现各个 DN 上可见性不一致的情况。

　　为了防止上面这种问题出现,在 openGauss 中采用本地二阶段事务补偿机制。如图 10-20 所示,对于在 DN 上读取到的记录,如果其 xmin 或者 xmax 已经不在快照中,但是它们对应的写事务还在准备阶段,那么查询事务将会等到这些写事务在 DN 本地完成提交之后,再进行可见性判断。考虑到通过两阶段提交协议,可以保证各个 DN 上事务最终的提交或回滚状态一定是一致的,因此在这种情况下各个 DN 上记录的可见性判断也一定是一致的。

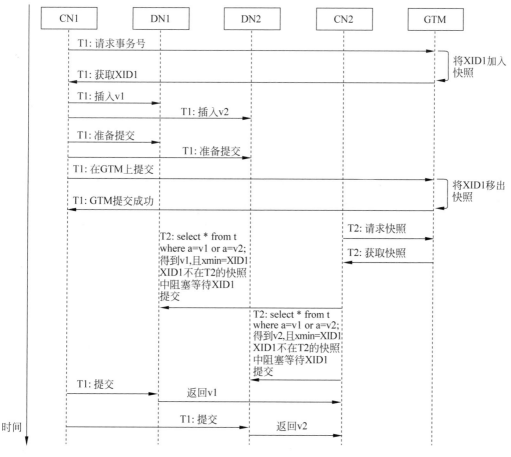

图 10-20　读-写并发下本地两阶段事务补偿流程示意图

10.5 小结

本章主要结合 openGauss 的事务机制和实现原理,基于显式事务和隐式事务,介绍事务块状态机的变化,以及 openGauss 事务 ACID 特性的实现方式。尤其对于分布式场景下的事务原子性和一致性问题,介绍 openGauss 采取的多种解决技术方案,以保证数据库最终对外呈现的 ACID 不受分布式执行框架的影响。

习题

(1) 在 openGauss 中,为什么对于隐式写事务,DN 上仍然要采用显式事务?

(2) 如果更新操作采用原地更新(即同一时刻下在数据库中只保留一条记录更新后的最新版本元组),而不是删除和插入的组合操作(即同一时刻下在数据库中存在更新前后的新、老两个版本的元组),能否保证原子性?

(3) 逻辑时间戳和事务号有什么区别? 能使用同一个自增的长整数吗?

(4) 相比活跃事务数组方法,时间戳方法的优势和劣势是什么?

(5) 基于 openGauss 事务隔离级别的实现方式,如果采用可重复读的隔离级别,是否会发生幻读(Phantom Read)?

注:幻读是指在同一个事务内,先后执行两次相同的范围查询,返回的结果不同。

(6) 基于类似 openGauss 的快照隔离机制,是否已经满足可串行化的要求?

(7) 给出插入-删除并发、插入-更新并发和删除-更新并发三种场景下的控制流程示意图。

(8) 除了本章描述的本地两阶段事务补偿机制以外,是否还有其他方法来可以解决分布式一致性的问题?

openGauss 安全

随着数字化技术的飞速发展,数字、连接、信号、人工智能充斥着人们工作、生活的各个领域。这些数字化信息被快速转换成数据并存放在各式各样的数据库系统中,而且通过进一步的数据管理与分析产生商业价值。这些有价值的数据或被存放在企业相对封闭的私有网络内,或被存放在相对开放的公有云环境下,又或是集成在智能系统中。人们在享受由数字化发展所带来的便捷生活的同时,也可能面临着无处不在的隐私泄露、信息篡改、数据丢失等安全风险。

数据库安全作为数据库系统的护城河,通过访问登录认证、用户权限管理、审计与监视、数据隐私保护以及安全信道等技术手段防止恶意攻击者访问、窃取、篡改和破坏数据库中的数据,阻止未经授权用户通过系统漏洞进行仿冒、提权等路径恶意使用数据库。

openGauss 作为新一代自治安全数据库,为有效保障用户隐私数据、防止信息泄露,构建了由内而外的数据库安全保护措施。本章将介绍和分析 openGauss 所采用的安全技术以及在不同应用场景下所采取的不同的安全实施策略。

11.1　openGauss 安全机制概览

作为独立的组件,传统数据库系统构建于特定的操作系统平台上,以对外提供数据服务或通过对接可视化管理界面对外提供数据管理服务,整个系统部署在一个封闭的网络环境中。系统中的数据存放于物理存储介质上,存储介质可以为机械磁盘,也可以为 SSD(固态硬盘)。硬件的稳定性和可靠性作为重要的一个环节,保障了数据整体的存储安全。

随着云化技术的快速发展,数据逐步上传到云,系统所处的环境越来越复杂,相对应的系统风险也逐步增加。openGauss 作为分布式系统,需要横跨不同的网络区域进行部署。除了需要像传统数据库那样从系统访问、数据导入导出、数据存储等维度来考虑系统安全体系外,还需要考虑网络安全、虚拟隔离等与实际业务场景紧密相关的安全措施。一个完整的 openGauss 安全机制体系如图 11-1 所示。

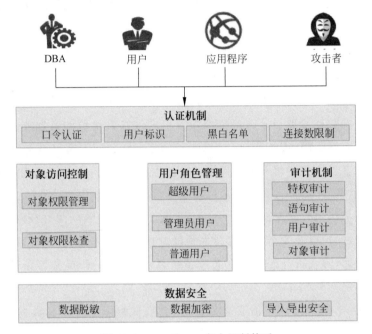

图 11-1　openGauss 安全机制体系

　　openGauss 安全机制充分考虑了数据库可能的接入方,包括 DBA、用户、应用程序以及通过攻击途径连接数据库的攻击者等。

　　openGauss 提供了用户访问所需的客户端工具 GaussSQL(缩写为 gsql),同时支持 JDBC/ODBC 等通用客户端工具。整个 openGauss 系统通过认证模块来限制用户对数据库的访问,通过口令认证、证书认证等机制来保障认证过程中的安全,同时可以通过黑白名单限制访问 IP。

　　用户以某种角色登录系统后,通过基于角色的访问控制(Role Based Access Control,RBAC)机制,可获得相应的数据库资源以及对应的对象访问权限。用户每次在访问数据库对象时,均需要使用存取控制机制——访问控制列表(Access Control List,ACL)进行权限校验。常见的用户包括超级用户、管理员用户和普通用户,这些用户依据自身角色的不同,获取相应的权限,并依据 ACL 来实现对对象的访问控制。所有访问登录、角色管理、数据库运维操作等过程均通过独立的审计进程进行日志记录,以用于后期行为追溯。

openGauss 在校验用户身份和口令之前,需要验证最外层访问源的安全性,包括端口限制和 IP 地址限制。访问信息源验证通过后,服务端身份认证模块对本次访问的身份和口令进行有效性校验,从而建立客户端和服务端之间的安全信道。整个登录过程通过一套完整的认证机制来保障,满足 RFC5802 通信标准。登录系统后用户依据不同的角色权限进行资源管理。角色是目前主流的权限管理概念,角色实际是权限的集合,用户则归属于某个角色组。管理员通过增加和删除角色的权限,可简化对用户成员权限的管理。

用户登录后可访问的数据库对象包括表(Table)、视图(View)、索引(Index)、序列(Sequence)、数据库(Database)、模式(Schema)、函数(Function)及语言(Language)等。在 11.3.3 小节将介绍其他的一些对象。实际应用场景中,不同的用户所获得的权限均不相同,因此每一次对象访问操作,都需要进行权限检查。当用户权限发生变更时,需要更新对应的对象访问权限,且权限变更即时生效。

用户对对象的访问操作本质上是对数据的管理,包括增加、删除、修改、查询等各类操作。数据在存储、传输、处理、显示等阶段都会面临信息泄露的风险。openGauss 提供了数据加密、数据脱敏以及加密数据导入导出等机制保障数据的隐私安全。

11.2　openGauss 安全认证

openGauss 是一款标准的基于客户端/服务端(C/S)模式工作的数据库系统,每一个完整的会话连接都由后台服务进程和客户端进程组成。一个完整的 openGauss 认证过程如图 11-2 所示。

(1) 客户端依据用户需求配置相关认证信息,这里主要指 SSL(Secure Sockets Layer,安全套接层)认证相关信息,建立与服务端之间的连接。

(2) 连接建立完成后,客户端发送访问所需要的连接请求信息给服务端,对请求信息的验证工作都在服务端完成。

(3) 服务端首先需要进行访问源的校验,即依据配置文件对访问的端口号、访问 IP 地址、允许用户访问范围以及访问数据对象进行校验。

(4) 在完成校验后连同认证方式和必要的信息返回给客户端。

(5) 客户端依据认证方式加密口令并发送认证所需的信息给服务端。

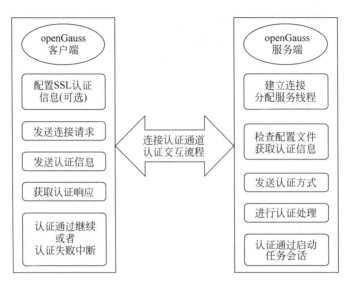

图 11-2　openGauss 认证详细流程

（6）服务端对收到的认证信息进行认证。认证通过，则启动会话任务与客户端进行通信提供数据库服务；否则，拒绝当前连接，并退出会话。

客户端安全认证机制是 openGauss 的第一层安全保护机制，解决了访问源与数据库服务端间的信任问题。通过这层机制可有效拦截非法用户对数据库进行恶意访问，避免后续的非法操作。

11.2.1　客户端配置信息

如上面所描述的，安全认证机制首先要解决访问源可信的问题。openGauss 通过系统配置将访问方式、访问源 IP 地址（客户端地址）以及认证方法存放在服务端的配置文件中。与这些信息同时存放的还包括数据库名、用户名。这些信息会组成一条认证记录，存放在配置文件（Host-Based Authentication File，HBA 文件）中。HBA 文件记录的格式可为如下四种格式中的一种：

```
local   DATABASE USER METHOD [OPTIONS]
host    DATABASE USER ADDRESS METHOD [OPTIONS]
hostssl   DATABASE USER ADDRESS METHOD [OPTIONS]
hostnossl  DATABASE USER ADDRESS METHOD [OPTIONS]
```

一个 HBA 文件中可以包含多条记录，一条记录不能跨行存在，每条记录内部是由若干空格、/和制表符分隔的字段组成。在实际认证过程中,身份认证模块需要依据 HBA 文件中记录的内容对每个连接请求进行检查,因此记录的顺序是非常关键的。每一条记录中各个字段的具体含义如下所述:

(1) local:表示这条记录只接收通过 UNIX 域套接字进行的连接。没有这种类型的记录,就不允许 UNIX 域套接字的连接。只有在从服务器本机连接且在不指定－U 参数的情况下,才是通过 UNIX 域套接字连接。

(2) host:表示这条记录既接收一个普通的 TCP/IP 套接字连接,也接收一个经过 SSL 加密的 TCP/IP 套接字连接。

(3) hostssl:表示这条记录只接收一个经过 SSL 加密的 TCP/IP 套接字连接。

(4) hostnossl:表示这条记录只接收一个普通的 TCP/IP 套接字连接。

(5) DATABASE:声明当前记录所匹配且允许访问的数据库。特别地,该字段可选用 all、sameuser 以及 samerole。其中 all 表示当前记录允许访问所有数据库对象;sameuser 表示访问的数据库须与请求的用户同名才可访问;samerole 表示访问请求的用户必须是与数据库同名角色中的成员才可访问。

(6) USER:声明当前记录所匹配且允许访问的数据库用户。特别地,该字段可选用 all 以及"＋角色(角色组)"。其中 all 表示允许对所有数据库用户对象的访问;"＋角色(角色组)"表示匹配该角色或属于该角色组的成员,这些成员通过继承方式获得。

(7) ADDRESS:指定与记录匹配且允许访问的 IP 地址范围。目前支持 IPv4 和 IPv6 两种形式的地址。

(8) METHOD:声明连接时所使用的认证方法。目前 openGauss 所支持的认证方法包括 trust、reject、sha256、cert 及 gss。这些将在 11.2.2 小节着重介绍。

(9) OPTIONS:这个可选字段的含义取决于选择的认证方法。目前作为保留项方便后续认证方法扩展,如支持基于 ident 认证时需要指定映射选项。

在 openGauss 系统安装部署完成后,HBA 文件中默认包含了超级用户的配置记录。对于其他管理员新创建的用户则需要重新进行配置。对于认证规则的配置建议遵循如下基本原则:

(1) 靠前的记录有比较严格的连接参数和比较弱的认证方法。

(2) 靠后的记录有比较宽松的连接参数和比较强的认证方法。

openGauss 除了支持手工配置认证信息外,还支持使用 GUC(Grand Unified Configuration)工具进行规则配置,如允许名为 jack 的用户在客户端工具所在的 IP 地址为 122.10.10.30 的地方以 sha256 方式登录服务端数据库 database1:

```
gs_guc set − Z coordinator − N all − I all − h "host database1 jack 122.10.10.30/32
sha256"
```

这条命令将在所有的 CN 侧对应的 HBA 文件中添加对应规则。

11.2.2 服务端认证方法

openGauss 安全认证方法在 HBA 文件中由数据库运维人员配置,支持 trust 认证、口令认证和 cert 认证。

1. trust 认证

trust 认证意味着采用当前认证模式时,openGauss 无条件接收连接请求,且访问请求时无须提供口令。这个方法如果使用不当,可允许所有用户在不提供口令的情况下直接连入数据库。为保障安全,openGauss 当前仅支持数据库超级用户在本地以 trust 方法登录,不允许远程连接使用 trust 认证方法。

2. 口令认证

openGauss 目前主要支持 sha256 加密口令认证。由于整个身份认证过程中,不需要还原明文口令,因此采用 PBKDF2 单向加密算法。其中 Hash 函数使用 sha256 算法,盐值 salt 则通过安全随机数生成。算法中涉及的迭代次数可由用户自己视不同的场景决定,需考虑安全和性能间的一个平衡。

为了保留对历史版本的兼容性,在某些兼容性场景下,openGauss 还支持 MD5 算法对口令进行加密,但默认不推荐。

特别地,openGauss 管理员用户在创建用户信息时不允许创建空口令,这意味着非超级用户在访问登录时必须提供口令信息(命令方式或交互式方式)。用户的口令信息被存放在系统表 pg_authid 中的 rolpassword 字段中,如果为空,则表示出现元信息错误。

3. cert 认证

openGauss 支持使用 SSL 安全连接通道(在 11.2.3 节详细介绍)。cert 认证表示使用 SSL 客户端进行认证,不需要提供用户密码。在该认证模式下,客户端和服务端数据经过加密处理。在连接通道建立后,服务端会发送主密钥信息给客户端以响应客户端的握手信息,这个主密钥将是服务端识别客户端的重要依据。值得注意的是,该认证方式只支持 hostssl 类型的规则。

　　在 11.2.1 节中,提到 openGauss 所支持的 METHOD 字段选项包括 trust、reject、sha256、cert 及 gss。除去上述介绍的三种认证方法外,reject 选项表示对于当前认证规则无条件拒绝,一般用于"过滤"某些特定的主机。gss 表示使用基于 gssapi 的 kerberos 认证,该认证方法依赖 kerberos server 组件,一般用于支持 openGauss 集群内部通信认证和外部客户端连接认证,外部客户端仅支持 gsql(openGauss 提供的在命令行下运行的数据库连接工具。)或 JDBC 连接时使用。

11.2.3　安全认证通道

　　openGauss 支持 SSL 标准协议(TLS1.2)。SSL 协议是安全性更高的协议标准,它们加入了数字签名和数字证书来实现客户端和服务器的双向身份验证,保证了通信双方更加安全的数据传输。

　　openGauss 在安装部署完成后,默认开启 SSL 认证模式。安装包中也包含了认证所需的证书和密钥信息。这些证书由 CA 可信中心颁发。假定服务器的私钥为 server.key,证书为 server.crt,客户端的私钥为 client.key,证书为 client.crt,CA 根证书名称为 cacert.pem。这些证书信息存放在"/home/ommdbadmin"目录。需要说明的是,集群安装部署完成后,服务端证书、私钥及根证书均已默认配置完成。用户只需要配置客户端相关的参数。

1. 配置客户端参数

　　客户端参数配置依据实际场景分为单向认证配置和双向认证配置,整个配置信息存储在客户端工具所在的环境配置文件中(如.bashrc 文件)。单向认证需要配置如下参数:

```
export PGSSLMODE = "verify-ca"
export PGSSLROOTCERT = "/home/ommdbadmin/cacert.pem"
```

双向认证需配置如下参数:

```
export PGSSLCERT = "/home/ommdbadmin/client.crt"
export PGSSLKEY = "/home/ommdbadmin/client.key"
export PGSSLMODE = "verify-ca"
export PGSSLROOTCERT = "/home/ommdbadmin/cacert.pem"
```

2. 修改客户端密钥的权限

客户端根证书、密钥、证书以及密钥密码加密文件的权限,需保证为 600。如果权限不满足要求,则客户端无法以 SSL 连接到集群。配置如下:

```
chmod 600 cacert.pem
chmod 600 client.key
chmod 600 client.crt
chmod 600 client.key.cipher
chmod 600 client.key.rand
```

在实际应用中,应结合场景进行配置。从安全性考虑,建议使用双向认证方式,此时客户端的 PGSSLMODE 变量建议设置为 verify-ca。但如果本身数据库处在一个安全的环境下,且业务场景属于高并发、低时延业务则可使用单向认证模式。

除了通过 SSL 进行安全的 TCP/IP 连接外,openGauss 还支持 SSH 隧道进行安全的 TCP/IP 连接。SSH 专为远程登录会话和其他网络服务提供安全性的协议。从 SSH 客户端来看,SSH 提供了两种级别的安全验证。

(1)基于口令的安全验证:使用账号和口令登录到远程主机。所有传输的数据都会被加密,但是不能保证正在连接的服务器就是需要连接的服务器。可能会有其他服务器冒充真正的服务器,也就是受到"中间人"方式的攻击。

(2)基于密钥的安全验证:用户必须为自己创建一对密钥,并把公钥放在需要访问的服务器上。这种级别的认证不仅加密所有传送的数据,而且避免"中间人"攻击方式。但是整个登录的过程可能需要 10 秒。

在实际执行过程中,SSH 服务和数据库服务应运行在同一台服务器上。

11.2.4　RFC5802 认证协议

在实际应用过程中,仅仅选定认证方法是不够的,还需要有一套完整的认证机制。这个机制要很好地解决客户端和服务端认证交互过程中的通信风险,还要解决客户端接收到加密口令后的验证问题。

openGauss 目前选用标准的 RFC5802 认证机制来解决相关问题。它实际上是 SCRAM(Salted Challenge Response Authentication Mechanism,是指 Salted 质询响应身份验证机制或者基于盐值的质询响应身份验证机制)标准流程中的协议。SCRAM 是一套包含服务器和客户端双向确认的用户认证体系,配合信道绑定可以避免中间人攻击。下面将着重介绍该协议内容。

（1）客户端知道用户名 username 和密码 password，客户端发送 username 给服务端，服务端检索相应的认证信息，例如 salt、StoredKey、ServerKey 和迭代次数 iteration-count（注意，服务端可能对于所有的用户都是用相同的迭代次数）。然后，服务端发送盐值 salt 和迭代次数给客户端。

（2）客户端需要进行一些计算，给服务端发送 ClientProof 认证信息，服务端通过 ClientProof 对客户端进行认证，并发送 ServerSignature 给客户端。

（3）客户端通过 ServerSignature 对服务端进行认证。

具体密钥计算公式如下：

```
SaltedPassword := Hi (password, salt, i)          //其中,Hi()本质上是 PBKDF2
ClientKey := HMAC(SaltedPassword, "ClientKey")
StoredKey := Hash(ClientKey)
AuthMessage := client-first-message-bare + "," +
server-first-message + "," +
client-final-message-without-proof
ServerKey := HMAC(SaltedPassword, "Server Key")
```

其中：

（1）AuthMessage：是通过连接认证交换的信息来计算的。

（2）client-first-message-bare：主要包含客户端给服务端发送的用户名 username 和随机字符串 C-Nonce。

（3）server-first-message：主要是盐值 salt、迭代次数以及随机生成的字符串 Nonce。

（4）client-final-message-without-proof：不包含认证信息 ClientProof，包含随机字符串 Nonce。

具体密钥衍生过程如图 11-3 所示。

在这里，服务端存的是 StoredKey 和 ServerKey。

（1）StoredKey：用来验证客户端的客户身份，服务端认证客户端。通过计算 ClientSignature 与客户端发来的 ClientProof 进行异或运算，从而恢复得到 ClientKey，然后将其进行哈希运算，将得到的值与 StoredKey 进行对比。如果相等，证明客户端验证通过。

（2）ServerKey：用来向客户端表明自己身份，客户端认证服务端。通过计算 ServerSignature 与服务端发来的值进行比较，如果相等，则完成对服务端的认证。

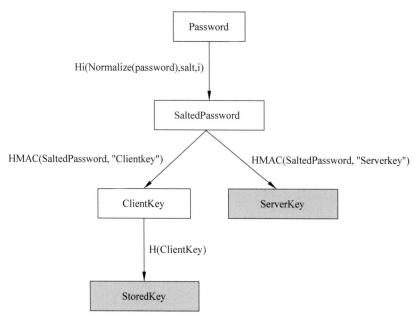

图 11-3 密钥衍生过程

在认证过程中,服务端可以计算出 ClientKey,验证完后直接丢弃不必存储。防止服务端伪造认证信息 ClientProof,从而仿冒客户端。要做到合法的登录,必须知道 Password、SaltedPassword 或者 ClientKey。如果 StoredKey 和 ServerKey 泄露,则无法做到合法登录。

图 11-4 描述了在一个认证会话期间的客户端和服务端的详细信息交换过程。

(1) 客户端发送 username 和随机生成的挑战值 C-Nonce 给服务端。

(2) 服务端返回盐值 salt、迭代次数以及随机生成的挑战值 Nonce 给客户端。Nonce 是将从客户端收到的 C-Nonce 和随机生成字符串组合形成的新挑战值。

(3) 客户端发送认证响应。响应信息包含客户端认证信息 ClientProof 和挑战值 Nonce。ClientProof 证明客户端拥有 ClientKey,但是不通过网络的方式发送。在收到信息后,首先需要校验传来的挑战值 Nonce,校验通过后,计算 ClientProof。

客户端利用盐值 salt 和迭代次数,从 password 计算得到 SaltedPassword,然后通过密钥计算公式计算得到 ClientKey、StoredKey 和 ServerKey。计算 AuthMessage、ClientSignature。通过将客户端首次发送的信息,服务端首次发送的信息以及客户端的响应信息(不包含认证信息)连接起来得到 AuthMessage。代码如下:

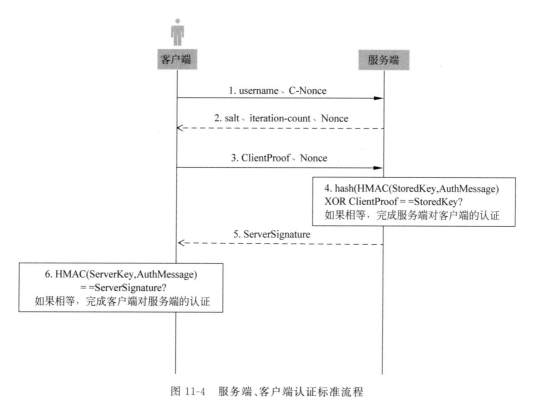

图 11-4　服务端、客户端认证标准流程

```
AuthMessage : = client - first - message - bare + "," + server - first - message + ","
+ client - final - message - without - proof
ClientSignature : = HMAC(StoredKey, AuthMessage)
```

客户端通过将 ClientKey 和 ClientSignature 进行异或得到 ClientProof：

```
ClientProof : = ClientKey XOR ClientSignature
```

将计算得到的 ClientProof 和第(2)步接收的随机字符串 Nonce 发送给服务端进行认证。

（4）服务端认证 Nonce 和 ClientProof，并且发送自己的认证信息 ServerSignature。首先需要校验 Nonce，校验通过后，计算 ServerSignature。使用其保存的 StoredKey 和 AuthMessage 通过 HMAC（Hash Message Authentication Code，哈希消息认证码）算法进行计算，然后与客户端传来的 ClientProof 进行异或，恢复 ClientKey，再对 ClientKey 进行哈希计算，得到的结果与服务端保存的 StoredKey 进行比较。如果相等,则服务端对客户端的认证通过。

```
ClientSignature := HMAC(StoredKey, AuthMessage)
H(ClientProof XOR ClientSignature ) == StoredKey
```

（5）服务端通过计算得到的 ServerSignature 返回给客户端。

```
ServerSignature := HMAC(ServerKey, AuthMessage)
```

（6）客户端通过将 ServerKey 和 AuthMessage 进行 HMAC 计算得到的 ServerSignature 与服务端传来的 ServerSignature 进行比较。如果相等,则客户端完成对服务端的认证。

11.3 openGauss 角色管理机制

数据库发展早期,访问控制通常可以分为自主访问控制（Discretionary Access Control,DAC）和强制访问控制（Mandatory Access Control,MAC）。在自主访问控制模式下,用户是数据对象的控制者,用户依据自身的意愿决定是否将自己的对象访问权或部分访问权授予其他用户。而在强制访问控制模式下,对特定用户指定授权,用户不能将权限转交给他人。在实际应用中,DAC 模式太弱,MAC 又太强,且两者工作量较大,不便于管理。基于角色的访问控制机制（Role-Based Access Control,RBAC）是一种更加灵活的机制,可以作为传统访问控制机制（DAC、MAC）的代替,也是较为有效的管理方法。

openGauss 继承了业界目前通用的权限管理模型,实现了基于角色的访问控制机制。整个机制中的核心概念是"角色",其更深层次的含义是角色组,即角色所拥有的权限实际上对应着这个角色组中所有成员的权限。管理员只需要将管理所希望的权限赋给角色,用户再从角色继承相应的权限即可,而无须对用户进行单一管理。当管理员需要增加和删减相关的权限时,角色组内的用户成员也会自动继承权限变更。

基于角色管理模型,用户可具备对对象的访问操作权限,并基于此完成数据管理。而这些用户所具备的权限是会经常发生变化的,为了有效地防止诸如权限提升、利用权限漏洞进行恶意操作等行为,必须进行权限的合理管控,即对象权限管理。更重要的是,需要在对象被访问操作时对当前用户的合法权限进行有效性检查,即对象权限检查。

11.3.1　角色管理模型

在 openGauss 内核中,用户和角色是基本相同的两个对象,通过 CREATE ROLE 和 CREATE USER 命令分别来创建角色和用户,两者语法基本相同。下面以 CREATE ROLE 命令的语句为例进行说明,其语句为(通过“\h CREATE ROLE”可以在系统中查询创建的角色):

```
CREATE ROLE role_name [ [ WITH ] option [ ... ] ] [ ENCRYPTED | UNENCRYPTED ] { PASSWORD |
IDENTIFIED BY } { 'password' | DISABLE };
```

其中设置子句 option 的选项可以是:

```
{SYSADMIN | NOSYSADMIN}
 | {AUDITADMIN | NOAUDITADMIN} | {CREATEDB | NOCREATEDB}
 | {USEFT | NOUSEFT} | {CREATEROLE | NOCREATEROLE}
 | {INHERIT | NOINHERIT} | {LOGIN | NOLOGIN}
 | {REPLICATION | NOREPLICATION} | {INDEPENDENT | NOINDEPENDENT}
 | {VCADMIN | NOVCADMIN} | CONNECTION LIMIT connlimit
 | VALID BEGIN 'timestamp' | VALID UNTIL 'timestamp'
 | RESOURCE POOL 'respool' | USER GROUP 'groupuser'
 | PERM SPACE 'spacelimit' | NODE GROUP logic_cluster_name
 | IN ROLE role_name [, ...] | IN GROUP role_name [, ...]
 | ROLE role_name [, ...] | ADMIN role_name [, ...]
 | USER role_name [, ...] | SYSID uid
 | DEFAULT TABLESPACE tablespace_name | PROFILE DEFAULT
 | PROFILE profile_name | PGUSER
```

该命令仅可由具备 CREATE ROLE 或者超级管理员权限的用户执行。对语法中涉及的关键参数做如下说明:

(1) ENCRYPTED | UNENCRYPTED

用于控制密码是否以密文形态存放在系统表中。目前该参数无实际作用,因为密码强制以密文形式存储。

(2) SYSADMIN | NOSYSADMIN

决定一个新创建的角色是否为“系统管理员”,默认为 NOSYSADMIN。

与该参数具有相类似概念的还包括 AUDITADMIN｜NOAUDITADMIN、CREATEDB｜NOCREATEDB、CREATEROLE｜NOCREATEROLE,分别表示新创建的角色是否具有审计管理员权限,是否具有创建数据库权限,以及是否具有创建新角色的权限。

(3) USEFT｜NOUSEFT

决定一个新角色是否能操作外表,包括新建外表、删除外表、修改外表和读写外表,默认为 NOUSEFT。

(4) INDEPENDENT｜NOINDEPENDENT

定义私有、独立的角色。具有 INDEPENDENT 属性的角色,管理员对其进行的控制、访问的权限被分离,具体规则如下:

① 未经 INDEPENDENT 角色授权,管理员无权对其表对象进行增加、删除、查询、修改、复制、授权操作。

② 未经 INDEPENDENT 角色授权,管理员无权修改 INDEPENDENT 角色的继承关系。

③ 管理员无权修改 INDEPENDENT 角色的表对象的属主。

④ 管理员无权去除 INDEPENDENT 角色的 INDEPENDENT 属性。

⑤ 管理员无权修改 INDEPENDENT 角色的数据库口令,INDEPENDENT 角色需要管理好自身口令,口令丢失无法重置。

⑥ 管理员属性用户不允许定义修改为 INDEPENDENT 属性。

(5) CONNECTION LIMIT

声明该角色可以使用的并发连接数量,默认值为－1,表示没有限制。

(6) PERM SPACE

设置用户使用空间的大小。

CREATE USER 语法与 CREATE ROLE 基本相同,option 选项范围也相同。事实上,用户和角色在 openGauss 内部是基本相同的两个对象。区别在于:①创建角色时默认没有登录权限,而创建用户时包含了登录权限;②创建用户时,系统会默认创建一个与之同名的 schema,用于该用户进行对象管理。因此在权限管理实践中,建议通过角色进行权限的管理,通过用户进行数据的管理。

管理员通过 GRANT 语法将角色赋给相应的用户可使该用户拥有角色的权限。而在实际场景中,一个用户可以从属于不同的角色,从而拥有不同角色的权限。同样角色之间的权限也可以进行相互传递。用户在继承来自于不同角色的权限时,应尽量避免权限冲突的场景,如某一用户同时具有角色 A 不能访问表 T 的权限和角色 B 访问表 T 的权限。

为了更清晰地描述权限管理模型,需要说明 openGauss 系统中的权限分为两种类型:系统权限和对象权限。系统权限描述了用户使用数据库的权限(如访问数据库、创建数据库、创建用户等)。对象权限,顾名思义,描述了用户操作数据库对象的权限(如增加、删除、修改、查表对象、执行函数、使用表空间等)。

通过上述 CREATE ROLE 和 CREATE USER 的语法发现,在创建过程中,通过指定每一个 options 的值就可以设定该角色的属性。而这些属性事实上定义了该角色的系统权限,以及该角色登录认证的方式。这些属性包括是否具备登录权限(LOGIN),是否为超级用户(SUPERUSER),是否具备创建数据库的权限(CREATEDB),是否具备创建角色的权限(CREATEROLE),当前角色的初始口令信息(PASSWORD)以及是否可以继承其所属角色的权限的能力(INHERIT)。

角色所有的权限都记录在系统表 pg_authid 里面,通过对应的字段进行描述。如 pg_authid 表中对应的 createrole 字段用于标记当前角色是否拥有创建角色的权利。角色的这些系统属性实际上定义了用户使用数据库权限的大小。例如,所有具有 CREATEROLE 权限的角色都可以创建新的角色或用户。

在整个数据库系统的安装部署时会创建一个初始化用户。该初始化用户拥有最高权限,也称为系统的超级用户,这也是 pg_authid 表中唯一一个 superuser 字段为 true(真)的角色。

超级用户可以按照实际的业务诉求创建普通用户,也可以通过其所创建的管理员创建新的普通用户,再进行权限的管理。超级用户可以随时进行权限的赋予和撤回,也可以直接参与到实际的数据管理业务中。在单用户场景的作业管理模式中,使用超级用户使权限和数据管理变得非常的高效。

11.3.2　三权分立模型

如 11.3.1 节所述,openGauss 安装完成后会得到一个具有最高权限的超级用户。数据库超级用户的高权限意味着该用户可以做任何系统管理操作和数据管理操作,甚至可以修改数据库对象,包括 11.4 节将要介绍的审计日志信息。对于企业管理来说,手握超级用户权限的管理人员可以在无人知晓的情况下改变数据行为,这带来的后果是不可想象的。

在 11.2.1 节提到,初始化用户不允许远程登录,仅可本地登录。那么,在组织行为上由 IT 部门严格监控拥有该权限的员工在本地的操作行为,就可有效避免诸如修改表中数据等"监守自盗"行为的发生。为了实际管理需要,在数据库内部就需要其他的管理员用户来管理整个系统,如果将大部分的系统管理权限都交给某一个用户来执行,实际上也是不合适的,因为这等同于超级用户。

为了很好地解决权限高度集中的问题,在 openGauss 系统中引入三权分立角色模型,如图 11-5 所示。三权分立角色模型最关键的三个角色为安全管理员、系统管理员和审计管理员。其中,安全管理员用于创建数据管理用户;系统管理员对创建的用户进行赋权;审计管理员则审计安全管理员、系统管理员、普通用户实际的操作行为。

图 11-5　三权分立角色模型

通过三权分立角色模型实现权限的分派,且三个管理员角色独立行使权限,相互制约制衡。使得整个系统的权限不会因为权限集中而引入安全的风险。

事实上,产品使用过程中的安全是技术本身与组织管理双重保障的结果,在系统实现三权分立模型后,需要有三个对应的产品自然人分别握有对应的账户信息,以达到真正权限分离的目的。

11.3.3　对象访问控制

数据库中每个对象所拥有的权限信息经常发生变化,比如授予对象的部分操作权限给其他用户,或者删除用户对某些对象的操作权限。为了保护数据安全,当用户要对某个数据库对象进行操作之前,必须检查用户对对象的操作权限,仅当用户对此对象拥有合法操作的权限时,才允许用户对此对象执行相应操作。ACL(Access Control list,访问控制列表)是 openGauss 进行对象权限管理和权限检查的基础。在数据库内部,每个对象都具有一个对应的 ACL,在该 ACL 数据结构上存储了此对象的所有授权信息。当用户访问对象时,只有它在对象的 ACL 中并且具有所需的权限时才能访问该对象。当用户对对象的访问权限发生变更时,只需要在 ACL 上更新对应的权限即可。

　　事实上,ACL 是内核中存储控制单元 ACE(Access Control Entry,访问控制项)的集合,这些存储控制单元记录了授权者 OID、受权者 OID 以及权限位三部分信息。其中,权限位是一个 32 位整数,每一位标记一个具体的权限操作,如 ACL_SELECT(第二位信息)标记查询用户是否有对对象的查询权限。每一个 ACE 对应一个 AclItem 结构,记录了完整的对象访问用户和执行单元信息。在 openGauss 内部,每一个对象都对应一个 ACL,用户可以依据 ACL 信息来校验对象上存在的权限信息。依据实际对象(如表、函数、语言)的不同,内核提供了不同的函数以实现对当前对象访问权限的校验:

```
has_table_privilege_*_*(ARGS)
```

　　函数中的星号分别代表用户信息和数据库对象信息。根据 ARGS(泛指一个可变数量的参数列表)提取的诸如用户信息、表信息、需要校验的权限信息,然后依据 ACL 中记录的权限集与操作所需的权限集进行比对。如果 ACL 记录的权限集大于操作所需的权限集,则 ACL 检查通过,否则失败。

　　当管理者对对象的权限进行授权/回收时,需要修改 ACL 中对应的权限信息,即在对应的权限标记位添加或删除指定的权限(权限对应的标志位被修改为 0 或者 1),完成对 ACL 的更新操作。需要注意的是,在实际权限操作中,应尽可能避免循环授权情况的发生。

11.4　openGauss 审计与追踪

　　openGauss 在部署完成后,实际上会有多个用户参与数据管理。除了管理员用户外,更多的是创建的普通用户直接进行数据管理。用户的多样性会导致数据库存在一些不可预期的风险。如何快速发现和追溯到这些异常的行为,则需要依赖审计记录机制和审计追踪机制。

11.4.1　审计记录机制

审计记录的关键在于：

（1）定义何种数据库操作行为需要进行日志记录。

（2）记录的事件以何种形式展现和存储。

只有有效地记录了所关心的行为信息，才能依据这些行为进行问题审计和追溯，实现对系统的一个有效监督。

正如在"三权分立模型"中描述的，进行权限分离后，就出现了审计管理员（当然也可以使用普通角色管理模型中的系统管理员来担当）。审计管理员最重要的作用在于对管理员以及普通用户所有关心的行为进行记录和审计追溯。审计首先要定义审计哪些数据库行为，其次需要定义审计内容记录在什么文件中以及何种目录下，最后需要定义清楚应提供何种接口供审计管理员进行审计查询。

openGauss 针对用户所关心的行为提供了基础审计能力，包括事件的发起者、发生的时间和发生的内容。openGauss 的审计功能受总体开关 audit_enabled 控制，默认开启。该开关不支持动态加载，需要重启数据库后才可以使功能的性质发生改变。在总体开关的基础上，openGauss 增加了每一个对应审计项的开关。只有相应的开关开启，对应的审计功能项才能生效。

不同于总体开关，每一个对应的子审计项都支持动态加载，在数据库运行期间修改审计开关的值，不需要重启数据库即可支持。审计的子项目包括如下部分：

audit_login_logout：用户登录、注销审计。

audit_database_process：数据库启动、停止、恢复和切换审计。

audit_user_locked：用户锁定和解锁审计。

audit_user_violation：用户访问越权审计。

audit_grant_revoke：授权和回收权限审计。

audit_system_object：数据库对象的 CREATE、ALTER 和 DROP 操作审计。

audit_dml_state：具体表的 INSERT、UPDATE 和 DELETE 操作审计。

audit_dml_state_select：SELECT 查询操作审计。

audit_copy_exec：复制行为审计。

audit_function_exec：审计执行 FUNCTION 操作。

audit_set_parameter：审计设置参数的行为。

定义完审计记录行为后，当数据库执行相关的操作时，内核独立的审计线程就会记录审计日志。

传统的审计日志保存方法有两种：记录到数据库的表中及记录到 OS 文件中。前一种方法由于表是数据库的对象，在符合权限的情况下就可以访问到该审计表，当发生非法操作时，审计记录的准确性难以得到保证。而后一种方法虽然需要用户维护审计日志，但是比较安全，即使一个账户可以访问数据库，但不一定有访问 OS 这个文件的权限。

与审计日志存储相关的配置参数及其含义定义如下：

audit_directory：字符串类型，定义审计日志在系统中的存储目录，一个相对于"/data"数据目录的路径，默认值为/var/log/opengauss/perfadm/pg_audit，也可以由用户指定。

audit_resource_policy：布尔类型，控制审计日志的保存策略，即以空间还是时间限制为优先策略决定审计文件更新，默认值为 on。

audit_space_limit：整数类型，定义允许审计日志占用的磁盘空间总量，默认值为1GB，在实际配置中需要结合环境进行总体考虑。

audit_file_remain_time：整数类型，定义保留审计日志的最短时间要求，默认值为90，单位为天。特别的，如果取值为 0，则表示无时间限制。

audit_file_remain_threshold：整数类型，定义审计目录 audit_directory 下可以存储的审计文件个数。默认值为 1 048 576。

audit_rotation_size：整数类型，定义单个审计日志文件的最大大小，当审计日志文件大小超过此参数值时，新创建一个审计文件。

audit_rotation_interval：整数类型，定义新创建一个审计日志文件的时间间隔。默认值为 1 天，单位为分钟。

通过上述的这些配置参数，系统管理员用户可以在查询任务发生后找到对应的审计日志，并进行有效归档。审计日志文件也会按照参数指定的规则进行更新、轮换等。

11.4.2　审计追踪机制

openGauss 将审计所产生的文件独立存放在审计文件夹中，按照产生的先后顺序进行标记管理，并以特定的格式进行存储（默认为二进制格式文件）。当审计管理员需要进行审计查询时，通过执行函数 pg_query_audit()即可，其具体的语句如下：

```
select * from pg_query_audit(timestamp valid_start_time, timestamp valid_end_time,
audit_log);
```

其中,valid_start_time 和 valid_end_time 定义了审计管理员将要审计的有效开始时间和有效结束时间;audit_log 表示审计日志信息所在的归档路径,当不指定该参数时,默认查看链接当前实例的审计日志文件(不区分具体的审计文件)。

值得注意的是,valid_start_time 和 valid_end_time 的有效值为从 valid_start_time 日期中的 00:00:00 开始到 valid_end_time 日期中的 23:59:59。由于审计日志中包含了众多的信息,如时间、地点、行为分类等,审计管理在获得完整的信息后可以增加各种过滤条件来获得相对应的更明确的信息。

11.4.3　统一审计

传统审计依据开关定义了不同的审计组合行为。事实上,这种无区分对待的审计虽然记录了所有想要审计的行为,但是对于通过审计日志发现问题则显得不那么容易,且管理员无法为特定的用户定义特定的行为,反而造成了系统处理的负担。因此需要为审计添加更精细化管理的能力。

统一审计的目的在于通过一系列有效的规则在数据库内部有选择性执行有效的审计,从而简化管理,提高数据库生成的审计数据的安全性。本节所述的技术目前处于研发阶段,对应产品尚未向客户发布。

openGauss 提供了一套完整的统一审计策略机制,依据不同任务的诉求对用户行为进行定制化审计管理。更进一步,openGauss 的统一审计不仅可以依据用户、依据表进行审计行为定义,同时还可以扩展至通过 IP 地址、App 的名称来过滤和限制需要审计的内容。实际的语句如下:

```
CREATE AUDIT POLICY policy_name
[
(privilege_audit_clause) | (access_audit_clause)
[filter_clause FILTER_TYPE(filter_value)]
[ENABLED|DISABLED]
];
```

其中,privilege_audit_clause 定义语句如下:

```
PRIVILEGES (DDL|ALL) [ON (LABEL(resource_label_name)) [, ...] * ];
```

该语句定义了针对 DDL 类语句的审计策略,其中 LABEL 表示一组资产集合,即数据库对象的集合。access_audit_clause 定义语句如下:

```
ACCESS (DML|ALL) [ ON (LABEL(resource_label_name)) [, ...] * ];
```

该语句定义了针对 DML 类语句的审计策略。filter_clause 标记需要过滤的信息，常见的 Filter types(过滤类型)包括 IP、APPS 应用(访问的应用名)、ROLES(数据库系统用户)以及 LABEL 对象。

一个有效的统一审计策略可参见如下：

```
CREATE AUDIT POLICY admin_policy PRIVILEGES CREATE, ALTER, DROP FILTER ON IP(local),
ROLES(dev);
```

该语句表示创建针对 CREATE/ALTER/DROP 操作的审计策略，审计策略只对 dev 用户在本地(local)执行 CREATE/ALTER/DROP 行为时生效。

11.5　openGauss 数据安全技术

数据库最重要的作用是存储数据和处理分析数据。数据是整个数据库系统中最关键的资产。因此，在保护系统不受侵害的基础上最为重要的任务就是保护数据的安全。常见的数据安全技术包括数据加密、数据脱敏(Data Masking)、透明数据加密(Transparent Data Encryption，TDE)和全程加密(Always Encryption)技术。这里囊括了数据的动态流程和静态存储行为。

11.5.1　数据加密算法

数据加密和解密是防止数据隐私泄露最为常见也最为有效的手段之一。数据在经过加密后以密文形式存放在指定的目录下。加密的意义在于，通过一系列复杂的迭代计算，将原本的明文转换为随机的没有任何具体含义的字符串，即密文。当所使用的加密算法足够安全时，攻击者在有限的计算资源下将很难根据密文获取到明文信息。

常见的加密算法可分为对称加密算法和非对称加密算法。其中最为著名的非对称加密算法为 RSA 算法，其密钥长度须达到 3072 比特(b)才可以保证其安全性，即强安全。常见的对称加密算法为 AES 算法，如 AES128 和 AES256。相比于非对称加密算法,对称加密算法运算速度快,密文长度增长少,安全性容易证明,所需要的密钥长度短,但也存在密钥分发困难和不可用于数字签名等缺点。除了上述介绍的加密算法外,还有很多其他强安全算法,在此不一一介绍。下面重点介绍 openGauss 中所支持的数据加密能力。

首先 openGauss 在内核定义了数据加密和解密的函数,并对外提供了数据加密和解密的接口,函数接口为:

```
gs_encrypt_aes128(text, initial_value);
```

其中,text 为需要加密的明文数据;initial_value 为生成密钥时需要的初始化向量。该函数可以被灵活地应用在 SQL 语句的各个地方。例如,通过使用 INSERT 语句插入数据或者查询数据时均可以绑定该函数对数据进行加密处理,具体如下:

```
SELECT * FROM gs_encrypt_aes128(tbl.col, '1234');
```

通过该查询,用户可以直接返回表 tbl 中的 col 列的密文信息。

与加密函数相对应的是解密函数,其接口格式定义为:

```
gs_decrypt_aes128(cypertext, initial_value);
```

其中,cypertext 为加密之后的密文;initial_value 需要为与加密时所采用的相同的值才可以,否则使用该函数也无法得到正确明文。

除了基本的数据加密和解密接口外,openGauss 还在多个特性功能里提供了数据加密和解密功能。其中第一个提供加密和解密功能的特性是数据导入导出;第二个提供加密和解密功能的特性是数据库备份恢复。

11.5.2　数据脱敏技术

在很多应用场景下,用户需要通过拥有表中某一列的访问权限来执行任务,但是又不能获取所做事务之外的其他权限。以快递人员为例,快递人员在递送包裹的时候需要知道收件人的联系方式和姓氏,但是无须知道对应的收件人的全称。在快递收件人信息部分,如果同时定义了收件人的姓名和电话,则暴露了收件人的隐私信息,"有心之人"可以通过此信息进行虚假信息构造或利用该隐私信息进行财产欺诈。因此在很多情况下,所定义的敏感信息是不建议对外展现的。

数据脱敏是解决此类问题的最有效方法之一,通过对敏感数据信息的部分信息或全量信息进行特殊处理可以有效掩盖敏感数据信息的真实部分,从而达到保护数据隐私信息的目的。数据脱敏按照脱敏呈现的时机可以分为数据动态脱敏和数据静态脱敏,其中前者在数据运行时对数据进行特殊处理,后者在数据存储的时候进行特殊处理以防止攻击者通过提取数据文件来直接获取敏感信息。本小节重点介绍数据动态脱敏技术。

数据动态脱敏的安全意义在于:

(1)用户在实际操作的时候无须用真实数据,只需要使用一个变化后的数据,可有效规避数据信息的直接暴露。

(2)在不同的国家或地区的法律法规中,如 GDPR(通用数据保护条例),约定不同的用户在管理数据的时候具有不同的访问对象权限。

(3)对于表中的同一列数据信息,不同的用户应具有不同的用途。

数据动态脱敏功能在数据库内核实际上表现为数据处理函数。通过函数处理使得数据库中的数据在返回给实际查询用户时数据值发生变更,如用户所有的年龄信息值在返回给客户端时均显示为"0";又或是字符串数据中的部分字节位变更为其他字符,如信用卡卡号"1234 5678 0910 1112"在返回给客户端时显示为"XXXX XXXX XXXX 1112"。

在 openGauss 系统中,数据动态脱敏策略定义如下:

```
CREATE MASKING POLICY policy_name
(
(masking_clause)
[filter_clause]
[ENABLE|DISABLE]
);
```

其中的具体参数说明如下:

(1) masking_clause 定义如下:

```
MASKING_FUNCTION(PARAMETERS) ON (SCOPE(FQDN)) | (LABEL(resource_label_name)) [,...] * ;
```

定义了针对不同数据集合对象所采用的脱敏函数。这里,LABEL 为数据库安全标签。数据库安全标签实际上定义了一组数据内部的表对象或表中的部分列,用于标记相应数据脱敏策略的范围。

（2）filter_clause 定义如下：

```
FILTER ON FILTER_TYPE(filter_value [, ...] * ) [, ...] * ;
```

定义了数据动态脱敏策略所支持的过滤条件。

一个实际的数据动态脱敏案例如下：

```
CREATE MASKING POLICY my_masking_policy
creditcardmasking ON LABEL (mask_credcard),
maskall ON LABEL (mask_all)
FILTER ON IP(local), ROLES(dev);
```

其中，my_masking_policy 为定义的数据动态脱敏策略名字；creditcardmasking 以及 mask_all 为定义的 masking 处理函数，分别用于处理从属于 mask_credcard 对象集合和 mask_all 对象集合；mask_credcard 和 mask_all 代表不同的 Label 对象，这些 Label 对象名称将作为唯一标识记录在系统表中。FILTER 表示当前动态脱敏策略所支持的连接源，连接源指的是实际数据库管理员使用何种用户，从何 IP 源位置发起，使用何种 App 应用来访问当前的数据库。通过使用 FILTER 可以有效定义系统的访问源信息，并规避不应该访问当前系统的行为。

openGauss 在系统内部预定义了七种数据脱敏策略，具体如表 11-1 所示。

表 11-1　数据脱敏策略

脱敏策略	含　义	脱敏前数据	脱敏后数据
creditcardmasking	针对信用卡定义类数据的脱敏策略	4880-9898-4545-2525	xxxx-xxxx-xxxx-2525
maskall	全脱敏策略	4880-9898-4545-2525	xxxxxxxxxxxxxxxxxxx
basicemailmasking	邮件类信息基础脱敏策略：脱敏用户名	alex@gmail.com	xxxx@gmail.com
fullemailmasking	邮件类信息全脱敏策略	alex@gmail.com	xxxx@xxxxx.com
alldigitsmasking	数字脱敏策略	alex123alex	alex000alex
shufflemasking	置换脱敏策略	hello word	ollehdlrow
randommasking	随机脱敏策略	hello word	ad5f5ghdf5

用户在实际使用时，还可以根据自己的需求自行定义数据脱敏策略。

11.5.3　透明加密技术

当数据在静态存储状态时，除了使用常见的静态脱敏技术进行数据隐私保护外，另一种行之有效的方法是 TDE(透明加密)。事实上,静态脱敏在实际应用过程中是存在一定限制的。用户并不能对所有的数据类型都施加静态脱敏措施。

TDE 从加密策略出发,即使用户数据被导出,也可以有效解决数据信息泄露风险。数据透明加密的初衷是为了防止第三方人员绕过数据库认证机制,直接读取数据文件中的数据(数据文件中的数据虽然是二进制数据,但是仍然是明文存放)。所以对数据库的数据文件进行加密后,必须在数据库启动后,用户通过正常途径连接数据库,才可以读取解密后的数据,达到数据保护的目的。

openGauss 实施透明加密策略,首先是需要确定一个数据库加密密钥(Database Encryption Key,DEK),该 DEK 由系统密钥管理系统(Key Management Service,KMS)生成,数据库密钥密文(Encrypted Database Encryption Key,EDEK)以文件方式(gs_tde_keys.cipher)存储于数据库系统中。该 DEK 一次生成,终身使用,不可变更,不可轮换。在快照(即备份)恢复时,需要使用此前的 DEK。

数据库在每次启动时,通过读取本地存储的密钥信息和 EDEK,向 KMS 机器上的 URL 地址,传入密钥版本名(version-name)、密钥名(name)、IV 值和数据库加密密钥密文值,从而获取到解密后的 DEK。此密钥会缓存在实例的内存当中,当数据库需要加密或解密数据时从内存中复制密钥明文。

openGauss 支持两种格式的透明加密算法,通过 GUC 参数 transparent_encryption_algo 进行控制,当前支持的算法包括 AES-CTR-128 和 SM4-CTR-128。加密模式选用 CTR(CounTeR,计数器模式)的原因是 CTR 加密可以保证明文和密文长度相等。明文和密文长度相等是由数据块(Block)的大小决定的,因为内存和磁盘存储格式对块的大小是有要求的(默认为 8KB)。特别的,在 openGauss 列存储中,列存储单元(Column Unit,CU)的最大值是有限制的,所以其加密后的长度也不能超过最大限制值。

一个完整的数据透明加密流程如图 11-6 所示,即该特性的生命周期共分为 3 个阶段:安装阶段、启动阶段和使用阶段。

(1) 安装阶段:用户通过安装部署的配置,生成密钥记录文件和 GUC 参数。

(2) 启动阶段:用户依据密钥记录文件和 GUC 参数,获取到明文。

(3) 使用阶段:用户根据密钥算法标记和全局缓存明文,完成数据落盘的加密和数据读取的解密。

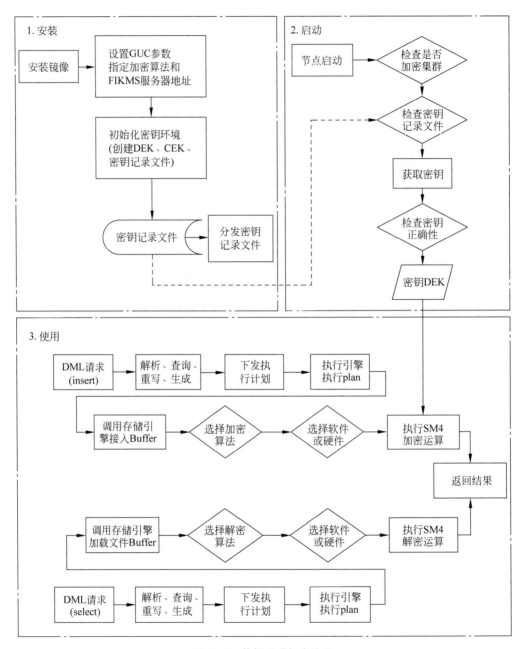

图 11-6　数据透明加密流程

11.5.4　全程加密技术

　　无论是当前通用的数据脱敏方案，还是数据透明加密方案，其所解决的都是部分状态或部分流程下的数据隐私安全。数据库攻击者可通过其他不同的攻击技术手段在数据以明文存在或处于内存中时抓取数据流信息，从而达到获取隐私数据的目的。如果数据在整个生命周期中都能够处于加密的形态，且密钥掌握在用户自己手中，则数据库用户可有效地防止数据隐私的泄露。

　　全程加密技术就是在这种场景下诞生的。其核心是使得数据从用户手中进入到数据库系统后一直处于加密状态，用户所关心的数据分析过程也在密态状态下完成。在整个数据分析处理过程中，即使用户数据被攻击者窃取，由于密钥一直掌握在客户自己手中，攻击者也无法获得相关的信息。目前该技术处于研发阶段，对应产品尚未发布。

　　openGauss 分三个阶段来实现完整的数据全程加密功能。

　　（1）第一阶段：实现客户端全程加密能力。系统在客户端提供数据加解密模块和密钥管理模块，在这种设计思路下数据在客户端完成加密后进入数据库，在完成处理分析返回结果的时候在客户端完成解密功能。客户端全程加密的缺陷在于只能支持等值类查询。

　　（2）在第二阶段：将在服务端实现基于密文场景的密文查询和密文检索能力，使得数据库具备更加强大的处理能力。

　　（3）在第三阶段：openGauss 将构建基于可信硬件的可信计算能力。在此将基于鲲鹏芯片来构建数据库的可信计算能力。在可信硬件中，完成对数据的解密和计算。数据从可信硬件进入到真实世界后，将再加密成密文返回给客户。一个完整的openGauss 全程加密方案架构如图 11-7 所示。

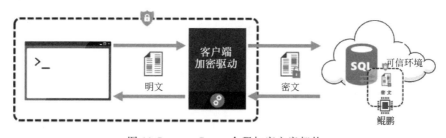

图 11-7　openGauss 全程加密方案架构

下面介绍 openGauss 客户端全程加密方案,也称为客户端列加密方案(Client Column Encryption,CCE)。在该方案中,首先应该由用户来指定对哪一列数据进行加密,通过在指定的属性列后面加上关键字"encrypted"进行标记,如下述语句所示:

```
CREATE TABLE test_encrypt(creditcard varchar(19) encrypted);
```

为了有效保证加密数据的安全性并支持数据的密态查询,在内核中选用确定性 AES 算法。具体来说,其加密算法为:AEAD_AES_256_CBC_HMAC_SHA_256。整个方案中使用双层密钥方案,第一层根密钥用户向密钥管理中心获取,作为根密钥(master key)。第二层为数据加密密钥,也称为工作密钥。工作密钥通过根密钥加密后存放在服务器端。在加密列创建完成后,如果没有工作密钥,则系统会单独为该列创建一个工作密钥。不同的属性列可以通过创建语法指定并共享列加密密钥。

为保证整个系统的安全性,加密工作密钥的加密算法强度应高于使用工作密钥加密数据的强度。在 openGauss 中,一般使用 RSA-OAEP 算法来加密工作密钥,而根密钥仅存放在客户端。密钥层次关系如图 11-8 所示。

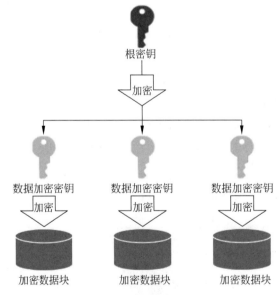

图 11-8　全程加密功能的密钥管理方案

由于采用确定性加密算法,对于相同的明文,所获取的密文也是相同的。在这种机制下,客户端全程加密可有效地支持等值查询,只需要将对应查询条件中的参数按照对应属性列的加密算法进行加密,并传给服务端即可。一个完整的客户端全程加密方案的查询流程如图 11-9 所示。在流程图的客户端部分,需要优先检查相关信息的有效性。

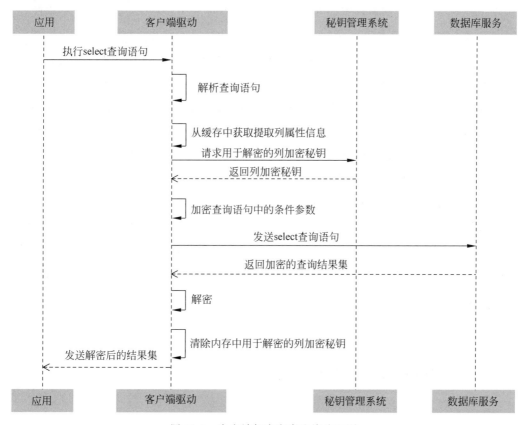

图 11-9　客户端加密方案查询流程图

客户端全程加密方案是非常简单易懂的,即通过确定加密机制保障结果的正确性和完整性,但对于日益复杂的查询任务来说,客户端全程加密方案是远远不够的。因为客户端全程加密仅仅能满足那些等值查询任务,如等值条件查询、分组、连接操作等。对于那些更为复杂的数据搜索,如比较查询、范围查询等,则需要更为复杂的密态查询算法或服务端可信硬件方案。

事实上,密文查询算法和检索算法在学术界一直都是热点的研究方向,如 OPE (Order Preserve Encryption,保存加密)/ORE(Order Reveal Encryption,顺序揭示加密)算法、SSE(Symmetric Searchable Encryption,顺序揭示加密)算法等。openGauss 将针对排序、范围查询、模糊检索实现纯软件态的密文查询和密文检索。纯软件方案的缺陷在于:由于在密文状态下进行运算,会导致系统整体性能变慢。为了支持密态计算,需要密文在计算完成后解密的结果与明文计算所获得的结果相同。全同态加密是最行之有效的算法,可有效解决数据在密文形态下的加法和乘法计算,而不暴露相关明文信息。但是全同态加密最大的问题在于其性能过于低效,以至于没有一款商业数据库支持该能力,哪怕是部分同态加密能力,如加法同态或者乘法同态。

在第三阶段,openGauss 将提供基于可信硬件的密态计算能力。其核心是数据以密文形态进入服务端可信硬件中并完成所需要的密文计算。可信硬件将系统内核分为安全世界和非安全世界。数据计算完成后再以密文形态返回给非安全世界,并最终返回给客户端。目前通用的 Intel 芯片和 ARM 芯片均提供了相类似的功能。在 Intel 芯片中,该隔离区域被称为 SGX(Software Guard Extensions,软件保护发展)。SGX 是一个被物理隔离的区域,数据即使以明文形式存放在该物理区域内,攻击者也无法访问。在 ARM 架构中,与其类似的功能被称为 Trust Zone(受信区域),基于 Trust Zone,人们可以构建可信操作系统(Trusted OS),然后可以开发相对应的可信应用。基于可信计算环境,用户可以解密这些数据进行各类数据库查询操作。当数据离开这些环境后,数据则以密文形态存在,并返回给客户再进行解密。从而起到保护数据隐私的目的。

11.6 openGauss 云安全技术

传统的数据库对于企业来说,运维是一个重大的难题,因为每个企业需要拥有针对特定数据库专业知识的 DBA 人员,且数据库运维成本很高,对于小企业来说是很难持续维持的。随着云技术的成熟,越来越多的企业将应用和数据迁移上云。不同于传统的 IT 业务场景,在云环境下,系统所面临的风险远远多于私有环境。因此,除基本的安全能力外,还需要额外的考虑云环境所面临的风险。

11.6.1 IAM 认证

当用户需要把数据库部署到云上时,用户首先需要通过 Portal 界面创建数据库服务。创建成功后,用户则可以下载对应的客户端来进行数据管理操作。为了提升数据库使用过程中的便捷性和安全性,云服务一般会提供 IAM(Identity and Access

Management,身份与访问管理)服务。

openGauss 搬迁上云后所提供的服务称为华为数据仓库服务(Data Warehouse Service,DWS)。当与 IAM 进行对接时,需要对应的服务和数据库的 C/S 两端协作完成。完整的 IAM 认证对接组件流程图如图 11-10 所示。

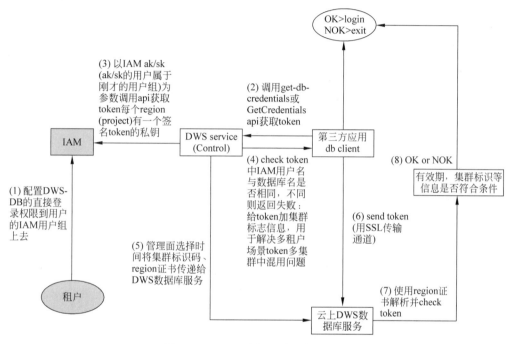

图 11-10　IAM 认证对接组件流程图

在上述流程图中,要求云数据库服务管控侧和 openGauss 内核侧分别具备如表 11-2 的功能。

表 11-2　云数据库服务管控侧和 openGauss 内核侧功能表

序　号	云数据库服务管控侧	openGauss 内核侧
1	与 IAM 对接,支持配置具有登录数据库权限的 IAM 角色信息	支持创建支持 IAM 认证的数据库用户,该用户没有密码,只支持 IAM 连接认证使用
2	支持获取凭证 API 接口,以 ak/sk 信息为输入数参获取 token(含集群标识码),且返回 token 前需要校验 token 中 IAM 用户名信息	服务端新增认证类型,通过用户属性判断使用 IAM 认证,而非账户口令认证
3	获取凭证 API 接口需支持用户自动创建及群组添加用户功能	客户端 JDBC 支持使用凭证 API 接口获取 IAM 临时凭据信息,并作为密码参数,传递给服务器

续表

序号	云数据库服务管控侧	openGauss 内核侧
4	在数据库开始认证前,将集群标识码、解析 token 用的证书传递到数据库服务器上	数据库服务侧支持获取 region 证书对 token 进行解签名
5	将集群标识码信息与 token 信息进行封装,返回给数据库客户端使用	数据库服务根据 token、policy(策略)等信息检查解签名后的 token 是否符合数据库连接请求的要求,进行最终认证

事实上,openGauss 支持两种方式来创建用于 IAM 认证的用户。第一种方式是手动创建,使用语句如下,无须指定该用户的密码。

```
CREATE USER 'db_iam_user' PASSWORD DISABLE;
```

第二种方式为自动创建,由 DWS 管控侧提供凭证来指定自动创建参数(参数为 AutoCreate),如果指定的数据库用户不存在,则会自动创建,需 openGauss 内核侧适配,工具支持以下参数:

(1) 集群标识符:包含数据库的集群名称。

(2) 数据库用户名:现有或新的数据库用户名称。如果数据库中不存在此用户且 AutoCreate 为 true,则将创建支持 IAM 认证的数据库新用户。如果此用户不存在且 AutoCreate 为 false,则请求会失败。

(3) AutoCreate(可选):如果数据库用户名不存在,则创建新用户。

获取凭证 API 接口将通过 DWS Service 和管控侧工具将 AutoCreate、数据库用户名信息传递到管控域,GuestAgent 需要内部连接数据库查询 DWS Service 传递的数据库用户名是否存在,如果存在,则直接退出;如果不存在,则判断 AutoCreate 是否为 true,如果 AutoCreate 为 true,则拼接如下 SQL 语句发给数据库创建用于 IAM 认证的用户:

```
CREATE ROLE user_name PASSWORD DISABLE;
```

11.6.2 安全 chroot 技术

数据库搬迁上云后需要解决的另外一个问题是目录安全。当攻击者知道数据库的安装目录后,可以破坏数据库的目录结构。chroot(change Root)技术通过改变程序执行时所参考的根目录位置增进系统的安全性来限制使用者能做的事。

chroot 是当前云环境必须具备的一种技术,chroot 的作用包括:

(1) 切换运行系统的根目录所在位置,可引导 Linux 系统启动和系统急救;

(2) 增强系统的安全性,限制用户的可见性和权限;

(3) 建立与原始系统相隔离的系统目录结构,降低失败传播等问题。

openGauss 采用基于 chroot 目录内容最小化方案将集群所有相关文件配置在 chroot 目录下的/var/chroot 文件,在经过 chroot 之后,系统读取到的目录和文件将不再是旧系统根下的而是新根下,建立一个与原系统隔离的系统目录结构,增加了系统的安全性,限制了用户的权利。默认 chroot 的目录路径为/var/chroot。

11.6.3　防篡改技术

数据库从线下搬迁到云上后,除了解决基本的风险之外,还有一个最为重要的风险,就是恶意 DBA 的运维风险。DBA 用户及恶意运维人员可以登录系统,并恶意修改系统数据。在修改完数据信息后,DBA 用户可以删除对应的审计日志而不被审计管理员发现。这里实际上体现的是第三方可信源"监守自盗"的问题。

当前解决第三方可信源"监守自盗"的最有效方法是去中心化。区块链就是最好的体现,即在牺牲一点效率的情况下,可获得极大的安全性。在区块链系统中,首先没有一本中央大账本了(如第三方机构),所以无法摧毁;其次,无法作弊,除非篡改者能够控制系统内的大多数人对计算机中的账本进行修改,否则系统会参考多数人的意见来决定什么才是真实结果,而自己修改的账本完全没有意义。

区块链的本质即分布式多活数据库。区块链与数据库在很多概念上具有共同之处。下面就一些区块链中的基本概念进行对比。

(1) 共识算法:在分布式数据库中,最为关键的一点是需要保持数据的一致性。当前普遍采用 PAXOS 或 RAFT 算法达成分布式数据库的数据一致性协商。在实施时,数据分片会同时存放在数据库的主从实例上,主实例负责数据的读写操作,从实例进行只读操作。当主实例写入数据时,其事务日志会被实时同步给其他从实例进行回放,以达到主从实例之间数据一致性的目标。

相比于区块链体系,数据库的主实例即为日志生成实例,其每次生成事务日志的功能,与区块链中每次出块时矿工的功能完全等价。但是分布式数据库每次操作时对日志实时广播到实例中,并且在事务提交时进行一致性判断。

(2) 智能合约:在区块链系统中,智能合约其实是一段存储在一个区块链上的代码,由区块链交易触发,并与区块链状态模式相互影响。这里所说的代码可以是任意的支持语言,如 Java、Fortran、C++等。当使用 SQL 时,它就是写在扩展 SQL 中的存储过程。

除了上述关键技术点对比分析外,还可以对区块链和数据库在其他技术细节上进行如表 11-3 所示的分析。

表 11-3　区块链和数据库技术分析

分　析　点	数　据　库	区　块　链
参与者	单方参与	多方参与
管理	中心化	去中心化
最新记录	Table Value	World State
历史记录	日志(Xlog)	—
查询	Table Value	World State＋Chain
数字签名	不支持	支持
容错机制	故障错误机制(CFT,Crash Fault Tolerance)	拜占庭容错机制(BFT,Byzantine Fault Tolerance)
用户自定义逻辑	存储过程/用户自定义函数	智能合约

事实上,通过上述分析可以看到,数据库和区块链具有很多相似之处,因此可以在数据库中融入区块链的思想,将区块链天生具备的防篡改能力集成到数据库中。

openGauss 数据将支持两种形态的防篡改系统:中心化部署和去中心化部署方式。中心化部署和去中心化部署方案的主要区别在于:

(1) 中心化部署情况下,对外提供服务的实例即为主实例。

(2) 不需要通过拜占庭等类似的共识算法进行共识和校验。

因此,在中心化部署下,除主实例外的剩余实例主要为日志备份实例,或提供对外的查询服务。在去中心化部署下,交易连接的任务实例即为主实例(整个系统是一个多主的关系),然后在本地交易完成后与其他实例进行背书共识和验证。当复制实例验证成功后方可提交当前事务。

由于结合了数据库的优点和区块链的优点,openGauss 防篡改系统有如下优势:系统内数据不可更改、记录历史可追溯、数据加密可验证、系统高可靠、整体易用性高。

11.7　openGauss 智能安全机制

随着攻防理念的发展,系统中的安全特性变得越来越复杂。虽然更加系统化、精细化的安全技术可以有效地防御和解决环境中存在的各类风险,但是对 DBA 和运维人员都提出了较高的要求。这部分工作无论是由企业来做,还是由云服务提供商来完成,都是一个较大的挑战。另一方面,不同国家和地区对安全的诉求和定义也是不一样的,服务提供商在选择对应的安全策略时很容易遗忘彼此之间的差异。因此需要系统变得更加智能,变得可以自己管理这些安全机制,这称为自治安全机制或智能安全机制。

事实上,越来越多的数据库服务商正在聚焦于通过使用 AI 技术来提升系统的安全性,这不仅包括通常的智能数据安全,还包括系统自治管理安全。在众多的智能安全机制中,首要的是敏感数据的发现。对于数据库而言,最重要的是保护用户数据,而数据中最为重要的是敏感数据。随着数据格式的多样化,用户实际的隐私数据隐藏在了海量的数据潮中,更为困难的一点是,不同行业、不同国家的法律法规所定义的敏感数据是不一样的。因此,不仅要实现敏感数据发现功能,还要基于 AI 来实现该功能。

除了发现敏感数据外,另外一个重要的需要是利用 AI 功能的特性使 AI 防 SQL 注入攻击。SQL 注入通过动态拼接 SQL 注入传入 Web 服务端或者数据库服务端。其呈现的方式多种多样。与之类似的还包括 AI 异常行为发现和 AI 日志分析。AI 系统通过对异常行为和 AI 日志的分析,可以快速了解到系统在遭遇什么样的风险,以及这些风险行为的特征是什么,并会提示存在的风险,然后由系统自己根据当前存在的风险进行安全策略制定。一个完整的 AI 自反馈机制如图 11-11 所示。这也是 openGauss 未来重点的发力方向。

在整个 AI 自反馈机制中:

(1) 数据库仍然可以接收来自不同行为的连接,包括终端手机数据、数据库用户、各类应用,也可能涵盖攻击者。所有的这些访问行为均记录在数据库内核日志中。

(2) 除了对外的这些连接行为外,数据库迁移上云后还会有一个特殊类的连接用户,如 DBA 或集群维护用户,这些用户存在第三方信任问题。

(3) 在数据库内部,服务端会记录大量数据库内部发生的动作,并产生行为日志和审计日志。通过日志分析归类,结合人工智能模块,系统可以获取所有这些行为的特征,并提取异常行为。依据异常行为系统就可以自行决定采取何种防范策略,并加以实施应用。

(4) 在整个系统中,还需要注意存储的安全,包括本地盘和云环境对象存储服务的安全。这也是整个智能系统的重要一环。

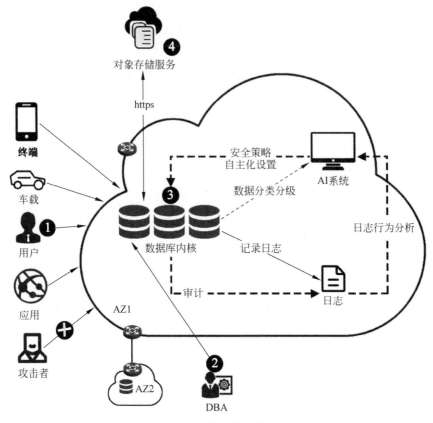

图 11-11　AI 自反馈机制全景图

11.8　小结

数据库安全技术本质上是围绕数据库中最重要的资产——数据所展开的。当人们在设计数据库安全技术特征时,通常需要知道在什么样的场景下面临着什么样的风险,这些风险是通过什么攻击手段达成的,达成的成本有多高。只有弄清楚这些问题,数据库设计人员才能更好地结合自己的应用场景来规划安全特性。

讨论单一的数据库安全特性是没有多大意义的,它只能在数据整个生命周期中很小的一段时间内保护数据。我们需要结合系统功能本身来设计一套完整的可信系统。

在这套可信系统中,要处理系统访问、对象管理、隐私保护等一系列的问题。而不同的业务场景针对同种安全风险所需要的技术特征也是存在变化的。

　　openGauss 构建了一套较为完整的数据库安全防御体系。这套安全防御体系从访问源出发,到网络、服务器,再到数据存储,涵盖了数据的整个生命周期。我们定义了不同的机制来保证系统访问安全、用户管理安全、对象访问安全及对象存储安全,还在 openGauss 系统中定义了数据防篡改系统,用于解决云环境下第三方可信问题。这些构成了 openGauss 的安全能力。

　　在实际应用中,人们可以根据自己的需要来定义打开数据库的何种安全功能以及关闭何种功能。因为安全功能,特别是数据加解密与系统高并发是存在冲突的,人们需要寻找一种平衡点。我们也可以期待智能安全系统的发展——在 AI 系统中定义相关的规则,让 AI 系统在保证安全的基础上制定合适的安全策略,但要达到这个目标仍然需要一定的时间。

习题

（1）常见的安全加密算法包括（　　）。

    A. MD5　　　　　　　　　　　　　　　B. RSA3072

    C. AES-GCM　　　　　　　　　　　　　D. DH2048

（2）在数据库安全体系中,三权分立模型是指哪三种角色?

（3）基于密码技术的访问控制是防止（　　）的主要防护手段。

    A. 数据传输泄密　　　　　　　　　　　B. 数据传输丢失

    C. 数据交换失败　　　　　　　　　　　D. 数据备份失败

（4）人们设计了（　　）,以改善口令认证自身安全性不足的问题。

    A. 统一身份管理　　　　　　　　　　　B. 指纹认证

    C. 数字证书认证　　　　　　　　　　　D. 动态口令认证机制

（5）下列关于用户口令说法错误的是（　　）。

    A. 口令不能设置为空

    B. 口令越长,安全性越高

    C. 复杂口令安全性足够高,不需要定期修改

      D. 口令认证是最常见的认证机制

（6）安全审计是数据库的安全管理行为,需记录如下的行为（　　）。

      A. 数据库账户登录系统和退出系统

      B. 管理员授予和撤销普通用户权限

      C. 用户的锁定和解锁行为

      D. 执行 SQL 语句语法报错

（7）数据库系统中常见的安全协议包括（　　）。

      A. TLS 1.3　　　　　　　　　　　B. Telnet

      C. SSH v2　　　　　　　　　　　　D. SNMP v3

附录 A

习题答案

第 1 章　数据库发展史

（1）答：数据库是指一组相互有关联的数据的集合，英文称 Database，简称 DB。通俗地说，数据库就是一种电子化的文件柜，用户可以对文件柜中的数据进行新增、检索、更新和删除等操作。例如，企业在产品的销售业务处理时，将销售的商品信息、客户订单、供应商送货单等业务数据分别存放在多个相关的信息表中，这些具有逻辑关联的信息表就可以被看作一个数据库。数据仓库则是决策支持系统和联机分析应用系统的结构化数据环境。数据仓库的数据通常源自数据库，是经过抽取、转换、集成和清洗等操作后得到的一组具有主题的面向分析的数据。

（2）答：在文件处理系统中存储组织信息的主要弊端包括：数据的冗余和不一样，数据访问困难，数据孤立，存在完整性问题、原子性问题、并发访问异常、安全性问题。

（3）C

（4）C

（5）C

（6）C

（7）A

第 2 章　结构化查询语言（SQL）

（1）答：SQL 是一种基于关系代数和关系演算的非过程化语言，它指定用户需要对数据操作的内容，而不指定如何去操作数据，具有非过程化、简单易学、易迁移、高度统一等特点。

① 非过程化：在使用 SQL 的过程中，用户并不需要了解 SQL 的具体操作方法，只需要通过 SQL 描述想要获得的结果集合的条件，至于数据库系统如何取得结果，则由数据库查询优化系统负责生成具体的执行计划去完成。

② 简单易学：SQL 的设计非常精简，只需要有限的命令就可以完成复杂的查询操

作,而且其语法接近自然语言,易于理解。

③ 易迁移:主流的关系数据库系统都支持以 SQL 为标准的查询操作,虽然不同的数据库管理系统都对 SQL 的标准有所扩展,但是从一个数据库管理系统迁移到另一个数据库管理系统的难度不高。

④ 高度统一:SQL 具有高度的统一性,依照标准有统一的语法结构、统一的风格,使得对数据库的操作也具有完备性。

(2) 答:

① STUDENT(sno,sname,ssex,sage);

```
CREATE TABLE STUDENT(sno INTEGER, sname VARCHAR(100), ssex SMALLINT, sage INTEGER);
```

② COURSE(cno,cname,credit);

```
CREATE TABLE COURSE(cno INTEGER, cname VARCHAR(100), credit SMALLINT);
```

③ ELECTIVE(sno,cno,grade);

```
CREATE TABLE ELECTIVE(sno INTEGER, cno INTEGER, grade INTEGER);
```

(3) 答:

① 查询学生编号为 10 的学生的姓名信息;

```
SELECT sname FROM STUDENT WHERE sno = 10;
```

② 将 STUDENT 基本表中的学生编号设置为主键;

```
ALTER TABLE STUDENT ADD PRIMARY KEY(sno);
```

③ 为 ELECTIVE 中的学生编号和课程编号创建 UNIQUE 索引;

```
CREATE UNIQUE INDEX elective_uni_idx ON ELECTIVE(sno, cno);
```

④ 创建一个视图,显示学生的姓名、课程名称以及获得的分数;

```
CREATE VIEW SC_INFO AS SELECT sname, cname, grade FROM STUDENT, COURSE, ELECTIVE WHERE
STUDENT.sno = ELECTIVE.sno AND COURSE.cno = ELECTIVE.cno;
```

（4）答：

```
CREATE FUNCTION grade_stat
(
      IN no INTEGER
)
RETURNS INTEGER
AS
$ $
DECLARE
    count INTEGER;
BEGIN
     SELECT SUM(grade) INTO count FROM ELECTIVE WHERE sno = no;
     RETURN count;
END;
 $ $ LANGUAGE plpgsql;
```

（5）答：

```
CREATE OR REPLACE FUNCTION maintains_elective()
RETURNS TRIGGER AS $ delete_elective $
    BEGIN
DELETE FROM ELECTIVE WHERE sno = OLD.sno;
        RETURN NULL;
    END;
 $ delete_elective $ LANGUAGE plpgsql;
CREATE TRIGGER delete_elective
AFTER DELETE ON student
    FOR EACH ROW EXECUTE PROCEDURE maintains_elective();
```

第 3 章　数据库设计和 E-R 模型

（1）答：关系代数是一种抽象的查询语言，用对关系的运算来表达查询，是以关系为运算的一组高级运算的集合，是关系数据操纵语言的一种传统表达式。

（2）答：连接也称为 θ 连接，θ 为"＝"的连接运算称为等值连接，它是从关系 R 与 S 的广义笛卡儿积中选取 A、B 属性值相等的那些元组。自然连接是一种特殊的等值连接，它要求两个关系中进行比较的分量必须是相同的属性组，并且在结果中把重复的属性列去掉。

（3）答：代数关系的基本运算有选择运算、投影运算、关系并运算、关系差运算、笛卡儿运算这五种。其他运算可以由基本运算推导，比如，连接运算可以由笛卡儿积和选择运算组合而来，除运算是笛卡儿积的逆运算，交运算可以用关系差运算来表示。

（4）答：

① $R \bowtie S$；

A	B	C	D
a	b	c	e

② $R \bowtie S(C<D)$；

A	B	R.C	S.C	D
a	b	c	c	e
a	b	c	b	f
d	a	e	b	f

③ $\sigma_{B=C}(R \times S)$。

A	B	R.C	S.C	D
a	b	c	b	f

（5）答：

① 需求分析阶段：进行数据库设计首先必须准确了解与分析用户需求（包括数据与处理）。需求分析是整个设计过程的基础，需求分析决定了构建数据库大厦的速度和质量。

② 概念结构设计阶段：概念结构设计是整个数据库设计的关键，它通过对用户需求进行综合、归纳与抽象，形成一个独立于具体 DBMS 的概念模型。

③ 逻辑结构设计阶段：逻辑结构设计是将概念结构转换为某个 DBMS 所支持的数据模型，并对其进行优化。

④ 数据库物理结构设计阶段：数据库物理结构设计是为逻辑数据模型选取一个最合适应用环境的物理结构（包括存储结构和存取方法）。

⑤ 数据库实施阶段：在数据库实施阶段，设计人员运用 DBMS 提供的数据语言及其宿主语言，根据逻辑结构设计和物理结构设计的结果建立数据库，编制与调试应用程序，组织数据入库，并进行试运行。

⑥ 数据库运行和维护阶段：数据库应用系统经过试运行后即可投入正式运行。在数据库系统运行过程中必须不断地对其进行评价、调整与修改。

（6）答：概念结构设计阶段，形成概念模式，即 E-R 图；逻辑结构设计阶段，首先将 E-R 图转换成具体的数据库产品所支持的数据模型，形成数据库逻辑模式，再于其上建立必要的视图，形成数据外模式；物理结构设计阶段，结合 DBMS 的特点和处理需要，进行物理存储安排，建立索引，形成数据库内模式。

（7）答：设计目标：通过详细调查现实世界要处理的对象（组织、部门、企业等），充分了解原系统（手工系统或计算机系统）工作概况，明确用户的各种需求，然后在此基础上确定新系统的功能。新系统必须充分考虑今后可能的扩充和改变，不能仅仅按当前应用需求来设计数据库。

调查的内容：调查的重点是"数据"和"处理"，通过调查、收集与分析，获得用户对数据库的要求，如信息要求、处理要求、安全与完整性要求。

（8）答：在需求分析阶段所得到的应用需求应该首先抽象为信息世界的结构，才能更好地、更准确地用某一 DBMS 实现这些需求，它是整个数据库设计的关键。概念结构设计的流程如图 A-1 所示。

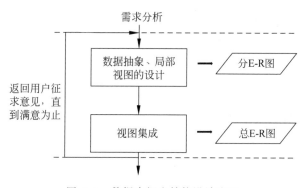

图 A-1　数据库概念结构设计流程

（9）答：数据库在物理设备上的存储结构与存取方法称为数据库的物理结构，它依赖于给定的计算机系统。为一个给定的逻辑数据模型选取一个最适合应用要求的物理结构的过程，就是数据库的物理结构设计。步骤为：确定数据库的物理结构，在关系数据库中主要指存取方法和存储结构；对物理结构进行评价，评价的重点是时间和空间效率。

在确定数据库的物理结构时,主要关注以下四方面:

① 确定数据的存储结构;

② 设计数据的存取路径;

③ 确定数据的存放位置;

④ 确定系统配置。

(10) 答:id 设置为主键约束,name 设置为非空约束,age 设置为条件约束,即 age>0,sex 设置为条件约束,即 sex 只允许为 male/female 两个值。

(11) 答:SQL 语句如下:

```
CREATE TABLE country(
    id INTEGER PRIMARY KEY,
    name VARCHAR(25) NOT NULL,
    capital VARCHAR(25) NOT NULL,
    nationalday DATE
);
```

```
CREATE TABLE customers(
    id INTEGER PRIMARY KEY,
    name VARCHAR(25) NOT NULL,
    sex VARCHAR(1),
    age INTEGER,
    countryname VARCHAR(25),
    CONSTRAINT ck_sex_limit CHECK (sex = 'm' or sex = 'f'),
    CONSTRAINT ck_age_limit CHECK (age >= 0)
);
```

第 4 章　数据库未来发展趋势

(1) 答:数据库系统包含如下基础软件关键技术:

① OS(进程、线程调度和内存分配管理);

② 编程语言(SQL);

③ 编译器(SQL 编译和编译执行);

④ 大规模并行计算(分布式 SQL 执行);

⑤ 优化技术(优化器)。

（2）答：与传统 x86 处理器相比，ARM 处理器的最大特点是：核数更多。而传统数据库的事务处理机制无法有效利用数十到上百核处理能力。

下列问题是研究的关键方向：

① 如何有效地解决 ARM 跨片内存访问时延对事务处理带来的影响？

② 如何构筑高效的并发控制原语及原子锁？

③ 如何降低多核下的 CPU 缓存未命中（cache miss）率，以减少对整体性能的影响？

（3）AB

（4）ABCDE

（5）答：提出的要求有：

① 数据主体（Data Subject）有被遗忘权（Right to be forgotten），即可以要求控制资料的一方，删除所有个人资料的任何连接、副本或复制品。

② GDPR 要求安全防护（Security Safeguards Principle），即个人资料应受到合理的安全保护措施的保障，以防止丢失或未经授权的访问、破坏、使用、修改或披露数据等风险。

第 5 章　GaussDB 架构

（1）ABC

（2）答：中大型企业对云数据库系统的需求特点如下：

① 需要更加高效的资源整合和利用。实现资源的共享和整合将进一步降低云数据库系统的整体拥有成本。

② 对数据库系统的规格，特别是 SLA（Service Level Agreement）有更加严格的要求。

③ 多个部门之间的业务并不是完全独立的，通常各自系统之间存在着一定的耦合关系，需要保证数据对象之间的一致性，考虑数据之间流动关联关系。

④ 能够支持新应用的快速迭代和快速开发需求。对数据库系统的克隆、回溯、合并等能力提出了新的需求。

（3）答：GaussDB 多模数据库分为：

① 面向数据强一致的多模数据库系统架构。使用多模数据库统一框架［Multi-Model Database（MMDB）Uniform Framework］，为用户提供关系数据库、图数据库、时序数据库等多模数据库统一数据访问和维护接口。

② 面向极致性能的多模数据库系统架构。需要使用面向特性数据模型的原生数

据存取模型,进而加速数据的存取与处理。

(4) 答: GaussDB 的关键技术架构有:

① SQL 优化、执行、存储分层解耦架构;

② 基于 GTM 与高精度时钟的分布式 ACID 的强一致;

③ 支持存储技术分离,也支持本地盘架构;

④ 可插拔存储引擎架构。

第 6 章　面向鲲鹏和昇腾的创新架构

(1) 答: 例如:

① 分布式数据库:从小型机、集中式数据库、高端存储(纵向扩展)向分布式数据库集群发展(横向扩展)。

② AI 数据库:利用人工智能技术优化数据处理、系统运维、数据库安全等各个方面的能力;

③ 异构数据库:通过兼容不同类型的新型硬件,提高数据库处理不同业务的能力。

(2) 答:

① 解析器:对 SQL 解析树进行语法、语义检查。

② 优化器:将 SQL 解析树转换成经过优化的执行计划。

③ 执行器:数据库进程根据执行计划实际执行查询。

④ 存储器:将执行的结果数据返回给用户。

(3) 答:

① 不同核通过共享总线读写数据。随着核数目的增长,总线等资源成为瓶颈,严重制约了单个 CPU 最大可支持的核数,限制了数据库系统的可扩展能力和吞吐性能。

② 尽管将任务平均下发到不同的核上,可以在一定程度上达到负载均衡的效果。但是相同任务被拆分到不同核上,导致频繁的缓存数据切换,严重削弱了处理器执行数据密集型操作的能力。

③ 随着企业上云,对于分布式数据库大规模数据、并行计算、多类型计算等方面的能力有了更高的需求。

(4) 答: 鲲鹏处理器是华为的,鲲鹏计算产业是业界共享的。华为是鲲鹏计算产业的主要成员,其致力于推动鲲鹏生态的发展,并在市场上优先支持合作伙伴开发的基于鲲鹏处理器的计算产品。

（5）答：当前鲲鹏不再仅仅局限于鲲鹏系列服务芯片，更是包含了服务器软件在多元计算架构平台上的完整软硬件生态和云服务生态；该生态汇聚了芯片、服务器、操作系统、应用软件、云服务和解决方案等。

（6）答：

① 操作类型：数据库算子做简单的数据处理（如查找、连接、简单的聚合操作等），比较单一。而 AI 算子包括逻辑判断、网络计算、网络更新等不同类型的操作。

② 操作目的：数据库算子服务于数据库查询语句，做数据读写和简单的数据聚合；AI 算子服务于不同的 AI 算法，包括分类、回归、神经网络等多种数据分析方法。

（7）答：

① 在鲲鹏芯片中，CPU 访问本地内存的速度将远远高于访问远端内存（系统内其他节点的内存）的速度。

② 为了更好地发挥系统性能，首先，开发应用程序时需要尽量减少不同 CPU 模块之间的信息交互；其次，类似于多节点并行计算，计算和存储会绑核处理，即将数据划分到不同的 CPU 模块和对应的内存，并在一个模块内考虑负载均衡问题；最后，为了支持共享数据结构的全局访问，例如 LSN（Log Sequence Number）、XID（Transaction ID）等数据类型，指派单独的核进行处理，减少数据访问冲突。

（8）答：核心组件有：Cube 运算单元（矩阵乘）、Vector 运算单元（向量运算）、Scalar 运算单元（标量运算）、MTE（数据传输管理）、Buffer（高速数据存储）、指令和控制系统。

（9）B　　（10）A　　（11）C　　（12）B

（13）C　　（14）C　　（15）D　　（16）D

第 7 章 openGauss SQL 引擎

（1）ABC

（2）答：自顶向下模式，自底向上模式。

（3）B

（4）答：查询重写除了确保重写后的执行效率高，还要确保等价，在查询结果上重写前后要一致。

（5）答：

知识点：子查询提升，NULL 的等价变化。

答案：否。

解决方案：在第二句中补入条件 or t1.a is NULL or t2.b is NULL。

题目解析：该题的问题出现在对 NULL 的处理上，分别考虑以下三种情形：

① 若 a 中有 NULL 而 b 中无 NULL，即考虑如下关系 t。

```
 a | b
--+---
   | 2
 3 | 1
(2 rows)
```

则第一句的执行结果为：

```
postgres * # select * from t t1 where t1.a not in (select b from t2);
 a | b
--+--
 3 | 1
(1 row)
```

即该类情况下第一句不会输出与 NULL 对应的元组。对于第二句，不是 SQL 支持的 JOIN，无法通过直接执行 SQL 检验。但根据 Anti Join 的语义，可知此时执行结果会输出 NULL。

② 若 a 中无 NULL 而 b 中有 NULL，即考虑如下关系 t。

```
 a | b
--+--
 4 |
(1 row)
```

则第一句的执行结果为：

```
postgres * # select * from t t1 where t1.a not in (select b from t2);
 a | b
--+--
(0 rows)
```

即该情形下第一句不会输出与 NULL 对应的元组。对于第二句，可知执行结果会输出与 NULL 对应的元组。

③ 若 a 中有 NULL 且 b 中有 NULL,即考虑如下关系 t。

```
 a | b
--+--
   | 2
 3 | 1
 4 |
(3 rows)
```

则第一句的执行结果为:

```
postgres * # select * from t t1 where t1.a not in (select b from t t2);
 a | b
--+--
(0 rows)
```

同上,此情形下两句执行结果不一致。

综上所述,需要在第二句中加入对 NULL 的处理,故补入条件 or t1.a is NULL or t2.b is NULL。

(6) 答:优化器需要根据 Analyze 命令收集的统计信息行数估算和代价估算,因此统计信息对优化器行数估算和代价估算起着至关重要的作用。通过 Analyze 命令可以完成对表、列、相关性多列,甚至全库的统计信息的更新。

(7) 答:优化器解决的难点问题之一就是 Join order 问题,在多表路径选择中通常采用基于代价的动态规划和遗传算法,二者选其一来解决多表路径的生成和搜索问题。在分布式数据库下,情况更复杂,还需要考虑分布式计划路径。

第 8 章　openGauss 执行器技术

(1) 答:执行算子。

(2) 答:控制、扫描、物化、连接。

(3) 答:最大的区别是向量化引擎一次处理一批元组。

第 9 章　openGauss 存储技术

(1) 答:行存储引擎主要面向 OLTP 场景设计,例如订货发货、银行交易系统。列存储引擎主要面向 OLAP 场景设计,例如数据统计报表分析。

（2）答：openGauss 的列存引擎的关键技术有：

① 采用 CUDesc 存储事务时间戳信息，支持 CU(Compression Unit)级的 MVCC。

② 所有列都自带 min/max 稀疏索引。

③ 向量化扫描数据适配向量化执行引擎。

④ 采用增量存储(Delta Store)技术，提高小批量插入性能。

（3）答：openGauss 的行存储引擎的关键技术有：

① 基于事务 ID 以及 ctid 的多版本管理。

② 基于 CSN(Commit Sequence Number，待提交事务的序列号，它是一个 64 位递增无符号数)的多版本可见性判断以及 MVCC 并发控制机制。

③ 基于大内存设计的缓冲区管理。

④ 平滑无性能波动的增量检查点。

⑤ 基于并行回放的快速故障实例恢复。

第 10 章　openGauss 事务机制

（1）答：即使对于隐式写事务，其仍然可能涉及对多个 DN 上数据的增、删、改操作，因此必须采用两阶段提交协议，而要使用两阶段提交协议，必须使用显式事务。

（2）答：可以。如果采用原地更新，为了保证事务的原子性，需要把修改前的记录也一起写入日志中，从而如果数据库在执行过程中发生宕机，其可以从日志中恢复出修改前的记录。

另外，如果把一个事务中所有的修改操作放在事务提交之后才执行，也可以实现更新的原子性。但是这种方式需要占据大量的内存空间来保留事务的修改内容(或者引入额外的下盘操作)，一般较少被采用。

（3）答：逻辑时间戳需要保证严格递增性。全局事务号是事务的唯一性标识，只要不重复即可，没有严格递增的要求。两者可以使用同一个自增的长整数。

（4）答：时间戳方法的优势是：可以无锁实现，对并发性能影响小。时间戳方法的劣势是：需要额外维护事务号和时间戳的映射关系，或者采用时间戳回填元组头部的技术，两者都会引入额外的空间或时间开销。

（5）答：不会，对于快照隔离机制下的可重复读隔离级别，并发写事务插入的新记录永远是不可见的，因此不会出现幻读问题。

（6）答：否。仅仅基于快照隔离机制，存在写偏序问题。

（7）提示：对于插入-删除并发，主要冲突在于删除的键值是否和插入的键值存在唯一性冲突；对于插入-更新并发，主要冲突在于更新前、后的键值是否和插入的键值存在唯一性冲突；对于删除-更新并发，主要冲突在于删除的元组和更新前、后的元组是否是同一个元组。示意图略。

（8）答：存在。方案之一：在提交阶段，CN 首先让所有参与分布式事务 T1 的 DN 都提交之后，再让 GTM 结束事务 T1。这样，如果并发查询 T2 在 GTM 结束事务 T1 之前获取到快照，那么该事务 T1 涉及的所有元组均对并发查询事务 T2 不可见；如果并发查询 T2 在 GTM 结束事务 T1 之后获取到快照，那么可以保证并发查询 T2 在各个 DN 上进行的时候，该写事务 T1 一定已经在 DN 上完成提交，其涉及的元组的可见性由 T1 的提交结果确定。

第 11 章　openGauss 安全

（1）BC

（2）答：系统管理员、安全管理员和审计管理员。

（3）A

（4）D

（5）C

（6）ABC

（7）ACD

数据库相关列表

表 B-1　数据库领域图灵奖得主

年份	名　字	获奖原因
1973	查尔斯·巴赫曼(Charles W. Bachman)	在数据库技术方面的贡献
1981	埃德加·科德(Edgar F. Codd)	在数据库系统,尤其是关系数据库方面的贡献
1998	詹姆斯·格雷(James Gray)	在数据库与事务处理方面的贡献
2014	迈克尔·斯通布雷克(Michael Stonebraker)	对现代数据库系统底层的概念与实践做出的基础性贡献

表 B-2　数据库管理系统发展大事记时间轴

时间	事　件	影　响
20 世纪 60 年代之前:简单的数据管理系统		
1951 年	雷明顿兰德公司(Remington Rand Inc.)开发了 Univac 系统,该系统使用磁带和穿孔卡片作为数据存储	引发了数据管理的革命
1956 年	IBM 公司在其 Model 305 RAMAC 中第一次引入了磁盘驱动器	可以随机地存取数据
20 世纪 60 年代:现代数据库萌芽期		
1961 年	通用电气公司的 Bachman 开发了集成数据存储(Integrated Data Store,IDS),并于 1964 年开始被广泛使用	奠定了网状数据库(Network Database)的基础
1968 年	IBM 开发了信息管理系统(IMS)	世界上第一个大型商用的数据库系统,也是世界上第一个层次数据库
1969 年	美国数据库系统语言协会(CODASYL)下属的数据库任务组(DBTG)提出了一份 DBTG 报告,阐述了网状数据模型	
20 世纪 70 年代:关系数据库的发展		
1970 年	IBM 的研究员 Edgar F. Codd 发表了题为 *A Relational Model of Data for Large Shared Data Banks* 的论文	提出了关系模型的概念,奠定了关系模型的理论基础,Edgar F. Codd 也被誉为"关系数据库之父"
1974 年	IBM 将关系数据库的 12 条准则的数学定义以简单的关键字语法表示出来,提出了结构化查询语言(Structured Query Language,SQL)	提供了关系数据库的交互方法

续表

时间	事　件	影　响
20 世纪 70 年代：关系数据库的发展		
1974 年	IBM 创建了关系数据库原型 System R	论证了全功能关系的数据库管理系统的可行性,也是第一个实现 SQL 的数据库管理系统
1976 年	霍尼韦尔公司(Honeywell)推出了第一个商用的关系数据库系统——Multics Relational Data Store	关系数据库的第一次商用实践
1979 年	甲骨文公司(Oracle)成立两年后,发布了 Oracle 数据库	第一个商用的 SQL 关系数据库管理系统
20 世纪 80 年代：商用数据浪潮		
1982 年	IBM 基于 System R 推出了 SQL/DS	
1983 年	IBM 推出了 DB2 数据库产品	
1985 年	Oracle、Ingres、SQL/DS、DB2 等产品的装机量突破 1000 台	
20 世纪 90 年代：百家争鸣		
1992 年	美国 Michael Stonebraker 教授提出的面向对象的关系数据库理论受到业界的青睐,但是并没有带来很好的产品	面向对象的数据库系统的一次尝试
1992 年	Arbor 公司发布第一款多维数据库 Essbase	多维数据库允许用户以更为口语化的英语来提出问题
1992 年	微软发布 Access 关系数据库管理系统	是影响深远的桌面级 DBMS
1995 年	MySQL 数据库问世	是影响深远的一款关系数据库
1996 年	第一款对象关系数据库管理系统 Illustra 发布,支持对复杂数据类型的面向对象管理	
1998 年	第一款商用多值数据库 KDB 发布。KDB 封装了丰富的命令,具有运行控制等功能	第一款商用多值数据库 KDB
1999 年	英国 Endeca 公司发布了第一款商用数据库搜索产品	
21 世纪初期：数据库管理系统的发展		
2003 年	NoSQL 数据库解决方案提供商 MarkLogic 发布第一款 XML 数据库	第一款 XML 数据库问世
2005 年	复杂事件处理技术解决方案提供商 Streambase 发布第一款 time-series DBMS	第一款时序数据的 DBMS 问世
2007 年	第一款内容管理数据库 Mode-Shape 问世	第一款内容管理数据库
2007 年	第一款商用 NoSQL 图形数据库管理系统 NEO4j 发布	
2008 年	Facebook 在基于静态批处理的 Hadoop 上封装了一个数据仓库 Hive	
2009 年	第一款商用 Hadoop 发布	
2009 年	分布式文档存储数据库 MongoDB 问世	引发了一场去 SQL 化的浪潮
2010 年	HBase 发行,在 Hadoop 上提供了类似 Bigtable(大表)能力,是一个适合于非结构化数据存储的数据库,采用基于列而不是基于行的模式	
2012 年	作为基于云数据仓库的服务,亚马逊 Redshift 发布	

表 B-3　数据库事务处理相关概念

概　　念	含　　义
事务	构成单一逻辑工作单元的集合称为事务。事务是访问并可能更新各种数据项的程序执行单元
事务处理的方法论	■ 回滚：事务处理系统通过记录数据库改动时的中间状态来确保数据库的完整性，如果事务没有成功提交，则用这些将数据库恢复到已知的状态。例如，数据中信息的副本的优先级高于它的改动信息，因为在事务做出任何改动之前会被系统晾在一边(有时被称为前映像)。如果在事务被提交之前，它的任何一部分出现了问题，那些副本将会被用来恢复数据库到事务刚刚开始的状态 ■ 前滚：持续记录所有对数据库管理系统的改动，使之成为一份单独的日志(有时被称为后映像)。对于失败事务的回滚，日志不是必需的，但是在数据库故障事件中对修正数据库管理系统很有用，所以一些事务处理系统也支持。如果数据库管理系统出现了整体故障，需要从最近的备份恢复。备份不会反映事务备份之后提交的事务。然而，一旦数据库管理系统被恢复，后映像的日志就能使数据库管理系统恢复到最新状态。任何进程中的事务在失败的同时能被回滚。结果就是数据库处于已知的状态，包括到故障时刻提交的所有事务的结果 ■ 死锁：在一些案例中，两个事务可能在处理的过程中，试图同时接入数据库的同一区域，这在某种程度上阻碍了事务的继续进行。例如，事务 A 可能接入数据库的区域 X，事务 B 接入数据库的区域 Y。如果在同时事务 A 尝试接入数据库的区域 Y 而事务 B 尝试接入数据库的区域 X，死锁就发生了，两个事务都不能继续进行。事务处理系统的设计能够在死锁发生时检测到。通常两个事务将会被取消和回滚，然后以不同的顺序自动启动，所以死锁不再会发生。有时，死锁中的一个事务会被取消、回滚，然后在一小段延迟之后自动启动。死锁也会在三个或多个事务之间发生。涉及的事务越多，就越难被检测到。简要地说，就是事务处理系统对检测死锁有一个实际的限制 ■ 补偿事务：在提交和回滚机制不可用或不可取的系统中，通常使用补偿事务来撤销失败的事务并将系统恢复到先前的状态
事务的 ACID 特性	■ 原子性(Atomicity)：事务的所有操作在数据库中要么全部正确地反映出来，要么完全不反映 ■ 一致性(Consistency)：隔离执行事务时(换言之，在没有其他事务并发执行的情况下)保持数据库的一致性 ■ 隔离性(Isolation)：尽管多个事务可能并发执行，但系统保证，对于任何一对事务 A 和 B，在 A 看来，B 在 A 开始之前已经完全执行，或者在 A 完成之后开始执行。因此，每个事务都感觉不到系统中有其他事务在并发地执行 ■ 持久性(Durability)：一个事务成功完成后，它对数据库的改变必须是永久的，即使出现系统故障

表 B-4　十大主流数据库管理系统（DBMS）

DBMS	发行组织	发行时间/年	授权类型	数据库模型	查询语言	ACID	优点	缺点
Oracle	甲骨文	1979	商用	关系型	SQL	√	■ 运行稳定,功能齐全,性能强大 ■ 安全度高,支持多种操作系统	■ 价格不菲,配置过程复杂 ■ 很多工具软件需要另外购买
MySQL	甲骨文	1995	开源	关系型	SQL	√	■ 体积小,速度快,成本低,开源	■ 不适合大文本,图片等二进制存储
MS SQL Server	微软	1989	商用	关系型	SQL	√	■ 安全性高,可用性强 ■ 具有方便易用,集成的开发环境	■ 只支持在 Windows 平台使用 ■ 伸缩性有限,并行程度低
PostgreSQL	PostgreSQL 项目组	1989	开源	关系型	SQL	√	■ 丰富的功能和扩展,跨平台 ■ 可靠性高,容错能力强,开源许可	■ 速度较 MySQL 慢
MongoDB	MongoDB Inc	2009	开源	文档型	NoSQL	√*	■ 容易支持海量数据 ■ 支持丰富的查询表达式,查询效率高 ■ 模式自由,以文档方式存储数据	■ 复杂的事务支持较弱 ■ 不支持连接操作 ■ 内存占用高
IBM DB2	IBM	1983	商用	关系型	SQL	√	■ 支持并行,容易支持海量数据	■ 灵活性低
Elasticsearch	Elastic	2010	开源	搜索引擎	NoSQL	×	■ 支持多种查询,性能好 ■ 支持文档存储和模式自由	■ 灵活性低 ■ 查询语言单一,支持 JSON-style 的语言
Redis	Redis Labs	2009	开源	键值型	NoSQL	√	■ 速度极快,支持多种数据类型 ■ 开源产品,方便易用	■ 数据只能存储在内存中 ■ 不支持连接操作
MS Access	微软	1992	商用	关系型	SQL	√	■ 界面友好,容易操作 ■ 存储方式单一	■ 数据存储量小,只支持 Windows 平台 ■ 安全性低
Cassandra	Apache 基金会	2008	开源	列存储	NoSQL	×	■ 良好的可扩展性和性能 ■ 多数据中心备份,可靠性高	■ 不支持聚集操作 ■ 性能不稳定

* MongoDB 4.0 支持多文档的数据库事务四大特性（ACID）。

表 B-5　数据库管理系统（DBMS）概念体系结构

数据库管理系统（DBMS）

概念		数据库（理论）数据模型、数据库存储结构、关系、关系模型、分布式数据库ACID（原子性、一致性、隔离性、持久性）、Null 值、关系模型、数据库规范化、数据库完整性、实体完整性、引用完整性、关系数据库管理系统、主键、外键、代理键、超键、候选键
数据库组件		触发器、视图、数据库表、指标、事务日志、数据库事务、并发控制、乐观锁、悲观锁、数据库索引、存储程序、数据库分割
SQL	分类	数据查询语言（DQL）、数据定义语言（DDL）、数据操纵语言（DML）、数据控制语言（DCL）
	指令	SELECT、INSERT、UPDATE、MERGE、DELETE、JOIN、UNION、CREATE、DROP、BEGIN WORK、COMMIT、ROLLBACK、TRUNCATE、ALTER
	安全	SQL 注入共计、参数化查询
实现	类型	关系数据库、面向文档的数据库、平面文件式数据库、Deductive、维度化数据库、层次结构式、图数据库、NoSQL、对象数据库、对象关系数据库、Temporal、XML 数据库
	数据库产品	对象型、关系型
	功能组件	数据查询语言、查询优化器、查询项目、嵌入式 SQL、ODBC、JDBC、OLE DB

术语表

表 C-1　术语表

术　　语	含　　义
Numerics	
2PC	2PC(Two Phase Commit,两阶段提交协议) 阶段 1：开始向事务涉及的全部资源发送提交前信息。此时,事务涉及的资源还有最后一次机会来异常结束事务。如果任意一个资源决定异常结束事务,则整个事务取消,不会进行资源的更新。否则,事务将正常执行,除非发生灾难性的失败 阶段 2：只在阶段 1 没有异常结束的时候才会发生。此时,所有能被定位和单独控制的资源管理器都将开始执行真正的数据更新。在分布式事务两阶段提交协议中,有一个主事务管理器负责充当分布式事务协调器的角色。事务协调器负责整个事务并使之与网络中的其他事务管理器协同工作
3GL	3GL(Third-Generation Language,第三代语言),一种比汇编语言更高级的编程语言,以人类可读的字符编写程序。例如 C 语言、Pascal 语言和 Basic 语言,也称 HLL(high-level language)
4GL	4GL(Fourth-Generation Language,第四代语言),一种设计成模仿人类语言的编程语言。这个提法通常用来描述与关系数据库结合使用的语言,并有意说明这种语言比 C、Pascal 和 COBOL 等标准编程语言更上一层楼
5G	5G(5th Generation Mobile Networks 或 5th Generation Wireless Systems,第五代移动通信技术)是最新一代蜂窝移动通信技术,是 4G(LTE-A、WiMAX-A)系统的延伸。5G 的性能目标是有高数据速率,减少延迟,节省能源,降低成本,提高系统容量和大规模设备连接
A	
ABO	ABO(AI Based Optimization,基于机器学习的查询优化),收集执行计划的特征信息,借助机器学习模型获得经验信息,进而对执行计划进行调优,获得最优的执行计划
ACE	ACE(Access Control Entry,访问控制项),访问控制列表中的一个条目,该条目拒绝或授权一个主体(一个用户或一组用户或用户组)对指定资源的访问
ACID	在数据库管理系统(DBMS)中,事务(Transaction)所应该具有的四个特性：原子性(Atomicity)、一致性(Consistency)、隔离性(Isolation)和持久性(Durability),简称 ACID

术　语	含　义
A	
ACL	ACL(Access Control List,访问控制列表)是指被授权访问某一资源的实体及其访问权限的列表
AI	AI(Artificial Intelligence,人工智能)是研究、开发用于模拟、延伸和扩展人的智能的理论、方法、技术及应用系统的一门新的技术科学
API	API(Application Programming Interface,应用程序编程接口)是一些预先定义的函数,目的是提供应用程序与开发人员基于某软件或硬件得以访问一组例程的能力,而又无须访问源码或理解内部工作机制的细节
ARM	ARM(Advanced RISC Machine,高级精简指令集计算机器)具有高性能、低成本、低能耗的特点
AST	AST(Abstract Syntax Tree,抽象语法树),用树状的形式表示源代码的语法结构
安全防护	安全防护(Security Safeguards Principle),即个人资料应受到合理的安全保护措施之保障,以防止丢失或未经授权的访问、破坏、使用、修改或披露数据等风险
B	
B+树	B+树是一种树数据结构,是一个多叉树,每个节点通常有多个子节点,一棵B+树包含根节点、内部节点和叶子节点。B+树通常用于数据库和操作系统的文件系统中。B+树的特点是能够保持数据稳定有序,其插入与修改拥有较稳定的对数时间复杂度
BCNF 范式	关系模式 $R<U,F>\in 1NF$,若 $X{\rightarrow}Y$ 且 $Y\nsubseteq X$ 时 X 必含有码,则 $R<U,F>\in$ BCNF。也就是说关系模式 $R<U,F>$ 中,若每一个决定因素都包含码,则 $R<U,F>\in BCNF$ BCNF 是第三范式的一个子集,即满足 BCNF 必须满足第三范式
BFT	BFT(Byzantine Fault Tolerance,拜占庭容错)
被遗忘权	被遗忘权(Right to Be Forgotten),即可以要求控制资料的一方,删除所有个人资料的任何连接、副本或复制品
标量运算/标量计算	普通计算机所做的计算,例如加、减、乘、除,只能对一组数据进行操作,被称为标量运算/标量计算
表	表是由行与列组成的。每一列被当作一个字段。每个字段中的值代表一种类型的数据。例如,一个表可能有 3 个字段:姓名、城市和国家。这个表就会有 3 列:一列代表姓名,一列代表城市,一列代表国家。表中的每一行包含 3 个字段的内容,姓名字段包含姓名,城市字段包含城市,国家字段包含国家
并行数据库系统	并行数据库系统是新一代高性能的数据库系统,是在 MPP 和集群并行计算环境的基础上建立的数据库系统
不可重复读	一个事务范围内两个相同的查询返回了不同数据(被并发的写事务修改)
布尔逻辑运算	布尔逻辑运算是数字符号化的逻辑推演法

术　　语	含　　义
C	
CA	CA(Certificate Authority,证书颁发中心)是签发证书、认证证书、管理已颁发证书的网络机构
CALC	CALC(Checkpointing Asynchronously using Logical Consistency)表示逻辑一致性异步检查点
CAS	CAS(Compare And Swap,比较并交换)是原子操作的一种,可用于在多线程编程中实现不被打断的数据交换操作,从而避免多线程同时改写某一数据时由于执行顺序不确定性以及中断的不可预知性产生数据不一致问题。该操作通过将内存中的值与指定数据进行比较,当数值一样时将内存中的数据替换为新值
CBO	CBO(Cost Based Optimization,基于代价的查询优化)是指对 SQL 语句对应的待选执行路径进行代价估算,从待选路径中选择代价最低的执行路径作为最终的执行计划
CCE	CCE(Client Column Encryption)表示客户端列加密方案
CFT	CFT(Crash Fault Tolerance)表示非拜占庭容错
CISC	CISC(Complex Instruction Set Computer)表示复杂指令集计算。在微处理器设计中采用复杂指令集,以便在汇编语言级就可引用它们。这种指令功能可能非常强大,它可以用复杂而灵活的方法来计算像内存地址这样的元素。然而,由于它的复杂性,执行每条指令通常需要许多个时钟周期
CLOG	CLOG(Commit LOG)表示事务提交日志
CN	CN(Coordinator Node)表示协调者节点,负责管理和推进一个具体事务的执行流程,维护和推进事务执行的事务块状态机
COW 机制	COW(Copy-on-Write,写时复制)机制是一种可以推迟甚至避免复制数据的技术。内核此时并不复制整个进程的地址空间,而是让父子进程共享同一个地址空间。只用在需要写入的时候才会复制地址空间,从而使各个进程拥有各自的地址空间 也就是说,资源的复制是在需要写入的时候才会进行,在此之前,只有以只读方式共享。这种技术使地址空间上的页的复制被推迟到实际发生写入的时候。在页根本不会被写入的情况下,地址空间就无须被复制了。这种优化,可以避免复制大量根本就不会被使用的数据
CSN	CSN(Commit Sequence Number,待提交事务的序列号),一个 64 位递增无符号数
CU	在列存储中,一列中的一批向量数据经压缩后形成 CU(Compression Unit,列存储单元),是列存储的最小单位
层次数据库	层次数据库(Hierarchical Database)是一种数据库,其中的记录按分支、树结构的关系予以分组。这种类型的数据库结构,最常用作为大型计算机的数据库,非常适合从逻辑上组织信息以便将信息分解成更详细的级别

术　　语	含　　义
C	
层次数据模型	用层次结构(树结构)表示实体类型及实体间联系的数据模型称为层次数据模型(Hierarchical Data Model)。每一个记录类型都用节点表示,记录类型之间的联系则用节点之间的有向线段来表示。每一个子节点只能有一个父节点,但是每一个父节点可以有多个子节点
超码/超键	在关系中能唯一标识元组的属性集称为关系模式的超码/超键(注意:超码/超键是一个属性集)
持久性	持久性(Durability)是数据库事务的 ACID 特性之一。在事务完成以后,该事务对数据库所做的更改便持久地保存在数据库之中,并不会被回滚
触发器	触发器是对应用动作的响应机制,当应用对一个对象发起 DML 操作时,就会产生一个触发事件(Event),如果该对象上拥有该事件对应的触发器,那么就会检查触发器的触发条件(Condition)是否满足,如果满足触发条件,那么就会执行触发动作(Action)
存储过程	存储过程是在大型数据库系统中的一组为了完成特定功能的 SQL 语句集,用户通过指定存储过程的名字并给出参数(如果该存储过程带有参数)执行它
D	
DBMS	DBMS(Database Management System,数据库管理系统)是为了访问数据库中的信息而使用的一个管理系统软件。它包含一组程序使用户可以进入、管理、查询数据库中数据。基于真实数据的位置,DBMS 可以分为内存数据库管理系统和磁盘数据库管理系统
DCL	DCL(Data Control Language,数据库控制语言)控制用户对数据的访问权限,主要包括 GRANT,REVOKE 等操作
DDL	DDL(Data Definition Language,数据定义语言)定义、修改、删除数据模式,通常包括 CREATE TABLE,ALTER TABLE,DROP TABLE 等命令
DEK	DEK(Database Encryption Key)表示数据库密钥
DML	DML(Data Manipulation Language,数据操纵语言)用于插入、删除、更新数据,主要包括 INSERT,DELETE,UPDATE 等命令
DN	DN(Data Node,数据节点)负责一个具体事务在某一个数据分片内的所有读写操作
DQL	DQL(Data Query Language,数据查询语言)用于查询数据。DQL 指的是以 SELECT 命令开始的 SQL 语句,对数据表中的数据进行投影、选择、连接等操作
DRC	DRC(Domain Relational calculus,域关系演算)以域变量为对象,取出域的每一个变量确定是否满足所需条件
等价类	在数据库的查询优化器中,等价类(Equivalent-Class)是指等价的属性、实体等对象的集合,例如 WHERE t1.a＝t2.a 中,t1.a 和 t2.a 互相等价,组成一个等价类{t1.a,t2.a}

续表

术　　语	含　　义
D	
单机事务	单机事务(亦称单分片事务)是指一个事务中所有操作都发生在同一个分片(即 DN)上
分布式事务	分布式事务是指一个事务中有两个或以上的分片参与了该事务的执行
多租户技术	多租户技术(Multi-Tenancy Technology)或称多重租赁技术,是一种软件架构技术,它是在探讨与实现如何在多用户的环境下共用相同的系统或程序组件,并且仍可确保各用户间数据的隔离性
多模数据库	多模数据库(Multi-Model Database,MMDB)是指同一个数据库支持多个存储引擎,将各种类型的数据进行集中存储和使用,可以同时满足应用程序对于结构化、半结构化和非结构化数据的统一管理需求
大数据	大数据(Big Data)通常用来形容一个公司创造的大量非结构化和半结构化数据,这些数据下载到关系数据库中用于分析时会花费过多时间和金钱。大数据分析常和云计算联系到一起,因为实时的大型数据集分析需要像 MapReduce 一样的框架来向数十、数百甚至数千的计算机分配工作
笛卡儿积	在数学中,两个集合 X 和 Y 的笛卡儿积(Cartesian product),又称直积,表示为 $X \times Y$,是其第一个对象是 X 的成员而第二个对象是 Y 的一个成员的所有可能的有序对。 假设集合 $A=\{a,b\}$,集合 $B=\{0,1,2\}$,则两个集合的笛卡儿积为 $\{(a,0),(a,1),(a,2),(b,0),(b,1),(b,2)\}$。 类似的例子有,如果 A 表示某学校学生的集合,B 表示该学校所有课程的集合,则 A 与 B 的笛卡儿积表示所有可能的选课情况。A 表示所有声母的结合,B 表示所有韵母的集合,那么 A 和 B 的笛卡儿积就为所有可能的汉字全拼
第二范式(2NF)	若 $R \in 1NF$,且每个非主属性完全依赖于任何一个候选码,则 $R \in 2NF$
第三范式(3NF)	设关系模式 $R<U,F> \in 1NF$,若 R 中不存在这样的码 X、属性组 Y 及非主属性 $Z(Z \not\supseteq Y)$,使得 $X \rightarrow Y,Y \rightarrow Z$ 成立,$Y \not\rightarrow X$,则称 $R<U,F> \in 3NF$
第一范式(1NF)	关系模式中所有的属性都应该是原子性的,即数据表的每一列都不可分割
E	
EDEK	EDEK(Encrypted Database Encryption Key)表示数据库密钥密文
E-R 模型	E-R 模型(Entry-Relationship Model,实体-联系模型)提供不受任何 DBMS 约束的面向用户的表达方法,在数据库设计中被广泛用作数据建模的工具。E-R 模型问世后,经历了许多修改和扩充
E-R 图	E-R 图也称为实体-联系图(Entity-Relationship Diagram),提供了表示实体类型、属性和联系的方法,用来描述现实世界的概念模型
ETL	ETL 是英文 Extract-Transform-Load 的缩写,用来描述将数据从来源端经过抽取(Extract)、转换(Transform)、加载(Load)至目的端的过程。ETL 一词常用在数据仓库,但其对象并不限于数据仓库

续表

术　语	含　义
F	
FAA	FAA(Fetch-And-Add)是 CPU 指令,对内存位置执行增加一个数量的原子操作
FDW	FDW(Foreign Data Wrapper)表示外部数据封装器
FPGA	FPGA(Field-Programmable Gate Array,现场可编程门阵列)是专用集成电路(ASIC)领域中的一种半定制电路。它是在 PAL、GAL、EPLD 等可编程器件的基础上进一步发展的产物,既解决了定制电路的不足,又克服了原有可编程器件门电路数有限的缺点
范式	范式(Normal Form,NF)也叫关系范式,因为范式存在于关系中。范式是关系模式满足不同程度的规范化要求的标准。满足最低程度要求的范式属于第一范式,简称 1NF;在第一范式中进一步满足一些要求的关系属于第二范式,简称 2NF,依此类推,还有 3NF、BCNF、4NF、5NF,这些都是关系范式。对关系模式的属性间的函数依赖加以不同的限制就形成了不同的范式。这些范式是递进的,即如果一个关系是 1NF 的,它比不是 1NF 的关系要好;同样,2NF 的关系比 1NF 的关系要好等。范式越高,规范化程度越高,关系模式就越好
非易失性存储器	非易失性存储器(Non-Volatile Memory,NVM)指当电源关掉后,所存储的数据不会消失的计算机存储器
分布式数据库	分布式数据库系统通常使用较小的计算机系统,每台计算机可单独放在一个地方,每台计算机中都可能有 DBMS 的一份完整的副本,或者部分的副本,并具有自己局部的数据库,位于不同地点的许多计算机通过网络互相连接,共同组成一个完整的、全局的逻辑上集中、物理上分布的大型数据库
G	
GBDT	GBDT(Gradient Boosting Decision Tree,梯度下降树)是一种机器学习算法
GDPR	GDPR 为《通用数据保护条例》[General Data Protection Regulation,欧盟法规编号(EU) 2016/679],是在欧盟法律中对所有欧盟个人关于数据保护和隐私的规范,涉及了欧洲境外的个人资料出口。GDPR 主要目标为取回公民及住民对于个人资料的控制,以及为了国际商务而简化在欧盟内的统一规范
GPU	显卡处理器称为图形处理器(Graphics Processing Unit,GPU),它是显卡的"心脏",与 CPU 类似,只不过 GPU 是专为执行复杂的数学和几何计算而设计的,这些计算是图形渲染所必需的
GTM	GTM(Global Transaction Manager,全局事务管理器)。负责全局事务号的分发,事务提交时间戳的分发以及全局事务运行状态的登记
隔离性	隔离性(Isolation)是数据库事务的 ACID 特性之一。它是指一个事务内部的操作及使用的数据对其他并发事务是隔离的,并发执行的各个事务之间不能互相干扰
公有云	公有云(Public Cloud)通常指第三方提供商为用户提供的能够使用的云,一般可通过 Internet 使用,可以是免费或成本低的。 公有云是云计算的一种服务模式,其中服务供应商创造资源,如应用和存储,公众可以通过网络获取这些资源。公有云服务的模式可以是免费或按量付费

续表

术　　语	含　　义
G	
共享锁	共享锁是指读取操作时创建的锁。其他用户可以并发读取数据,但任何事务都不能获取数据上的排他锁,直到已释放所有共享锁。共享锁(S锁)又称为读锁,若事务 T 对数据对象 A 加上 S 锁,则事务 T 只能读 A;其他事务只能再对 A 加 S 锁,而不能加排他锁(X 锁),直到 T 释放 A 上的 S 锁。这就保证了其他事务可以读 A,但在 T 释放 A 上的 S 锁之前不能对 A 做任何修改
关键码	在数据结构中关键码指的是数据元素中能起标识作用的数据项,例如,书目信息中的书号和书名等。其中能起唯一标识作用的关键码称为"主关键码",如书号;反之称为"次关键码",如书名、作者名等。通常一个数据元素只有一个主码(主关键码),但可以有多个次码(次关键码)。在数据库中关键码(key,简称键)由一个或多个属性组成。在实际使用中,有下列几种键:①超键(Super Key);②候选键(Candidate Key);③主键(Primary Key);④外键(Foreign Key)
关系	一个关系通常对应一张表
关系代数	关系代数是一种抽象的查询语言,用对关系的运算来表达查询,作为研究关系数据语言的数学工具。关系代数的运算对象是关系,运算结果亦为关系
关系数据库	关系数据库(Relational Database)是创建在关系模型基础上的数据库,借助于集合代数等数学概念和方法来处理数据库中的数据。现实世界中的各种实体以及实体之间的各种联系均用关系模型来表示。标准数据查询语言 SQL 就是一种基于关系数据库的语言,执行对关系数据库中数据的检索操作
关系数据模型	关系数据模型(Relational Data Model)是用二维表格表示实体和实体之间关系的数据模型
H	
HDD	HDD(Hard Disk Drive,机械硬盘)是传统普通硬盘,主要由盘片、磁头、盘片转轴及控制电机、磁头控制器、数据转换器、接口、缓存等几个部分组成
HMAC	HMAC(Hash Message Authentication Code,散列消息鉴别码)是一种执行"检验和"的算法,它通过对数据进行"求和"来检查数据是否被更改。在发送数据以前,HMAC 加密算法对数据块和双方约定的公钥进行"散列操作",以生成"摘要",附加在待发送的数据块中。当数据和摘要到达其目的地时,就使用 HMAC 加密算法来生成另一个校验和。如果两个数字相匹配,那么数据未被做任何篡改
哈希表	哈希表(Hash Table,也叫散列表),是根据关键码值(Key Value)而直接进行访问的数据结构。也就是说,它通过把关键码值映射到表中一个位置来访问记录,以加快查找的速度。这个映射函数叫作散列函数,存放记录的数组叫作散列表
函数	函数是一块可执行代码,它被赋予一个名字并可以在其他位置调用。一个函数也可以带有参数,指定由调用者传递的参数值

术　语	含　义
H	
行存储	数据按行进行存储,区别于列存储(简称列存),它是传统的联机事务处理(OLTP,OnLine Transaction Processing)数据库所采用的存储方式
行式数据库	行式数据库的数据以行相关的存储体系架构进行空间分配,主要适合于大批量的数据处理,常用于联机事务型数据处理
函数依赖	设 $R(U)$ 是属性集 U 上的关系模式,X,Y 是 U 的子集。若对于 $R(U)$ 的任意一个可能的关系 r,r 中不可能存在两个元组在 X 上的属性值相等,而在 Y 上的属性值不等,则称 X 函数确定 Y 或 Y 函数依赖于 X,记作 $X{\rightarrow}Y$,X 称为这个函数依赖的决定属性组(决定因素)
候选码/候选键/码	不含有多余属性的超码称为候选码。在关系模型中,候选码又称候选键(Candidate Key),是某个关系变量的一组属性所组成的集合,它需要同时满足下列两个条件: ① 这个属性集合始终能够确保在关系中能唯一标识元组 ② 在这个属性集中找不出合适的真子集能够满足条件 满足第一个条件的属性集合称为超码(键),因此也可以把候选键定义为"最小超码",即不含有多余属性的超码
幻读	指在同一个事务内,先后两次执行的、谓词条件相同的范围查询,返回的结果不同(例如并发写事务插入了符合谓词条件的新记录)
混合云	混合云(Hybrid Cloud)是公有云和私有云两种服务方式的结合。由于安全和控制原因,并非所有的企业信息都能放置在公有云上,因此大部分已经应用云计算的企业将会使用混合云模式。混合云为其他目的的弹性需求提供了很好的基础。比如私有云可以把公有云作为灾难转移的平台,在需要的时候使用它
I	
IAM	IAM(Identity and Access Management,统一身份认证)是面向企业租户的安全管理服务,包括对 OTC 系统服务的访问控制,权限分配和访问策略管理
ICDE	ICDE(International Conference on Data Engineering,数据工程国际会议)是数据和数据库领域的顶级会议
I/O	I/O(输入/输出,Input/Output)
IoT	IoT(物联网)是新一代信息技术的重要组成部分,也是"信息化"时代的重要发展阶段。其英文名称是 Internet of Things。顾名思义,物联网就是物物相连的互联网
IOPS	IOPS(Input/Output Operations Per Second)表示每秒进行的 I/O 次数,是一种性能指标
ISA	ISA(Instruction Set Architecture,指令集架构)是与程序设计有关的计算机架构的一部分,包括本地数据类型、指令、寄存器、地址模式、内存架构、中断和意外处理和外部 I/O。定义了指令、寄存器、指令和数据存储器、指令执行对寄存器和存储器的影响、控制指令执行的算法等内容

术　　语	含　　义
I	
ISV	ISV(Independent Software Vendor,独立软件开发商)可自己制作销售可运营的软件系统
J	
JDBC	JDBC(Java DataBase Connectivity,Java 数据库连接)是一种用于执行 SQL 语句的 Java API,应用程序可基于它操作数据库
基本表	在 SQL 中,把传统的关系模型中的关系称为基本表(Base Table),基本表是本身独立的表,一个关系就对应一个基本表
机器学习	机器学习(Machine Learning,ML)是一门多领域交叉学科,涉及概率论、统计学、逼近论、凸分析、算法复杂度理论等多门学科。专门研究计算机怎样模拟或实现人类的学习行为,以获取新的知识或技能,重新组织已有的知识结构使之不断改善自身的性能
基于角色的访问控制	基于角色的访问控制(Role-Based Access Control,RBAC)是一种访问控制模型和策略。权限与角色相关联,用户通过成为适当角色的成员而得到这些角色的权限,角色是为了完成各种任务而创建的,用户则依据责任和资格被指派相应的角色
键值数据库	键值数据库(Key-Value Database)使用简单的键值方法来存储数据,是一种最简单的 NoSQL 数据库,具有较高的容错性和可扩展性。该类数据库将数据存储为键值对集合,其中键作为唯一标识符,键和值都可以是从简单对象到复杂对象的任何内容
结构化分析	结构化分析(Structured Analysis)是一种软件开发方法,通过将系统概念转换为用数据及控制表示的数据流程图,进而描述数据在不同模块间流动的过程,利用图形表达用户需求,强调开发方法的结构合理性以及所开发软件的结构合理性
进程	在单个计算机上执行程序的实例。一个进程由一个或多个线程组成。其他进程不能接入某个进程已占用的线程
矩阵	矩阵(Matrix)是一个按照长方阵列排列的复数或实数集合
角色	角色是权限的集合,可以自定义,可以赋予多个用户,是权限分配的单位与载体。角色通过继承关系支持分级的权限实现。通过对角色分配访问权限控制,然后对用户或者用户组分派角色来实现用户的访问权限控制
K	
KMS	KMS(Key Management Service)表示系统密钥管理系统
可用性	可用性是 IT 服务和其组成部分(基础设施、基础平台、应用等)在规定的时间点或者规定的时间段内提供所需功能的能力
快照隔离	快照隔离(Snapshot Isolation,SI)事务执行每一次读操作都会返回事务开始时的所有数据,因为快照事务不使用锁来保护读操作,因此不会阻止其他事务修改快照事务读取的任何数据

术　　语	含　　义
L	
LLVM	LLVM(Low Level Virtual Machine)是一个编译器框架,提供了与编译器相关的支持,能够进行程序语言的编译期优化、连接优化、在线编译优化、代码生成
Lock	Lock(锁)确保当一个线程位于代码的临界区时,另一个线程不进入临界区。如果其他线程试图进入锁定的代码,则它将一直等待(即被阻止),直到该对象被释放
LSN	LSN(Log Sequence Number)指日志序列号
连接	连接是通过 SQL 查询语句为数据库中的表创建的一种临时关系,是通过字段的值将多张表结合在一起的。通过 SQL 语句可以执行几种不同的连接方式,包括内连接、外连接、左连接、右连接、自连接等
列	列是与字段等效的概念。在数据库中,表由一列或多列组成
列存储	数据按列进行存储,是数据库数据组织和存储的一种有效方式,在 OLAP 环境下列存储数据读取操作性能更为优越
列式数据库	列式数据库(Column-Oriented Database)将数据存储为列的一部分,而不是行,这使得列式数据库在单列中存储大量数据时能够最大化其性能,适合于批量数据处理和即时查询
M	
Masstree	Masstree 是一种用于多核的快速非事务性 B 树
MCS Lock	MCS Lock(锁)是一种基于链表的可扩展、高性能、公平的自旋锁,申请线程只在本地变量上自旋,直接前驱负责通知其结束自旋,从而极大地减少不必要的处理器缓存同步的次数,降低总线和内存的开销
MCV	MCV(Most-Common Values,最常见值)描述某列中出现次数最多的值
MLP	MLP(Multi-Layer Perceptron,多层感知器)也叫人工神经网络(Artificial Neural Network,ANN),除了输入输出层,它中间可以有多个隐层
MPP	MPP(Massively Parallel Processing,大规模并行处理)是多个处理器(Processor)处理同一程序的不同部分时该程序的协调过程,工作的各处理器运用自身的操作系统(Operating System)和内存。大规模并行处理器一般运用通信接口交流。在一些执行过程中,高达两百甚至更多的处理器为同一应用程序工作。数据通路的互联设置允许各处理器相互传递信息。一般来说,大规模并行处理的建设很复杂,这需要掌握在各处理器间区分共同数据库和给各数据库分派工作的方法。大规模并行处理系统也叫作"松散耦合"或"无共享"系统
MPPDB	MPPDB(Massively Parallel Processing DataBase)就是大规模并行处理数据库
MVCC	MVCC(Multi-Version Concurrency Control,多版本并发控制)是数据库并发控制协议的一种,它的基本算法是一个元组可以有多个版本,不同的查询可以工作在不同的版本上
模式	模式是指数据库内所包含的逻辑结构,包括基本表的定义等

术　　语	含　　义
N	
NewSQL	NewSQL 数据库是对各种新的可扩展/高性能数据库的简称,这类数据库不仅具有 NoSQL 对海量数据的存储管理能力,还保持了传统关系数据库的 ACID 和 SQL 等特性
NFV	NFV(Network Functions Virtualization,网络功能虚拟化)通过借用 IT 的虚拟化技术,许多类型的网络设备类型可以合并入工业界标准中,如 Servers、Switches 和 Storage,可以部署在数据中心、网络节点或用户家里。这需要网络功能以软件方式实现,并能在一系列的工业标准服务器硬件上运行,可以根据需要进行迁移、实例化、部署在网络的不同位置,而不需要安装新设备。网络功能以纯软件方式实现,并可以运行在一系列标准物理硬件上的技术。物理硬件通过虚拟化技术向不同的网络功能提供其所需的资源能力
NoSQL	NoSQL(NoSQL= Not Only SQL)意即"不仅仅是 SQL",泛指非关系型的数据库,区别于关系数据库,它们不保证关系数据中事务的四个特性:原子性、一致性、隔离性、持久性(Atomicity、Consistency、Isolation、Durability)
NP	NP(Nondeterministic Polynomially,非确定性多项式)指一个复杂问题不能确定是否在多项式运行时间内找到答案,但是可以在多项式运行时间内验证答案是否正确
NPU	NPU(Network Processing Unit,网络处理单元),主要负责进行网络报文的分发
NUMA	NUMA(Non-Uniform Memory Access,非一致性内存访问)是一种分布式存储器访问方式,处理器可以同时访问不同的存储器地址,大幅度提高并行性。NUMA 模式下,处理器被划分成多个"节点"(Node),每个节点被分配有的本地存储器空间。所有节点中的处理器都可以访问全部的系统物理存储器,但是访问本节点内的存储器所需要的时间,比访问某些远程节点内的存储器所花的时间要少得多
内模式	内模式是指数据库内部数据的存储方式,包括数据是否加密、压缩等
O	
ODBC	ODBC(Open DataBase Connectivity,开放式数据库连接)是一种数据访问应用程序接口(API),支持对可使用 ODBC 驱动程序的任何数据源的访问。ODBC 与美国国家标准学会(ANSI)和国际标准化组织(ISO)制定的关于数据库调用级接口(CLI)的标准一致
OID	OID(Object Identifier,对象标识符),在计算领域,用于标识对象的标识符
OLAP	OLAP(OnLine Analytical Processing,联机分析处理)是数据仓库系统最主要的应用,专门设计用于支持复杂的分析操作,侧重对决策人员和高层管理人员的决策支持,可以根据分析人员的要求快速、灵活地进行大数据量的复杂查询处理,并且以一种直观易懂的形式将查询结果提供给决策人员,以便他们准确掌握企业(公司)的经营状况,了解对象的需求,制定正确的方案

术　语	含　义
O	
OLTP	OLTP(OnLine Transaction Processing,联机事务处理)也称为面向交易的处理过程,其基本特征是前台接收的用户数据可以被立即传送到计算中心进行处理,并在很短的时间内给出处理结果,是对用户操作快速响应的方式之一
P	
Paxos 算法	Paxos 算法是一种基于消息传递模型的一致性算法。Paxos 算法解决的问题是一个分布式系统如何就某个值(决议)达成一致。一个典型的场景是:在一个分布式数据库系统中,如果各节点的初始状态一致,每个节点都执行相同的操作序列,那么它们最后能得到一个一致的状态
POE	POE(Packet Order Enforcement)表示核间通信能力
排他锁	排他锁(Exclusive Locks,简称 X 锁),又称为写锁、独占锁,是一种基本的锁类型。若事务 T 对数据对象 A 加上 X 锁,则只允许 T 读取和修改 A,其他任何事务都不能再对 A 加任何类型的锁,直到 T 释放 A 上的锁。这就保证了其他事务在 T 释放 A 上的锁之前不能再读取和修改 A
Q	
嵌入式	嵌入式即嵌入式系统,IEEE(美国电气和电子工程师协会)对它的定义是:用于控制、监视或者辅助操作机器和设备的装置,是一种专用的计算机系统。国内普遍认同的嵌入式系统定义是以应用为中心,以计算机技术为基础,软硬件可裁剪,适应应用系统对功能、可靠性、成本、体积、功耗等严格要求的专用计算机系统。从应用对象上加以定义,嵌入式系统是软件和硬件的综合体,还可以涵盖机械等附属装置
强化学习	强化学习(又称再励学习、评价学习)是一种重要的机器学习方法,在智能控制机器人及分析预测等领域有许多应用。但在传统的机器学习分类中没有提到过强化学习,而在连接主义学习中,把学习算法分为三种类型,即非监督学习、监督学习和强化学习
强一致性	强一致性可以理解为在任意时刻,所有节点中的数据是一样的。同一时间点,用户在节点 A 中获取到 key1 的值与在节点 B 中获取到 key1 的值应该都是一样的
强制访问控制	强制访问控制(Mandatory Access Control,MAC)是一种访问系统的控制模式,这种控制给系统资源分配安全标识或类别,并且只允许访问那些有特定授权级别的实体,如进程或设备。这种控制是由操作系统或安全内核来实现的
区块链	区块链是比特币的一个重要概念。本质上是一个去中心化的数据库,同时作为比特币的底层技术。区块链是一串使用密码学方法相关联产生的数据块,每一个数据块中包含了一次比特币网络交易的信息,用于验证其信息的有效性(防伪)和生成下一个区块
R	
Raft 算法	Raft 是一种共识算法,旨在替代 Paxos 算法

续表

术　语	含　义
R	
RBAC	RBAC(Role Based Access Control,基于角色的访问控制)是一种访问控制模型和策略。权限与角色相关联,用户通过成为适当角色的成员而得到这些角色的权限,角色是为了完成各种任务而创建,用户则依据它的责任和资格来被指派相应的角色
RBO	RBO(Rule Based Optimization,基于规则的查询优化)根据预定义的启发式规则对 SQL 语句进行优化
RISC	RISC(Reduced Instruction Set Computing,精简指令集计算机)是一种执行较少类型计算机指令的微处理器
RPC	RPC(Remote Procedure Call,远程过程调用)是一个计算机通信协议。该协议允许运行于一台计算机的程序调用另一台计算机的子程序,而程序员无须额外地为这个交互作用进行编程
S	
SCRAM	SCRAM 是密码学中的一种认证机制,全称 Salted Challenge Response Authentication Mechanism,是指 Salted 质询响应身份验证机制或者基于盐值的质询响应身份验证机制。SCRAM 适用于使用基于"用户名：密码"这种简单认证模型的连接协议。SCRAM 是一个抽象的机制,在其设计中需要用到一个哈希函数,这个哈希函数是客户端和服务端协商好的,包含在具体的机制名称中。比如 SCRAM-SHA1,使用 SHA1 作为其哈希函数
SGX	SGX 是 Software Guard Extensions 的缩写,它在 Intel 芯片中是一个被物理隔离的区域,数据即使以明文形式存放在该物理区域内,攻击者也无法访问
Shared Nothing/Share Nothing	Shared Nothing/Share Nothing 架构(Shared Nothing/Share Nothing Architecture)是一种分布式计算架构。这种架构中的每一个节点(Node)都是独立、自给的,而且整个系统中没有单点竞争。有些系统需要集中保存大量的状态信息——数据库、应用服务器或其他类似的单点竞争系统
SIGMOD	ACM SIGMOD 数据管理国际会议是由美国计算机协会(ACM)数据管理专业委员会(SIGMOD)发起,是在数据库领域具有最高学术地位的国际性学术会议。SIGMOD 的前身是 SIGFIDET,SIGFIDET 成立于 1969 年,而在 1970 年的 9 月,它转变为 SIG。4 年后,于 1974 年,SIG 决定改名为 SIGMOD(Special Interest Group on Management of Data)
SIMD	SIMD(Single-Instruction Multiple-Data Stream Processing)表示单指令流多数据流,是一种并行处理器计算机结构,其中一个指令处理器取得指令,并将其分配给其他一些处理器进行处理。可以一条指令执行多个位宽数据的计算
SLA	SLA(Service Level Agreement,服务水平协议)是在一定开销下为保障服务的性能和可靠性,服务提供商与用户间定义的一种双方认可的协定。通常这个开销是驱动提供服务质量的主要因素

续表

术　　语	含　　义
S	
SMP	SMP(Symmetric Multi-Processing,对称多处理结构)指在一个计算机上汇集了一组处理器(多 CPU),各 CPU 之间共享内存子系统以及总线结构。系统将任务队列对称地分布在多个 CPU 之上,所有的 CPU 都可以平等地访问内存、I/O 和外部中断
Spin Lock	Spin Lock 为自旋锁,是专为防止多处理器并发而引入的一种锁。自旋锁是指当一个线程尝试获取某个锁时,如果该锁已被其他线程占用,就一直循环检测锁是否被释放,而不是进入线程挂起或睡眠状态
SQL	SQL(Structure Query Language,结构化查询语言)是数据库的标准查询语言。它可以分为数据定义语言(DDL)、数据操纵语言(DML)、数据查询语言(DQL)和数据控制语言(DCL)
SRAM	SRAM(Static Random Access Memory,静态随机存取存储器)是随机存取存储器的一种类型,只要电源持续供电,就可以保留其内容。它不像动态随机存取存储器,需要不断刷新
SSD	SSD(Solid State Disk)表示固态硬盘
SSL	SSL(Secure Sockets Layer,安全套接层)利用数据加密技术确保数据在网络传输过程中不会被截取和窃听
SVM	SVM(Support Vector Machine,支持向量机)用于机器学习,是建立在统计学习理论基础上的一种模式识别方法,能够根据有限的样本信息在模型的复杂性和学习能力之间寻求最佳折中
实时数据库	实时数据库(Real Time DataBase,RTDB)是数据库系统发展的一个分支,是数据库技术结合实时处理技术产生的数据库,可直接实时采集、获取企业运行过程中的各种数据,并将其转化为对各类业务有效的公共信息
视图	一个"虚拟的表",它不实际存在数据库中,但由 DBMS 从现有所涉及的基本表中产生,按照一定的规则显示。可以根据需要自行定制并负责视图中的数据组织。视图像表一样由列组成,其查询方式与表相同,但视图中没有数据。视图中的列可以在一个或多个表中找到。对视图进行查询时,视图将查询其定义的表,并且以视图定义所规定的格式和顺序返回值
事务	数据库管理系统执行过程中的一个逻辑单位,由一个有限的数据库操作序列构成,事务必须满足 ACID 原则
属性	关系表中的一列即为一个属性,给每一个属性起一个名称即属性名
数据	数据(Data)是事实或指令的一种表达形式,适用于人为或自动的通信、解释或处理。数据包含常量、变量、阵列和字符串
数据仓库	数据仓库(Data Warehouse)是为企业所有级别的决策制定提供所有类型数据支持的战略集合。它是单个数据存储,出于分析性报告和决策支持目的而创建。为需要业务智能的企业,提供指导业务流程改进、监视时间、成本、质量及控制

术　语	含　义
S	
数据湖	数据湖就是一个存储了企业的原始数据的数据仓库或者系统,它能以各种模式和结构形式方便地配置数据,通常是对象块或文件
数据库	数据库(Database,DB)是存储在一起的相关数据的集合,这些数据可以被访问、管理以及更新。同一视图中,数据库可以根据存储内容分为以下几类:数目类、全文本类、数字类及图像类
数据库管理员	数据库管理员(Database Administrator,DBA)是指导或执行所有和维护数据库相关操作的人员
数据类型	在编程语言中,数据类型是指诸如字符、整数或浮点数等。变量类型决定了分配到变量的存储区域以及能在变量上执行的操作
数据模型	在用 IT 系统管理业务信息时,根据业务需求抽取信息的主要特征,模拟和抽象出一个能够反映业务信息(对象)之间关联关系的模型,即数据模型(Data Model)
数据挖掘	数据挖掘一般是指从大量的数据中自动搜索隐藏于其中的,有着特殊关系性的信息的过程。它通常与计算机科学有关,通过统计、在线分析处理、情报检索、机器学习和模式识别等诸多方法来实现上述目标
数据中台	数据中台指通过数据技术,对海量数据进行采集、计算、存储、加工,同时统一标准和口径。数据中台把数据统一之后,会形成标准数据,再进行存储,形成大数据资产层,进而为客户提供高效服务。这些服务跟企业的业务有较强的关联性,是这个企业独有的且能复用的,它是企业业务和数据的沉淀,不仅能降低重复建设,减少烟囱式协作的成本,也是差异化竞争优势所在
数据主体	数据主体(Data Subject)指计算机系统存储数据有关的个人主体
私有云	私有云(Private Clouds)是为一个客户单独使用而构建的云,因而能提供对数据、安全性和服务质量的最有效控制。该客户拥有基础设施,并可以控制在此基础设施上部署应用程序的方式。私有云可部署在企业数据中心的防火墙内,也可以部署在一个安全的主机托管场所,私有云的核心属性是专有资源
索引	在关系数据库中,索引是一种与表有关的数据库结构,它可以使对应于表的 SQL 语句执行得更快。索引的作用相当于图书的目录,可以根据目录中的页码快速找到所需的内容
T	
TCO	TCO(Total Cost of Ownership)是一种公司经常采用的技术评价标准,它的核心思想是在一定时间范围内所拥有的包括置业成本(Acquisition Cost)和每年总成本在内的总体成本。在某些情况下,这一总体成本是一个为获得比较的现行开支而对 3～5 年的成本进行平均的值

续表

术　语	含　义
T	
TDE	TDE(Transparent Data Encryption,透明加密)是指对使用者未知的加密方式。当使用者在打开或编辑指定文件时,系统将自动对未加密的文件进行加密,对已加密的文件自动解密。文件在硬盘上是密文,在内存中是明文。一旦离开使用环境,由于应用程序无法得到自动解密的服务而无法打开,从而起到保护文件内容的效果
Ticket Lock	Ticket Lock 为排队线程锁。每当有线程获取锁的时候,就给该线程分配一个递增的 ID,称为排队号,同时,锁对应一个服务号,每当有线程释放锁,服务号就会递增,此时如果服务号与某个线程排队号一致,那么该线程就获得锁,由于排队号是递增的,所以就保证了最先请求获取锁的线程可以最先获取到锁,就实现了公平性
TID	TID(Tuple Identifier)为元组标识符,是关系数据库中元组的唯一标识,亦是元组的逻辑地址。用它来检索,存取效率较高
TPC-C	TPC-C 是事务处理性能委员会(Transaction Processing Performance Council,TPC)提供的专门针对联机事务处理(OLTP)系统的规范
TPC-DS	TPC-DS 是事务处理性能委员会提供的一个支持决策的基准,其为决策支持系统在几个通用方面进行建模,包括查询和数据维护。作为通用决策支持系统,该基准对性能的评估具有代表性
TPC-H	TPC-H 是事务处理性能委员会提供的专门针对联机分析处理(OLAP)系统的性能评价指标
TPU	TPU(Tensor Processing Unit,张量处理单元)是一款为机器学习而定制的芯片,经过了专门深度学习方面的训练,它有更高效能(每瓦计算能力)
TRC	TRC(Tuple Relational Calculus,元组关系演算)是以元组为对象进行操作,取出关系的每一个元组进行运算
弹性伸缩	弹性伸缩即动态地增加或减少实例,以实现云资源的最优使用。对同一应用的请求会将负载均衡到该应用的各个实例中
投影	投影运算符用 π 表示,π 也是一元运算符(只需要一个运算数的运算符)。投影是对关系 R 的一种垂直切割,从关系 R 中取出一列或者多列,F 可以是一个属性列或者多个属性列组成的元组,取出的内容由 F 指定,投影返回的结果由 F 中所有属性组成,公式表达为:$$\pi_F(R) = \{t[F] \mid t \in R\}$$需要注意的是,投影之后不仅取消了原始关系中某些列,而且还可能取消掉一些元组,原因是取消某些关系列后可能出现重复行,违反了关系的定义。因此必须检查并去除结果关系中重复的元组

术　　语	含　　义
T	
图灵奖	图灵奖是计算机协会(ACM)于 1966 年设立的奖项,专门奖励对计算机事业做出重要贡献的个人。其名称取自世界计算机科学的先驱、英国科学家、曼彻斯特大学教授艾伦·图灵(A. M. Turing),这个奖设立的目的之一是纪念这位现代计算机科学的奠基者。获奖者必须是在计算机领域具有持久而重大的先进性的技术贡献。大多数获奖者是计算机科学家。图灵奖是计算机界最负盛名的奖项,有"计算机界诺贝尔奖"之称
图数据库	图数据库(Graph Database)是一种非关系数据库,它应用图形理论存储实体之间的关系信息。最常见的例子就是社会网络中人与人之间的关系
拖库	"拖库"本来是数据库领域的术语,指从数据库中导出数据。到了黑客攻击泛滥的今天,它被用来指网站遭到入侵后,黑客窃取其数据库
U	
UDF	UDF(User Defined Function)为用户自定义函数
URL	URL(Uniform Resource Locator,通用资源定位器)是唯一标识 Internet 上网页和其他资源位置的地址。URL 通常以 http://开头,如 http://www. example. com,可以包括如超文本网页(扩展名通常为. html 或. htm)名称之类的详细信息
V	
VLDB	VLDB(Very Large Data Bases)是数据库研究人员、供应商、参与者、应用开发者及用户一年一度的主要国际论坛。VLDB 国际会议于 1975 年在美国的弗雷明汉(Framingham)成立,由 VLDB 基金会赞助,目的是促进和交换数据库和世界各地相关领域的学术工作
W	
WAL	WAL(Write-Ahead Logging,预写式日志)是一种实现事务日志的标准方法,对数据文件(表和索引的载体)的修改必须先持久化相应的日志
Workflow	工作流(Workflow)指业务过程的部分或整体在计算机应用环境下的自动化,是对工作流程及其各操作步骤之间业务规则的抽象、概括的描述
外码/外键	关系模式 R 中属性或属性组 X 并非 R 的码,但 X 是另一个关系模式的码,则称 X 是 R 的外部码(Foreign Key),也称外码/外键
外模式	也叫用户模式,是用户所能访问的一组数据视图,和某一应用的逻辑结构有关,是从模式中导出的一个子集,针对某一具体应用控制访问的可见性
网状数据库	网状数据库(Network Database)是一种处理以记录类型为节点的网状数据模型的数据库
网状数据模型	用有向图表示实体和实体之间的联系的数据结构模型称为网状数据模型(Network Data Model)

术　　语	含　　义
W	
谓词	谓词(Predicate)即 SQL 语句中的条件,例如 SELECT ＊ FROM t1 WHERE t1.a＝1;中的 t1.a＝1 即为谓词
文本挖掘	文本挖掘也称为文字勘探、文本数据挖掘等,相当于文字分析,一般指文本处理过程中产生的高质量信息。高质量信息通常通过分类和预测产生,如模式识别。文本挖掘涉及输入文本的处理过程(通常进行分析,同时加上一些衍生语言特征以及消除杂音,随后插入到数据库中),产生结构化数据,并最终评价和解释输出
文档数据库	文档数据库(Document-Oriented Database)是用来管理文档的。在文档数据库中,文档是处理信息的基本单位。通俗地说,文档数据库假设存储的数据均按某种标准或编码来封装数据,这些封装好的数据可以是 XML、YAML、JSON 或者 BSON 等格式,也可以是 PDF 文档或微软 Office 文档等二进制格式
无状态	无状态是指一种把每个请求作为与之前任何请求都无关的独立的事务
X	
XID	XID(Transaction ID)指事务的唯一标识,即一个全局递增的事务号
显式事务	显式事务是用户在所执行的一条或多条 SQL 语句的前后,显式添加了开启事务 START TRANSACTION 语句和提交事务 COMMIT 语句
线程	线程(Thread)是操作系统能够进行运算调度的最小单位。它被包含在进程之中,是进程中的实际运作单位。一条线程指的是进程中一个单一顺序的控制流,一个进程中可以并发多个线程,每条线程并行执行不同的任务
向量化引擎	向量化引擎是基于数据库列存储模式及 CPU 中的 SIMD(Single Instruction, Multiple Data,一条指令操作多个数据)机制,用于提高数据执行效率的引擎
向量运算	向量运算通常是对多组数据成批进行同样运算,所得结果也是一组数据
选择	符号为 σ。公式表达为：$\sigma_F(R) = \{t \mid t \in R \bigcap F(t) = \text{'true'}\}$ F 是一个或多个逻辑表达式的组合。选择运算实际上是从关系 R 中选择满足选择条件 F 的元组
Y	
业务连续性	业务连续性(Business Continuity)指确保主要业务操作在任何时候都能够持续运转,保证企业重要的功能,包括生产、销售、市场、财务、管理等的运营状况百分之百可用
一致性	一致性(Consistency)是数据库事务的 ACID 特性之一。在事务开始之前和事务结束以后,数据库的完整性约束没有被破坏
一致性哈希	一致性哈希算法在 1997 年由麻省理工学院提出,设计目标是为了解决因特网中的热点(Hot Spot)问题,设计初衷和 CARP(Common Access Redundancy Protocol,共用地址冗余协议)十分类似。一致性哈希修正了 CARP 使用的简单哈希算法带来的问题,使得 DHT(Distributed Hash Table,分布式哈希表,一种分布式存储方法)可以在 P2P(Peer-to-Peer,点对点)环境中真正得到应用

术　　　语	含　　　义
Y	
隐式事务	用户在所执行的一条或多条 SQL 语句的前后,没有显式添加开启事务和提交事务的语句
游标	游标是与某一查询结果相联系的符号名,用于把集合操作转换成单记录处理方式
域	域是一组具有相同数据类型的值的集合。属性的取值范围来自某个域
元组	关系表中的一行即为一个元组
原子性	原子性(Atomicity)是数据库事务的 ACID 特性之一。整个事务中的所有操作,要么全部完成,要么全部不完成,不可能停滞在中间某个环节。事务在执行过程中发生错误,会被回滚到事务开始前的状态,就像这个事务从来没有执行过一样
云计算	云计算(Cloud Computing)是一种通过 Internet 以服务的方式提供动态可伸缩的虚拟化的资源的计算模式
云数据库	云数据库是部署和虚拟在云计算环境下,通过计算机网络提供数据管理服务的数据库。因为云数据库可以共享基础架构,它极大地增强了数据库的存储能力,消除了人员、硬件、软件的重复配置
Z	
脏读	脏读指一个事务在执行过程中读到并发的、还没有提交的写事务的修改内容
张量	张量是 N 维(其中 N 可能非常大)数据结构,最常见的是标量($N=0$)、向量($N=1$)或矩阵($N=2$)。张量的元素可以包含整数值、浮点值或字符串值
终端数据库	终端数据库的设计目标为工作在嵌入式系统中,是资源占用非常低的数据库
主码/主键	主码/主键(Primary Key)是用户选作元组标识的一个候选键
自主访问控制	自主访问控制(Discretionary Access Control,DAC)是一种访问控制模型和策略,它基于主体的身份及主体所属的组来限制对客体的访问。数据所有者能够自主地允许或者拒绝其他人对自己的资源进行访问
最终一致性	存储系统可以保证:对于同一个数据对象,如果没有更多的更新产生,最终所有的访问都会返回最新更新的数据(版本)

参 考 文 献

[1] 王珊,萨师煊. 数据库系统概论 [M]. 5 版. 北京:高等教育出版社,2014.

[2] 王珊,张俊. 数据库系统概论(第 5 版)习题解析与实验指导 [M]. 北京:高等教育出版社,2014.

[3] Silberschatz A,Korth H F,Sudarshan S. 数据库系统概念 [M]. 杨冬青,李红燕,唐世渭,译. 北京:机械工业出版社,2012.

[4] 康诺利,贝格. 数据库系统:设计、实现与管理(基础篇)[M]. 宁洪,贾丽丽,张元昭,译. 北京:机械工业出版社,2018.

[5] Ullman J D,Widom J. 数据库系统基础教程 [M]. 岳丽华,金培权,万寿红,等译. 北京:机械工业出版社,2019.

[6] Molina H G,Ullman J D,Widom J. 数据库系统实现 [M]. 杨冬青,吴愈青,包小源,等译. 北京:机械工业出版社,2010.

[7] Özsu M T,Valduriez P. 分布式数据库系统原理 [M]. 周立柱,范举,吴昊,等译. 3 版. 北京:清华大学出版社,2014.

[8] 李建中,王珊. 数据库系统原理 [M]. 2 版. 北京:电子工业出版社,2004.

[9] Mao Y，Kohler E，Morris R T. Cache craftiness for fast multicore key-value storage [C]. ACM European Conference on Computer Systems：ACM，2012：183-196.